Pál Beregszászi Nagy

Über die Ähnlichkeit der ungarischen Sprache

Pál Beregszászi Nagy

Über die Ähnlichkeit der ungarischen Sprache

ISBN/EAN: 9783743461260

Hergestellt in Europa, USA, Kanada, Australien, Japan

Cover: Foto ©berggeist007 / pixelio.de

Manufactured and distributed by brebook publishing software (www.brebook.com)

Pál Beregszászi Nagy

Über die Ähnlichkeit der ungarischen Sprache

der

hungarischen Sprache

mit

den morgenländischen

nebst

einer Entwickelung der Natur, und mancher bishero unbekannten Eigenschaften derselben

abgelesen

in dem königl. Institut der Moral, und der schönen Wissenschaften auf der Universität Erlangen, am 19. August 1795

von

Paulus Beregszászi

der Philosophie Doctor und der freien Künste Magister, wie auch ordentl. Mitgliede dieses Instituts

---

Auf Kosten des Verfassers

Leipzig

gedruckt bei Breitkopf und Härtel, 1796.

Praeclare ſcriptum eſt a Platone: non nobis ſolum nati ſumus, ortusque noſtri partem patria vindicat, partem parentes, partem amici.

Cic. L. 1. de offic.

— — — tu ſi quid noſti rectius iſtis,
Candidus imperti. Si non, his utere mecum.

Horat.

Seiner königlichen Hoheit

dem

Durchlauchtigsten Erzherzog von Oesterreich

Joseph Anton

königl. Prinzen und Statthalter, wie auch General-Capitain von Hungarn, Grafen und obersten Richter der Jazigen und Cumanen, Inhaber eines Hussaren-Regiments, Obergespann der vereinigten Comitate Pest Pilis und Solth, Präsidenten der königl. hungarischen Statthalterey und Septem-Viral-Tafel

rc. rc. rc.

Seinem gnädigsten Herrn

ehrfurchtsvoll geweihet.

Durchlauchtigster Erzherzog,

Gnädigster Herr!

Patriotismus, und tiefe Ehrfurcht, welche ich für Ew. königl. Hoheit fühle, aber keine eigennützigen Absichten sind es, die mich auffordern, Ew. königl. Hoheit diesen — ich fühle es selbst wohl — höchst unvollkommenen Versuch zu weihen, der es nicht würdig ist, daß ein so erhabener Name an dessen Spitze prange. Sehen daher Ew. königl. Hoheit nicht auf das unbedeutende Werkchen, sondern auf die Absicht des Gebers, der stolz auf den Namen seiner edlen Nation sich freut, einen solchen Herrn und Beschützer zu haben, dem das Wohl der Unterthanen am Herzen liegt, und der ihr Glück als sein Glück, ihr Wohl als sein Wohl betrachtet.

Der allgütige Vater der Menschen wird das Flehen seiner Kinder hören und Ew. königl. Hoheit noch

lange,

lange, lange, zur Zierde und zum Ruhme des aller- durchlauchtigsten Erzhauses, und zur Freude und zum Wohl der edlen hungarischen Nation erhalten. Möch- ten nur auch — und dann wäre mein heißester Wunsch, meine reine Absicht erfüllt — möchten nur auch Ew. königl. Hoheit mein kühnes Unternehmen, als das Zeichen meiner tiefsten Ehrfurcht, und des ächte-

sten

schen, Arabischen, und andern Asiatischen *) Sprachen, auch ihre nahe Verwandtschaft mit der Türkischen, auf eine für Sprach- und Geschichtforscher interessante Weise darzustellen, und 3) in dem Anhange a) manchen Nutzen der Hungarischen Sprachkenntniß für die alitestam.

*) Sehr merkwürdig und für jeden Geschichtforscher wichtig ist es, daß die Hungarische Sprache sogar mit manchen Amerikanischen Sprachen, als z. B. mit der Algonkinischen in Canada, welche nebst der Huronischen die Landessprache daselbst ist, eine auffallende Aehnlichkeit hat, nicht nur in Ansehung 1) der Wörter: peka (Hungarisch bèke) der Friede, paskisigan (H. puska, daher wahrscheinlich auch das Deutsche Büchse) die Flinte usSin (H. eszni, und des Wohllauts willen, enni) essen, mackua (H. medve) der Bär, mackate (H. fekete, NB. die Algonkiner haben weder f noch v) schwarz, oüias — aspirirt — (H. hús) das Fleisch, ustikuan (H. üstök die Vorderhaare) der Kopf, uikuebi (H. óstoba) dumm, närrisch, jatsi (H. ötse) der Bruder neu (H. négy) vier, nissuassu (H. nyóltz) acht, mitassu (H. tíz) zehn ꝛc. und 2) der persönl. Fürwörter: ni (H. én, Hebr. ani) ich, ou oder u (H. ö) er ꝛc. sondern, was noch mehr ist, und was ich ausser dieser, noch bey keiner Sprache der Welt gefunden habe, auch in Ansehung des k, Charakters des Plurals, welches den auf einen Vocal ausgehenden Hauptwörtern unmittelbar, den auf einen Consonanten sich endigenden aber, vermittelst eines Hülfslautes (also völlig wie im Hungarischen, z. B. fa lignum, fák ligna, kotsi rheda, kotsik rhedæ, ki quis, kik qui, kés culter, kések cultri, víz aqua, vizek aquæ &c.) hinzukommt, wie aus folgender Nachricht klar ist: a l'égard des noms ils ne se declinent point, le plurier se forme d'un k, qui finit en voyelle à la fin du mot, par exemple: *alisinape*, qui signifie un homme, on dit au pluriel: *alisinapek*, c'est à dire, des hommes; & s'il s'acheve par une consonne on n'a qu'à ajouter *ik* par exemple: *minis* signifie une ile, auque mot posant *ik* à la fin, on trouvera *ministik*, qui sont des iles. De même que *paskisigan*, qui signifie un fusil au singulier, et *paskisiganik* des fusils, au pluriel. Siehe: Memoires de l'Amerique septentrionale, ou la Suite des voyages de Mr. le Baron de Lahontan, a la Haye 1703. Tom. 2. S. 215. oder 197-220.

altteſtam. Exegeſe, b) die Beqemlichkeit dieſer Sprache zur Dichtkunſt, beides durch Beiſpiele, zu zeigen, c) manche Gebräuche und Sitten der Morgenländer, mit denen der Hungarn zu vergleichen, und den unbefangenen Leſern zur Prüfung vorzulegen mich bemühet. Und es iſt in der That Schade, daß noch keiner meiner Landsleute ſich bisher dieſer Arbeit unterzogen hatte. Wäre es geſchehen, ſo würde dadurch nicht nur die Hungariſche, ſondern vielleicht auch manche Aſiatiſche Geſchichte ein helleres Licht erhalten haben, welches manchem Geſchichtſchreiber der Hungarn geleuchtet haben würde, daß er nicht im Finſtern getappt hätte. Denn, wenn es auch etwas zu übertrieben ſcheinen mag, was **Sir Wil. Jones**, weiland Präſident der im Jahr 1784. zu Kalkutta in Oſtindien errichteten gelehrten Geſellſchaft, im Anfange ſeiner **Abhandlung über die Aſiatiſchen Völkerſchaften** *) behauptet, wenn er ſagt: „mit dem größten Mißtrauen in meine Kräfte fange ich meine Unterſuchung über die Tartaren an, da ich von ihren Dialekten wenige Kenntniſſe beſitze. Denn die groben Irrthümer der Europäiſchen Schriftſteller über die Aſiatiſche Litteratur, haben mich ſchon lange überzeugt, daß man von keiner Nation etwas Befriedigendes ſagen kann,

*) Aus dem Engl. überſetzt von J. C. Fick, mit Anmerkungen, ausführlichen Erläuterungen und Zuſätzen bereichert, von D. J. Fr. Kleuker, 1ter Band. Riga, 1795. S. 50.

kann, wenn man mit ihrer Sprache nicht genau bekannt ist": so ist doch allerdings in seinen Behauptungen viel Wahres enthalten. Es hat auch seine vollkommene Richtigkeit, was (de Brosses (Traité de la format. des Langues Vol. 1.) und Trembley (Traité des Langues chap. 8.) behaupten, daß **die ganze Geschichte eines Volkes darin enthalten sey;** seine Abkunft, seine Wanderungen, sein Umgang mit andern Völkern, sein Alterthum und der Grad seiner Cultur, Punkte, worüber oft vielfältig gestritten wird, und die auf keine andere Art entschieden werden können, finden wir in deren Sprache entschieden. Denn, wo sichere Nachrichten und Urkunden fehlen, ist die Sprache die einzige Quelle, woraus man sicher schöpfen kann und muß. Möchten doch die Geschichtforscher dieß wohl beherzigen, wenn sie Untersuchungen über den Ursprung einzelner Völker anstellen! Möchten sie die Sprache dieser oder jener Nation erst kennen lernen, ehe sie die Verwandtschaft derselben mit einer andern geradezu behaupten oder leugnen wollen. Denn, daß die Sprachunkunde, diese fruchtbare Erzeugerin so vieler Irrthümer in der Völkerkunde, leider! oft weiter nichts als eine elende historische Mißgeburt zur Welt bringe, lehrt die Erfahrung. Ob Herrn Hagers Abhandlung *) nicht auch zu dieser Classe gehöre, mögen sachkundige Richter entscheiden. Indessen gebührt ihm der Ruhm, daß,

*) Neue Beweise der Verwandtschaft der Hungarn mit den Lappländern. Wien 1794.

daß, wenn ich in diesem Werke etwas Gutes geliefert habe, seine Schrift mich zunächst dazu veranlaßt hat. In diesem geringen Versuche also, bei welchem ich selbst die Bahn habe brechen müssen, da mir noch niemand vorgegangen ist, und kein Wegweiser zur Seite war, hatte ich nur die Absicht, theils die nahe, aber bisher unbekannte Verwandtschaft der Hungarischen Sprache mit den morgenländischen überhaupt, insbesondre aber mit der Türkischen, welche ausser dem Herrn **Hager** sogar Herr von **Murr** *) und Herr Hofrath **Schlözer** **), Männer von entschiedenen Verdiensten und Ein-

**) Dieser Gelehrte sagt unter andern in einem seiner Briefe an mich: Linguam hungaricam ramum esse insignis trunci Finnici, extra dubium positum est, et doleo te id nescire. Adfinitatem cum Lapponum dialecto Finnica evidenter monstravit P. Sajnovits, et nuperrime I. Hager (Neue Beweise der Verwandtschaft &c. Siehe oben). Talia legere debuisses ante quam vel gry, saltem de Hebraica, Syr. Arabica! adfinitate cogitares. Nec ullus de lingua Turcica sermo esse potest. Lingua Turcica est originis Tataricæ, et maxime congruit cum lingua in Crimmea Tatarorum Dschagatai. Nomen tortum debet regioni Turkistan &c.

**) Dieser Gelehrte sagt ebenfalls in einem Briefe an mich: Türkisch, Persisch und Ungrisch, sind verschieden an sich, wie Deutsch, Slavisch und Hebräisch: deswegen können doch im Ungrischen ein halbes Schock Worte vorkommen, die auch im Türkischen und Persischen sind. Wie viel Griechisches ist im Russischen, wie viel Lateinisches im Deutschen; und doch ist Russisch eine ganz andere Sprache wie Griechisch ꝛc. Auch mit dem Hebräischen, Arabischen, Syrischen ꝛc. hat das Ungrische keine Aehnlichkeit, als daß alle diese Sprachen Suffixa haben: hingegen mit dem Finnischen, oder Lappischen ist die Aehnlichkeit des Ungrischen frappant. — — — Die origines Turcicas habe ich just unter der Presse ꝛc.

Einsichten, schlechterdings leugnen, zur Begründung der Hungarischen Geschichte zu zeigen, mithin Herrn Sager und die, welche seiner Meinung sind, in Ansehung der Hungarischen Abstammung und Sprache, auf richtigere Gedanken zu bringen; theils die Eigenschaften der Hungarischen Sprache zum Besten derjenigen, die mit dieser Sprache eine genauere Bekanntschaft machen wollen, zu entwickeln, und zugleich denen, die künftig eine Hungarische Sprachlehre schreiben wollen, ein Hülfsmittel mehr in die Hand zu geben.

Die fremden Wörter habe ich zum Besten solcher Leser, die mit den morgenländischen Sprachen nicht hinlänglich bekannt sind, ausser den ihnen eigenthümlichen Schriftzeichen auch mit deutsch beigefügter Aussprache derselben bezeichnet, wodurch das Werk freylich auch um ein Beträchtliches stärker geworden ist. Ausser den Morgenländischen habe ich beiläufig die Hung. Sprache auch mit der Deutschen, Slavischen und andern Europäischen Sprachen verglichen, wozu mir die irrige Meinung mancher Gelehrten Anlaß gab, als hätten die Hungarn Wörter am meisten von den Deutschen entlehnt *). Wegen der im 2ten Abschnitte angestellten tabellarischen Ver-

*) Nulla nobis gens æque ac Germanica tot suggessit vocabula, sagt Herr Benkö — ein gelehrter Magyar — in seinem Buche, betitelt: *Transilvania*, Tom. I. P. 383. Largiamur oportet, multum adscivisse linguam Hungaricam ex Latina, plus ex Germanica. Commentar. in Priscum Rhetor. P. 47.

Vergleichungen der Wörter war ich genöthigt, das Werk in 4. und nicht in 8., wie es angekündigt ist, drucken zu lassen. Noch halte ich es für meine Pflicht, Rechenschaft zu geben, warum ich Deutsch, und nicht vielmehr Lateinisch geschrieben habe, wie man es doch hätte von einem Magyar erwarten können und sollen. Der Grund liegt darin: der hochwürdige Director des königl. Instituts der Moral und schönen Wissenschaften allhier, Herr geheimer Kirchen- und Consistorial-Rath **Seiler** hatte mir aufgetragen, eine Abhandlung über diesen Gegenstand öffentlich im gedachten Institut abzulesen. Also durfte ich nicht mit einem Lateinischen Aufsatze auftreten, wenn ich nicht wider den Zweck und die Gesetze des Instituts handeln wollte. Verzeihung, daß ich nicht die deutsche Sprache ganz in meiner Gewalt habe, brauche ich also nicht erst zu bitten. Jeder Billigdenkende verlangt diese Kenntniß nicht von mir.

Uebrigens, ob und in wie ferne ich meinem oben schon geäusserten Zwecke ein Genüge geleistet habe, mögen sachkundige, unpartheyische Richter entscheiden. Von deren Beurtheilung, und der Aufnahme dieses ersten Versuchs, womit ich meine schriftstellerische Laufbahn beginne, wird es einzig und allein abhängen, ob ich in meinen Untersuchungen fortfahren, und eine ausführlichere Vergleichung der Hung. Sprache mit der ihr so nahe verwandten Türkischen liefern soll oder nicht.

Endlich

Endlich denjenigen Gelehrten, die mir einigermaßen behülflich gewesen, oder wenigstens mich aufgemuntert hatten, als, ausser den oben schon genannten Herren, dem Herrn D. Hänlein, Herrn Hofrath **Pfeiffer**, Herrn Hofrath **Meusel**, Herrn Hofrath **Mayer**, und Herrn Prof. **Mehmel** allhier; Herrn Hofrath **Spittler**, und Herrn Hofrath **Eichhorn** in Göttingen; Herrn D. **Paulus** in Jena; Herrn Prof. **Wahl** in Halle, und Herrn **Chabert**, Prof. der Türk. Sprache in Wien, danke ich für ihre Güte und Gewogenheit öffentlich. Geschrieben auf der Königl. Friedrich-Alexanders Universität Erlangen, zur Leipziger Osternmesse *) 1796.

*) Das Werk sollte, nach der Ankündigung desselben, zu dieser Messe erscheinen: es war aber gewisser Hindernisse wegen nicht möglich.

Ueber die Aehnlichkeit der Hungarischen Sprache mit den morgenländischen, nebst einer Entwickelung der Natur, und mancher bishero unbekannten Eigenschaften derselben.

Als ich neulich *) in dieser Versammlung öffentlich aufzutreten das Glück hatte, versuchte ich es über einen, gewiß sehr wichtigen und allgemein interessanten Gegenstand — die Selbstkenntniß — zu sprechen. Dießmal hingegen verleitet mich Patriotismus, eine, an und für sich zwar trockene, minder wichtige Materie, deren Aufklärung aber für Sprachphilosophie und Völkerkunde nicht ganz unwichtig seyn kann, abzuhandeln. Da mich nehmlich vor einiger Zeit ein gewisser Umstand auf meine Muttersprache — die Hungarische — aufmerksam machte, hielt ich es für Pflicht, diese bisher, leider! von Innländern so sehr vernachlässigte, ausländischen Gelehrten aber beinahe ganz unbekannte Sprache zu untersuchen, ihre Natur und Beschaffenheit zu erforschen, und ihre Eigenheiten zu entwickeln; und in den Geist derselben tiefer einzudringen, um sie — mit einem Wort — gründlich kennen zu lernen. Zu dem Ende schien es mir nothwendig, die Hungarische Sprache mit den ältern und neuern Sprachen Europens, z. B. Celtischen, Gothischen, Slavischen ꝛc. zu vergleichen: da ich aber nicht die mindeste Spur der Verwandschaft — geschweige erst Abstammung — zwischen ihr und den übrigen, eigentlich Europäischen Sprachen, fand: suchte ich in Asien, dem Stammort aller Völker und Sprachen, die Schwestern und die Mutter dieser in Europa ganz fremden Tochter nachzuspüren, und, wo möglich, ihren Ursprung aufzufinden. Wirklich war auch mein, übrigens mühsames Unternehmen nicht ganz ohne glücklichen Erfolg. Denn ich glaube entdeckt zu haben, daß die Hungarische Sprache eine ächtmorgenländische Geburt, mithin den

*) Am 25ten Julius; an welchem jährlich von Seiten des königl. Instituts zu Erlangen das Andenken eines edlen Wohlthäters dieser Stadt und Universität, weiland Seiner Excellenz, Herrn Carl Wilhelm Buirette von Oehlefeldt, dankbar gefeiert wird.

den Semitischen sowohl, als auch den Japhetischen Sprachen in Vielem ähnlich, oder um es mit einem Wort zu sagen, fast mit allen bekannten Asiatischen Sprachen — in wie ferne es mein kurzes Gesicht einsehen kann — der Hebräischen, Chald. Syr. Aethiop. Arab. Mongol. Pers. Curdischen, Grusinischen und Türkischen, mehr oder weniger verwandt sey, wovon jedoch die gelehrte Welt wenig oder gar nichts weiß *). Erlauben Sie daher, meine hochzuverehrende Herren und geliebte Freunde, Sie heute einige Augenblicke über diese weit ausgebreitete Verwandschaft der Hungar. Sprache mit den Asiatischen überhaupt, zu unterhalten. Der Gegenstand selbst scheint zwar nur für mich einiges Interesse zu haben: indessen darf ich doch hoffen, daß auch Sie — da es ausdrücklicher Befehl unsers Hochwürdigen Directors und Vorsitzers ist, und ich hier vor einer Versammlung von Gelehrten spreche, denen, auch minder reizende Gegenstände, wenn sie auf Bereicherung unserer Einsichten und Verstandeskräfte abzwecken, angenehm seyn müssen — mir ihre Aufmerksamkeit schenken werden. Um jedoch nicht zu weitläuftig zu seyn, und Ihre Geduld nicht zu misbrauchen, begnüge ich mich für dießmal, nicht eine vollständige Vergleichung aller Asiatischen Sprachen mit der Hungarischen aufzustellen, sondern nur die auffallendste Aehnlichkeit oder Verschiedenheit gedachter Sprachen mit der Hungarischen zu berühren, und meine Behauptung durch drey Beweise zu unterstützen. Der erste derselben ist aus dem grammatikalischen Bau, der zweyte aus dem Wörtervorrath, und der dritte aus Wortfügung und manchen Redensarten der gedachten Sprachen, die wenigstens dem Geiste nach dem Hungarischen gleichen, hergenommen. Ehe ich aber zu meinem ersten Beweis selbst fortgehe, muß ich noch ein Paar Bemerkungen vorausschicken.

1. Daß ein Hungar **) in seiner Sprache nicht ein Hungar, sondern ein Magyar

*) Sogar der seelige Joh. David Michaelis hat nichts davon gewußt, wie es aus diesen seinen Worten klar ist: das Persische, das wir kennen, hat im Grunde mit keiner Sprache der Welt so kenntliche Aehnlichkeit, als mit der Deutschen; ist aber durch Religion und Siege der Araber sehr mit Arabischem, auch durch andere Zufälle merklich mit Türkischem gemischt. Joh. Dav. Michaelis neue Or. und Exeg. Bibliothek. Theil 5. S. 177.

**) Ich weiß wohl, die neuern Gelehrten halten diese Schreibart für unrichtig. Zum Beispiel will ich die Anmerkung anführen, welche erst neulich ein Gelehrter in der Jenaischen Zeitung darüber machte. „Nicht Ungarn, noch weniger Hungarn, wenn man „nehmlich der Herleitung des Wortes gemäß schreiben will. Ugern wurden die „Madscharen von den Byzantinern genannt. „Der Rhinesmus oder das n ist erst durch „die Europäische Aussprache hineingekommen.

Magyar heiße *), eine Benennung, welche vielleicht von dem Worte Mogol **), oder aus dem Arabischen, vom Stammwort hadschar هجر sein Vaterland verlassen (1. abscidit, rescecuit, removit a se. 2. reliquit, deseruit patriam, suosve, disjunctus ab eis); daher das Nennwort modschir مُهَجِّر, oder mohadschir مُهَاجِر im Arabischen so viel, als ein Emigrirter, Ausgewanderter ***), sein Vaterland Verlassender — welches auf die Hungarn ganz vor-

„men. Wir würden diese Kleinigkeit nicht „anführen, wenn nicht neulich einer unserer „Mitarbeiter in dieser Zeitung die Schreib-„art Ungern für unrichtig erklärt hätte.“ Siehe Allg. Lit. Zeitung No. 115. vom 23 April 1795. S. 159. Ich bin aber anderer Meinung, und woher der neue Name *Hungaria* (Hungarus) — denn der alte ist bekanntlich *Dacia*, *Pannonia*) — entstanden seyn mag, werde ich unten (§. 24) sagen.

*) Er wird folglich nicht bloß von andern Nationen also genennt, wie Herr Fischer sehr unrichtig meynt. Siehe Io. Eberh. Fischeri Quaestt. Petropolitt. Gött. 1770. de origine Ungrorum S. 31-35. Hr Deguignes Geschichte der Hunnen und Türken 1 Theil. S. 119.

**) Die Buchstaben *l* und *r* werden in mehrern Sprachen oft mit einander verwechselt. z. B. im Arabischen: aram أرم oder alam ألم; rabak ربك - لبك labak; ratas رطس oder latas لطس; raff رف oder laff لف rc. Vergl. zur Exegetik und Critik des alten Testaments von Alb. Jak. Arnoldi, Frankf. und Leipz. 1781. S. 40. Im Griechischen αἱρέω ἕλω; βλω-βρυω etc. Αλβανοι oder Αρβανοι die Albanier. Vorzüglich geschieht es aber dann, wann Wörter aus einer Sprache in die andere übergehen. z. B. das Hebr. almana אַלְמָנָה Witwe, ist im Chald. armla אַרְמַלְתָּא; das Persische limon لِيمُون Citrone im Hebr. rimmon רמן Hohel. 8: 2, so auch sofal سُوفَال oder sofar سُوفَار acûs foramen; setir سَطْر oder setil سَطْل eine Art Geschirr; das Lateinische *altare*, im Französ. autel, das *titulus*, titre; das Griechische ἀπόστολος apôtre etc. Das *armárium* im Hungarischen almáriom, das Elisabetha, Erzsébet; Barbier oder Balbier. Siehe Abschn. 2. §. 10. Anm. 2.

***) So werden oft die Parthier auch genannt. Johann von Byzanz sagt unter andern: Parthyaei, gens olim Scythica, quae deinde fugit vel emigravit Duce Medo. Sic vero a Medis vocata fuit, ex natura terrae quae eos excepit, palustris nempe et cava; vel a fuga, quoniam Scythae Parthos vocant *exules*; dicuntur etiam Parthi, Parthii, et Parthiaci. Steph de U. 628. Vergl. Histoire des Celtes par Simon Pelloutier Tom. I pag 19. Scythico sermone Parthi *exules* dicuntur. Iustin. Lib. XLI. 1.

treflich paßt — bezeichnet, entsprungen seyn mag. Wann aber diese Benennung von den Hungarn aufgekommen seyn mag, läßt sich freylich nicht bestimmen. Doch ist dieß, daß der Kaiser Constantin Porphyrogenneta, der die Hungarn sehr gut gekannt und deren Kriegskunst beschrieben hat, schon oft der Benennung μαζαροι *) sich bedienet, und eine von sieben Hungarischen Zünften (Tribus) nach seiner Aussage Megere (μεγερη) hieß: daß ferner die ehemalige Hauptstadt der Hungarn am Cuma-Fluß, ohnweit Astrakan beim Caspischen Meer — deren Trümmer Gmelin **), und gewissermassen auch Turkoli ***), ein gebohrner Hungar, aus Szikszó bei Tokey gebürtig, beschrieben haben, noch heut zu Tage Madschari (Magyari) heiße; daß das madschara ماجر, oder madscharai ماجری im Persischen: fata, quidquid homini contingit, fortuna quaevis bezeichne; und daß endlich die Türken einen Hungarn nie anders, als Magyar مجار, Madschar oder nach der französ. Schreibart Magiar, nennen, unwidersprechlich gewiß. Ich glaube mich daher hinlänglich über die Benennung der Hungarn, Magyar (statt Madschar, das etwas hart klingt, bediene ich mich des gelindern Magyar oder Madjar), die ich hier beibehalten werde, gerechtfertiget zu haben.

2. Die zweite Bemerkung ist, daß die Magyarn sich heut zu Tage der lateinischen Buchstaben bedienen, die sie wahrscheinlich mit der christlichen Religion angenommen haben, nachdem sie ihre eigene — vielleicht aus Geringschätzung der alten, und Liebe zur neuen Religion, oder, welches auch nicht unwahrscheinlich

*) Siehe Memoriae Populorum, olim ad Danub. Pont. Euxinum etc. incolentium, e Scriptoribus Historiae Byzantinae erutae et digestae a Io. Gotthilf Strittero, Petropoli 1771. Tom. 3. Pars 2. pag. 797. 938. 777. 612. NB. Turci (Hungari) Arpadem solenni Chazarorum more ac consuetudine (κατα τῶν Χαζαρων ἔθος καὶ ζακανον) in scuto erectum, Principem fecerunt. pag. 610. Das Wort ζακανον ist vielmehr magyarisch von *szokás* mos, consuetudo, und nicht slavisch, wie Herr Stritter meynt.

**) Reise durch Rußland Theil 4. S. 17.

***) Samuel Turkoli, welcher in Russischen Diensten stand, und den Krieg, den Peter der Große in 22-25 Jahren dieses Jahrhunderts gegen die Perser führte, als Capitain mitmachte, hat in Ansehung der Hung. Geschichte eine wichtige Nachricht aus der Stadt Astrakan (1725) in seine Heimath, nach Szikszó geschickt, nehmlich durch ein Paar Landsleute, die sich aus Tatarischer Gefangenschaft gerettet, und just zu der Zeit in Astrakan aufgehalten hatten. Ausser dem, daß der gedachte Ort (Trümmer) Magyar heiße, berichtet er, er habe sieben Dörfer in Krim angetroffen, deren Bewohner magyarisch sprechen. Vergl. J. Eberh Fischers Quaest. Petrop. de orig. Ungrorum §. 16.

lich ist, auf Zureden der Missionarien — abgeschaft hatten. Der Nachtheil, welcher aus diesem Alphabet entspringt, das weder hinreichend für die Magyarische Sprache, noch passend ist, ist sehr groß; daher auch die Magyorn durch Zusammensetzung mancher Consonanten den erlittenen Schaden einigermassen ersetzen müssen. Die eigentlichen magyarischen Schriftzüge kann ich gegenwärtig — da es mir an Hülfsmitteln mangelt — noch nicht angeben. Daß aber das Arabisch-Persisch-Türkische Alphabet unter allen mir bekannten Alphabeten zur Magyarischen Sprache das passendste sey, scheint mir unwidersprechlich zu seyn. Auch scheint das Oiguvische, Bomanische, Georgianische und Armenische Alphabet, ja sogar die Hindostanischen, als das Bengalische, Malabarische, das des Sanskrits, und andere mehrere Alphabete, die Hensel in seiner Synopsis universae Philologiae Tab. 2., und Wahl in seiner Allgem. Geschichte der morgenl. Sprachen und Litt. Tab. 2, 3, 6. (Vergl. S. 96, 615.) anführen, vorzüglich in Ansehung der Vocale, sich zur Magyarischen Sprache zu schicken: an die Gothischen aber ist hier, wie manche glauben, gar nicht zu denken. Doch ich komme nun zur Sache selbst, und beginne meinen ersten Beweis für die Aehnlichkeit der oft schon genannten Sprachen mit der Magyarischen.

Erster Abschnitt.

Worin der grammatikalische Bau der magyarischen Sprache mit denen der morgenländischen verglichen wird.

§. 1.

Die Zahl der Mitlauter beläuft sich im Aethiopischen, Arabischen, Pers. und Türk. auf 26 bis 33. und eben so verhält es sich mit den Mitlautern in der magyarischen Sprache. Die vier Buchstaben א, ה, ו, י, sind in Semitischen Sprachen mancherley Anomalien und Veränderungen unterworfen; bald quiesciren sie, wie bekannt; bald werden sie movirt; bald mit einander verwechselt; bald ganz ausgelassen: und eben dieß ist auch im Magyarischen; es findet sich in vielen Wörtern dieser Sprache ein ruhendes *He, Vau* und *Jod.* z. B. *éh* hungrig, *tereh* Last, *juh* (auf Englisch *Ewe* oder *Ew*, und wird *Ju* ausgesprochen)

 Schaaf,

Schaaf, *rüh* Krätze; *ó* (أو oder או) alt, *jó* (Türkisch eju ايو) gut, *kö* Stein (nyugot für nyugvat — und dieß von nyugva, der 3ten Person des Praet. Imperf. Indic. Mod. — Ruhe, daher nap-nyugot occidens, eigentlich Ruhe der Sonne), *fü* Gras, *mü* Werk rc.; in diesen Wörtern hört man noch nichts von einem *He* oder *Vau*: wächst aber das Wort, so werden sie hörbar und mobil, z. B. *éhes* hungrig, *terhes* lästig, mit etwas beladen, *juhos* einer der Schaafe hat, *rühes* krätzig; *avas* alt, was nach Alter schmeckt (wird von eß- und trinkbaren Dingen, als Nüssen, Butter, Speck, Wein rc. gebraucht), *köves* steinig, *füves* grasig, mit Gras bewachsen, *müves* Handwerker: *avúl* alt-, *javúl* gut-, *bövül* weit werden, *avít* alt-, *javít* gut-, *bövít* weit machen; *terhel* beladen, *müvel* machen, bauen (colere terram) etc. *élö* lebend (Particip. vivens), *eleven* lebendig (adject. nom. *vivus*), *elö* vor (prae, ante), *eleve* vor der Zeit (praevie, quasi ante tempus). So wird auch das *Jod*, indem es den Nennwörtern als suffixum, und den Zeitwörtern als affirmans angehängt ist, bald ruhend, bald mobil, z. B. *képi* sein Bildniß, *kési* sein Messer, *véri* sein Blut, *apja* sein Vater, *haragja* sein Zorn, von *kép* Bildniß, *harag* Zorn rc.; *kéri* er bittet das oder dieses, *vágja* er hauet dieses, von *kér* und *vág*. Oft wird es — als ein Suffixum — ganz ausgelassen, wie im Aethiopischen, und wird nur sein Vocal beibehalten, oder ruhet es im Fatha, wie im Arabischen, z. B. *lába* sein Fuß, *ura* sein Herr, *szeme* sein Auge, *keze* seine Hand rc. statt: labja, urja, szemje, kezje, von *láb* Fuß, *úr* Herr, *szem* Auge, *kéz* Hand.

Anmerk. 1. Manche Wörter werden auf zweyerlei Art, nehmlich mit einem ruhenden und mit einem mobil *Vau* gebraucht, z. B. kül oder kivül extra, praeter; hüs, hüvös, oder hives ein wenig kalt oder kühl; hül oder hivül kalt werden; hüt oder hivit kalt machen; hö oder hév warm — daher höség oder hévség Hitze — hevül warm, hitzig werden; hevit hitzig machen; tsö oder tsév die Röhre; mü oder miv Werk; — daher réz-müves oder réz-mives Kupferschmied, föld-mü-oder mives Ackermann (agricola, γεωργος); hü oder hiv treu, hüség oder hivség Treue; ö oder öv Gürtel. (NB. hó Schnee, hideg kalt, und Kälte.) szü oder sziv Herz.

Anmerk. 2. *Jod* und *Vau* werden mit einander verwechselt in rij oder *riv* weinen; hiv oder hij rufen; vij oder viv kämpfen; szijos oder szívos zäh (lentus) von szij Riem; *ij* oder *iv* Bogen, fú oder fúj blasen, wehen, bú oder buj — bújik, búvik sich verstecken.

§. 2.

§. 2.

Einige aus dem Persischen (das Türkische ejü ايو war schon §. 1. da) hergenommene Wörter werden die Sache noch in ein helleres Licht setzen, z. B. tau تُو See oder Teich; szoru سُرو Horn; o اُو er; jedes wird am Ende mit einem in Damma ـُ quiescirenden Vau geschrieben, jedes kommt im Magyarischen in der nehmlichen Bedeutung vor, und jedes lautet eben so, ohne Vau, mit dem Unterschied, daß die Magyarn das lezte nicht *o*, wie — vielleicht — die Perser, sondern *ö* aussprechen: allein in dem vom zweyten abgeleiteten Wort szarvas Hirsch (eigentlich mit Hörnern versehen, was Horn oder Hörner hat); im övé (Genitivus des *ö* er) seiner; im tava — von *tó* palus, lacus — sein Teich, wird schon das Vau mobil. Dieses, und dergleichen mehrere, lassen sich in der magyarischen Sprache nicht erklären, ohne Beihülfe der morgenländischen Sprachen.

§. 3.

Viele der Wörter, die jezt im Magyarischen auf *o*, *u*, und *ö*, *ü* ausgehen, wurden ehemals, wie es aus erst gegebenen Beispielen erhellt, mit einem ruhenden Vau geschrieben, z. B. *jó* gut, ló (لُو) Pferd, szó (سُو) Stimme, Wort, hó (هُو) Schnee, Monath, tó See, *ó* alt, *só* (vom Aethiop. tséve, oder 'zêve — seve ሀው sal) Salz; *tö* Wurzel, *ö* er, *tsö* die Röhre, *bö* weit — laxus, largus — *falu* Dorf, *talu* Feder, *hamu* Asche, *daru* Cranich, *odú* Baumhöhle; *fü* Gras, *mü* Werk, *nyü* Wurm, *tetü* Leise, *könyü* Thränen, *sürü* dicht, *keserü* bitter. Ferner die einsylbigen Stammwörter jö kommen, nö wachsen, nyö abtragen — das Kleid — und ausreissen — den Hanf oder Lein, — fö kochen — es kocht, Intransitivum oder semipassivum Verbum, — lö schiessen, szö wirken — texere, — ró aufzeichnen, eigentlich einschneiden, Zeichen oder Schnitt machen mit Messer auf einen Stock, oder eine Ruthe ꝛc. Denn in allen diesen Wörtern, so bald etwas hinzukommt, kommt ein Vau mobil zum Vorscheine, als lova (لُوَ) sein Pferd, szava (سَوَ) seine Stimme, sein Wort, hava (هَوَ) sein Monath, z. B. Szent Mihály Hava, d. i. September, eigentlich S. Michaelis Mensis etc., java sein Gut, das Beste von etwas, sava sein Salz, talva seine Feder, hamva seine Asche, Péter-falva Petersdorf, eigentlich Peters sein Dorf, töve seine Wurzel, tetve seine Laus,

tetves

tetves häufig, fürve das Dichte von etwas, fürvenn dicht — dense, spisse, — bövenn häufig — large adverb. — jövök ich komme, növök ich wachse, lövök ich schiesse ꝛc.

Anmerk. 1. Das *Jod* suffixum der 3ten Person wird gewöhnlich, wie wir unten sehen werden, mobil, wann es Wörtern angehängt ist, die sich auf irgend einen Vocal endigen, z. B. kapuja sein Thor, tője seine Nadel ꝛc. von kapu Thor, tő Nadel. Wird aber das Endvau mobil, so bleibt dieses *Jod* aus, und nur sein Vocal vertritt seine Stelle, wie in erst oben angeführten Beispielen zu sehen ist, wovon einige können, in Ansehung des suffixi, sowohl mit einem ruhenden, als mobil *Vau* gebraucht werden, z. B. búja oder búva, von *bú* Gram, Betrübniß (dolor animi, moeror), sója sava, taluja talva, faluja falva, daruja darva, hamuja hamva, tetüje tetve, fürüje fürve. Noch ist diese Beschaffenheit des *Vau* in manchen Verbis anomalis sichtbarer, als hier, z. B. *vevél* oder *völ* (وَوِلْ, وُولْ) und vevéd oder vöd du nahmst; tevél oder töl (تَوِلْ, تُولْ) und tevéd oder töd du thust, du verführst ꝛc. Vergl. §. 35.

Anmerk. 2. Vom Magyarischen *só*, oder Aethiop. *seve*, ist das lateinische *sal*, das Deutsche Salz, und das Griechische ἅλς, nicht aber vom Hebräischen *melach* מֶלַח, wie Herr Hezel meint, entstanden. Siehe Ueber Griechenlands älteste Geschichte und Sprache von W. F. Hezel, Weisenfels und Leipzig 1795. S. 293, 294.

§. 4.

Die Zusammenkunft der Consonanten ohne allem Selbstlaute ist der Natur der Semitischen Sprachen — vorzüglich aber der Arabischen — zuwider. Denn die Araber können keine Sylbe mit einem Buchstaben ohne Vocal, oder deutlicher zu reden, mit zwey Consonanten anfangen. Sie setzen dahero entweder unter dem erstern Consonanten, wo die Hebräer und Syrer nur ein *Schwa* haben, einen Vocal, z. B. kitab كِتَاب Buch, anstatt ktab; oder sie setzen ein Elif, gleichfalls mit einem Vocale, dem Worte vor, welches deswegen ein prosthetisches Elif genannt wird; und dieß geschieht hauptsächlich bei den ausländischen Wörtern, die sich von einem *s* ohne Vocali anfangen, z. B. Istanbol استنبول Constantinopel, von Stambol (σαντπολὶς); Isphahan اصفهان von σεφανος. So

So auch die Syrer eſkola ܐܣܟܘܠܐ, eſtephanos ܐܣܛܦܢܘܣ von σχολη, στεφανος. Auch vor andern ausländiſchen Namen, welche ſich von 2 Conſonanten anfangen, wird unter dem erſtern ein Vocal geſezt, z. B. Tarabolus طرابلس Tripolis; aflaton אפלטון Plato (der Philoſoph); ſakarlat سقرلات (Türk. eſkarlat اسقرلات) Scharlach; botlomius بطلميوس Ptolomäus; aklimi اقليمي (Arab. und Perſ.) Clima; forat فرات Euphrat; faranſe فرانسه Francia; farank فرنك Francus etc. Gleiche Bewandniß hat es mit der magyariſchen Sprache; dieſe hat eigentlich auch kein Wort, ja, was noch mehr iſt, keine Sylbe, die ſich mit zwey Conſonanten anfingen; nein! das iſt ihrem Genius zuwider: ſie verfährt folglich auch mit den aus fremden Sprachen angenommenen Wörtern eben ſo, wie jene. z. B. Iſtván Stephan, Ferentz Franz, Oſkola Schul, iſpotály Spital, iſtálló Stall, ſalak Schlack, eſtráng Strang, palajbáſz Bleyweiß, ſinór Schnur, iſtáp Stab; ſzalup Schleppe, zsóltár Pſalm (von ψαλτηριον), peretz Brezel, garas Groſchen, garajtzár Kreuzer, forint florenus, palank Planke (latein. planca), barna braun, ſógor Schwager, golyóbis Kugel von globus, globulus, ſerét Schrot, ſováb Schwab; ferner kereſztény ein Chriſt (von Chriſtianus), Karátſony Weyhnachten (von carnatio, incarnatio Jeſu), kereſzt Kreuz (von crux), kurutz von Kreuz (daher kurutz-világ Zeit der Kreuzzüge), ſzekrény Schreine (von ſcrinium), torony Thurm, garádits Treppe, Stufe (von gradus), Eſztergom Gran (von ſtrigonium), körmötz-bánya Kremniz, palatſinta — von placenta — Kuchen; aſztal Tiſch (vom Slav. ſtol), Görög Griech, Török Türk ꝛc. Und was ſchon die Geübtern oder Kenner, predikátzio Predigt, Kriſztus Chriſtus, drága theuer, tréfa Scherz, trombita Trompete, krajtzár, Sléſia, ſtatio, kvártély etc. ausſprechen; das ſprechen die Unſtudirten immer noch: perédikátzio oder perdikátzio, Kiriſztus, darága oder derága, teréfa, torombita, garajtzár, eſtatzio, kovártély etc. aus.

Anmerk. Der Deutſche iſt hingegen ſchon weit fertiger, mehrere Conſonanten in einer Sylbe und in einem Wort auszuſprechen, z. B. Pfropf, Tropf, Knopf, ernſt, ſelbſt, Erndte, liſpelnd; ferner Reichs-Poſt-Amts-Zeitungs-Expeditions-Secretär u. ſ. w. (Ein Magyar, der fremde Sprachen nicht ſtudirt hat, würde nie im Stande ſeyn dieſes auszuſprechen). Ja es hat der Deutſche ſogar die aus fremden Sprachen angenomgenommenen Wörter noch mit neuen Consonanten vermehrt, z. B. Pfaff (vielleicht vom Magyarischen pap sacerdos, V. D. Minister, und dieß vom Pers. bâb باب Vater), Pfeife vom Magyarischen pipa oder Französ. pipe, Pfad vom Zendischen pate oder pade (S. Anhang zum Zend-Avesta 2ter B. 2ter Theil. S. 14.) Weg, Zapf vom Magyarischen csap oder Pers. chab خب, Pfund vom Gothischen pund (daher auch das latein. pondo). Ferner Pforte, Pfau, Pflanze, Pfeffer, Pfirsche oder Pfirsich, Pfingsten, Pfalz, Salz ꝛc. vom lateinischen: porta, pavo, planta, piper, persicum, pentecoste, Palatinatus, sal. Bisweilen aber lassen die Deutschen nur einen Vocal aus, z. B. Preuss von Porussia, und dieß vom Slavischen po Rus, d. i. gegen das oder nahe am Rußland, Krone von corona, Slesien von Silesia, Bruder, Priester vom Pers. borader برادرم, und perest پرست (und nicht vom Griechischen *πρεσβυτερος*, wie man gewöhnlich glaubt), welches leztere im Persischen auch Priester heißt, besonders wenn es mit *atesch*, Feuer, verbunden ist, als atesch perest آتش پرست Feuer- Sonnen- Priester; mit *chur*, Sonne, verbunden aber, z. B. churperest خورپرست heißt es auch Sonnen-Blume (heliotropium), gleichsam die Sonne anbetende Blume. Die Vorsteher der Geistlichkeit, die unmittelbar unter Bischöfen und Superintendenten stehen, und Aufsicht über die übrigen Pfarrer haben, heißen auch im Magyarischen Esperest, vom Pers. ateschperest, wo das atesch ist, wie im Hebr. auch, in *es* (אֵשׁ) zusammen gezogen. Die Pfarrer oder Geistlichen überhaupt heißen auf Magyarisch *Pap;* die katholischen insbesondere heißen aber auch *Pelébánus*, und die Mönche *Barát*, vom Persischen bab باب Vater (auch Feuer); phelivan فليوان, einer, der die Sonne anbetet, Priester; berader برادر Bruder. Also die Nennwörter: Esperest, Pap, Plébánus, Barát, sind alle Persischen — nur das einzige Püspök, von *επισκοπος*, Griechischen Ursprungs.

§. 5.

Die Magyarische Sprache hat kein Genus, und ausser der Sinesischen, Armenischen, Persisch. Curdisch. Grusinischen und Türkischen kenne ich keine andere, die gar keinen Unterschied des Geschlechts machte. Vom *Numerus Dualis*,

lis, der doch im Orient seinen Hauptsitz hat, weiß sie, wie jene, auch nichts. Hierinnen scheint also die Magyarische, nebst den erst gedachten Sprachen, sehr von andern Sprachen Asiens abzuweichen. Wenn wir aber annehmen, was mir sehr wahrscheinlich zu seyn scheint, daß das Geschlecht in Sprachen ein Werk späterer Ausbildung sey: so folgt daraus weiter nichts, als daß diese mit der einfachen Ursprache der Welt näher verwandt, mithin älter — oder wenigstens, daß dieselbe noch nicht so gebildet und verfeinert ist, als diejenigen sind, die schon ihr Geschlecht haben. Denn Anfangs scheinen die Wörter kein so abgesondertes Geschlecht gehabt zu haben: man nehme nur auf die Sprache der Kinder Rücksicht, auch diese kennen kein Geschlecht der Wörter, wenn sie anfangen zu sprechen: und in solchem Zustande waren doch die Menschen in der allerersten Periode ihres Daseyns auf diesem Erdballe. Gewiß kannten daher auch sie kein Geschlecht! Erst dann, als der menschliche Verstand sich weiter entwickelte und die Sprache gebildeter wurde, sorgte man für ein doppeltes, nehmlich ein männliches und weibliches Geschlecht; später erst in neuern Zeiten kam noch das dritte hinzu. Daher kommt es, daß in den ältern Büchern der Bibel bisweilen das Pronom. mascul. הוא er fürs femininum steht, eben so das femininum fürs neutrum: und die männliche Pluralendung im ים, sehr oft bei weiblichen, hingegen die weibliche oth ות, bei männlichen Nennwörtern gebraucht wird, z. B. arim עָרִים (Deut. 1, 28.) Städte; naschim נָשִׁים (Gen. 1, 16.) Weiber; aboth אָבוֹת Väter; rabboth רַבּוֹת Lehrer; elohoth אלהות (im Rabbinischen) Götter. So verhält es sich auch mit den Suffixis, z. B. bahem בָּהֶם inter *illas*, statt: bahen בהן (Cantic. 4. 2.), abikem אֲבִיכֶם patres vestri, für abiken אביכן (Gen. 31, 9.). Daher kommt es, daß, je näher die Sprachen an die Ursprache gränzen, desto weniger unterscheiden sie das Genus. Daher kommts ferner, daß die Syrer und Hebräer das Genus genauer, wie mich deucht, als die Aethiopier und Araber, weniger aber als die Griechen angeben und beobachten, welches die Lateiner und Deutschen sehr strenge thun, so, daß man es nun bei ihnen — und wohl mit Recht — für Unwissenheit und Mangel an Sprachkenntniß ansieht, wenn man das Genus zu unterscheiden im Sprechen oder Schreiben unterläßt. So verhält es sich mit den Sprachen der Völker, je nachdem sie neuer oder älter, gebildeter oder ungebildeter sind! und überhaupt läßt sich auch hieraus sicher die Cultur einer Nation erkennen. Denn gewiß ist es immer, daß da, wo man das Genus nicht unterscheidet, die Sprache noch in ihrer ersten Kindheit liegt, und die Cultur des Volks nicht sehr groß seyn kann.

Anmerk. Dieß ist überhaupt wohl wahr: doch die englische und magyarische Sprachen machen hier Ausnahme. Denn jene unterscheidet selten das Genus, und diese scheint mir (auch die Türkische nebst der Persischen) so beschaffen zu seyn, daß sie gar keines Geschlechts bedarf, ja! was noch mehr ist, solches anzunehmen schlechterdings unfähig sey.

§. 6.

So wie nun ferner die Araber nur einen Artikel al ال haben, dessen lezterer Buchstabe Lam ل vor den sogenannten Sonnenbuchstaben gewöhnlich nicht gelesen, sondern der unmittelbar darauf folgende Mitlauter doppelt ausgesprochen wird, z. B. aschschamso أَلشَّمْسُ die Sonne, statt alschamso: so verhält es sich auch bei den Magyarn. Auch diese haben nur einen Artikel az der, die, das; kommt er vor einem Wort zu stehen, welches mit einem Consonant anfängt: so wird auch hier der leztere Buchstabe z nicht gelesen oder ausgesprochen; der erste des folgenden Wortes aber wird in der Aussprache allemal (das *h* ausgenommen), wie im Arabischen, gedoppelt, z. B. az fa das Holz oder Baum, az bor der Wein, az viz das Wasser ꝛc. spricht man affa, abbor, avviz aus. Das z in diesem Artikel *az* wird nur dann geschrieben, wann das darauf folgende Wort mit einem Vocal anfängt, als az álom der Traum, az Ur der Herr ꝛc.; sonst pflegt man es gewöhnlich in heutiger Ortographie wegzulassen, und die Weglassung desselben mit einem Häckchen (') zu bezeichnen, z. B. a' bor, a' viz etc. es lautet aber immer doch abbor, avviz etc. Der Hebräische Artikel ה (der aus ال der Araber entstanden zu seyn scheint, wie sich aus hal Jehova הַל־יְהוָה Deut. 32, 6. abnehmen läßt) ist von der nehmlichen Beschaffenheit, z. B. hammelek הַמֶּלֶךְ der König, hajjom הַיּוֹם der Tag, von melek מֶלֶךְ, jom יוֹם.

Anmerk. Der Artikel az ist, wie der der Araber, eigentlich ein zeigendes oder bestimmendes Fürwort, und vielleicht aus dem Arabischen ال, oder Hebr. zeh זֶה entsprungen.

§. 7.

Casus zeigen die Hebräer, Syrer, Chaldäer ꝛc. nicht, wie andere Völker, durch Endigungen, sondern durch gewisse vorgesezte Partikeln, oder durch Construction, an: eben dieß finden wir auch bei den Magyarn. Auch sie bestimmen den Genitivus gewöhnlich, wie die Syrer, Hebr. und andere Asiaten, durch das regimen, z. B. Isten beszéde Gottes Wort (von Isten Gott, beszéd Wort); auch

auch durch den Dativus, als: Istennek beszéde (so wie die Hebr. z. B. mizmor ledavid מִזְמוֹר לְדָוִד psalmus Davidis, eigentlich Davidi), und zwar so, daß das suffixum der dritten Person, nach Art der Syr. Pers. und Türk. Sprache, dem regierenden Worte allemal angehängt wird, wie ich es unten ausführlich zeigen werde. Es geschieht dieß, aber nur seltner, auch im Hebräischen, z. B. bileam bno beor בלעם בנו באר, d. i. Bileam Beors Sohn, eigentlich Bileam Beors sein Sohn; chajtho aretz חַיְתוֹ אֶרֶץ Thiere des Landes, eigentl. des Landes seine Thiere *). Ausser dem regimen wird der Genit. im Magyarischen durch *jé*, oder nur *é*, bezeichnet, eine Partikel, die auch im Curdischen Zeichen des nehmlichen Casus nebst dem Vocativus, und wahrscheinlich aus dem Zendischen jé, jô, jôé, wer? wessen? ꝛc. entstanden ist **). Zeichen des Dativus ist das nek (nak) eine unbestimmte Zueignungspartikel, welche auch Suffixa annimmt, und dann den Dativus des persönlichen Fürwortes ausdrückt, z. B. nekem mir, neked dir, neki ihm ꝛc. Zeichen des Accusativus ist (wie im Hebräischen את) das *t*. Des Ablativus Zeichen endlich sind verschiedene Postpositionen, welche in andern Sprachen Präpositionen genannt werden, und ebenfalls einen Ablativus regieren. Das Wort selbst bleibt also unverändert, und die Casus werden auf besagte Weise unterschieden. Hier giebt es gar keine Anomalie, kein nomen indeclinabile: es können sogar alle Buchstaben, alle Numeralia, Cardinalia und Ordinalia, alle nomina propria etc. gebogen (declinirt) werden, z. B. tiz zehn, Genit. tizé, Dat. tiznek, Acc. tizet, Abl. tiztöl. ezer Tausend, ezeré, ezernek, ezeret, ezertöl; *é* das e, éjé des e, ének dem e, ét das e, étöl vom e; a das a, ájé des a, ának dem a, át das a, átol vom a; Róma, Romájé, Rómának, Rómát, Romától; Péter, Péteré, Péternek, Pétert, Pétertől etc. Peter, Peters, dem Peter, vom Peter ꝛc.

Anmerk. 1. Das Wort *Isten* Gott ist von Pelahvi ized ایزد, welches Zoroaster auch von Ormuzd, dem höchsten guten Gott, gebraucht ***); oder von Jesdan (Isdan) یزدان einem altpersischen Namen für das

*) S. Herrn Hofrath Pfeiffers ebr. Grammatik. Erlang. 1790. S. 166.

**) Vergl. Joh. Dav. Michaelis Or. Biblioth. Theil 6. S. 175. Wahls Magaz. für die alte Bibl. ꝛc. Litterat. 3te Lieferung S. 149. und Zend-Avesta 3ter Theil. von J. F. Kleuker, Riga 1777. S. 160.

***) Siehe Zend-Avesta 2. Theil. (Si-Ruze) S. 286. Vergl. 1. Theil. S. 82.

höchste Wesen, welches auch im Schaah Nämeh vorkommt *), und das beszéd, Wort, Rede, vom Zendischen *avesta*, *abesta*, *vesta* oder *besta* Rede, Wort entstanden **). Hievon unten §. 56. ein mehreres.

Anmerk. 2. Die Partikel *nek* (nak) ist vielleicht aus dem Hebr. anoki אנכי oder nakhnu נחנו entstanden. Im regimen ist sie allemal Zeichen des Genitivus, wie das Lamed ל im Hebr. und Dolath ؟ im Syrischen. z. B. Dávidnak fija, Syrisch: breh dedavid ܒܪܗ ܕܕܘܝܕ Davidis filius, eigentl. Davids sein Sohn.

§. 8.

Nennwörter, welche Protronymica oder Gentilitia heißen, werden in Semitischen Sprachen aus Länder = oder Oerter = Namen durch ein dem Worte angehängtes *Jod* (ي, י) gemacht, z. B.

im Hebräischen und Chald. arammi אֲרַמִּי ein Aramäer oder Syrer; beschani בישני ein Beschanäer 2c.

— Aethiopischen ebenfalls arami አረሚ ein Aramäer oder Heyde.

— Arab. misri مِصْرِي ein Egypter, iraki عِرَاقِي ein Iraker, romi رُومِي ein Griech oder Römer, hindi هندي ein Indianer, ermi إرمي ein Iremiter 2c.

— Persisch. turani تُورَانِي ein Turaner oder Türk, parsi پارسي einer aus der Stadt Pars oder Perser überhaupt, tusi توسي oder ferdusi فردوسي der Fürst aller Persischen Dichter aus Tus gebürtig, tsami جامي, Anverri, Feleki, Sadi, Pilpai etc. lauter Persische Dichter ***).

Ganz

*) S. vom Schicksale des Homer 2c. und Probe aus der Persischen Epopöe Schaah Nämeh von Wahl. (Halle) 1793. S. 15, 17.

**) S. Zend = Avesta Theil 2, S. 43. Vergl. Anhang dazu von Kleuker. 2ten Bandes 1. Th. S. 56. ff.

***) S. Wahls allg. Gesch. der morg. Spr. und Literatur, Leipzig 1784. S. 331. folgg.

Ganz so ist es in magyarischer Sprache, z. B. Amérikai, Indiai, Római, Londoni, Berlini, Erlángi etc. d. i. ein Amerikaner, Indianer, Römer, Londner, Berliner, Erlanger ꝛc. Ferner Eszterházi, Erdődi, Nádasdi, Teleki, Lónyai, Vétsei etc. d. i. Herr von Eszterház, Herr von Erdöd, Herr von Lónya ꝛc. In morgenländischen Sprachen werden auch auf diese Weise adjectiva nomina gemacht, z. B.

im Rabbinischen, Chald. und Hebr. jomi יוֹמִי täglich, gofi גּוּפִי körperlich, artzi ארצי irrdisch, harari הֲרָרִי gebürgicht (montanus) von Berg, elohi אֱלֹהִי göttlich, naffchi נפשי geistlich ꝛc. *)

— Arab. ensani إِنْسَانِي menschlich, elahi إِلَهِي göttlich, ruchani رُوخَانِي geistlich ꝛc.

— Persisch. chodaj خُدَائِي göttlich ꝛc.

So auch im Magyarischen, z. B. Isteni göttlich, lelki geistlich, testi körperlich, királyi königlich, úri herrlich, földi irrdisch, világi weltlich ꝛc. von Isten Gott, világ Welt.

Anmerk. Das *Jod* am Ende des Wortes im Magyarischen und andern morgenl. Sprachen ist, wie aus diesen Beispielen erhellet, so viel als im Deutschen das **von**; im latein. die Endungen ensis, tilis, icus, nus, us etc. in: Erlangensis, Viennensis, Budensis etc. aquatilis, villicus, rusticus, silvaticus, Punicus, Romanus, Urbanus, Trojanus, montanus, aureus, Corinthius, argenteus, ligneus, lapideus etc. im Griechisch. *ικος*, *ινος*, *ιος* etc. in *ψυχίκος*, *ανθρωπίνος*, *ρωμαιος* etc.

§. 9.

Noch auffallender ist dieses Verhältniß der magyarischen Sprache zu denen des Morgenlandes in Ansehung der Fürwörter, wenn man dieselben gegen einander hält, und deren Gebrauch bei den Zeit- und Nennwörtern betrachtet. Die Pronomina perf. **ich**, **du**, **er**, heißen z. B.

im

*) Vergl. Georg. Othonis Synopsis Institut. Rabbinic. edit. 3. Francof. ad Moen. 1735. pag. 12.

im Hebräischen ani אֲנִי, atta אַתָּה, hu הוּא.
— Chald. ana אֲנָא, ant. oder at אַנְתְּ, אַתְּ, hu הוּא.
— Syrisch. eno ܐܢܐ, at ܐܢܬ, hu ܗܘ.
— Samarit. ࠀࠍࠕࠄ, at ࠀࠕ, hu ࠄࠅࠀ oder ho ࠄࠅ.
— Aethiop. an አነ, ante አንተ etc.
— Arab. ana أنا (ena), ante, anta أنت, hova هُوَ.
— Türk. ben بن, sen سن, ol اول.
— Pers. men من, to تو, o او. Der Pluralis, ma ما oder mi مي. Vergl. Mich. Or. Bibl. 6. Th. S. 158.
— Kurdisch. az, tu, av, au oder o. Plur. am oder ma.
— Zend. die zweite Pers. te. S. Zend-Avestas Anhang 2ten B. 2. Th. S. 8.

Und endlich —

im Magyarischen én, te, ö (او). Plur. mi etc. wir.

Also beinahe völlig, wie man sieht, einerley!

§. 10.

Diese Fürwörter haben in Semitischen Sprachen ihre Casus, wie die Nennwörter. Die Hebräischen אני, אתה, הוא z. B. haben

den Genit. schelli שֶׁלִּי meiner, schellik שֶׁלָּךְ deiner, schello שֶׁלּוֹ seiner.
— Dat. li לִי mir, lka לְךָ oder lak לָךְ dir, lo לוֹ ihm.
— Accus. othi אֹתִי mich, otka אֹתְךָ dich, oto אֹתוֹ ihn.
— Abl. mimmeni מִמֶּנִּי von mir, mimmka מִמְּךָ von dir, mimmeno מִמֶּנּוּ von ihm *). Welche alle, wie man sieht, aus gewissen Partikeln und dem Suffixo der ersten, zweiten und dritten Person bestehen.

So verhält es sich auch mit den magyarischen Fürwörtern én ich, te du, ö er; z. B.

der

*) S. Pfeiffers ebr. Grammatik 2te Ausg. Erlang. 1790. S. 171. und Castell. Gramm.

der Genit. davon ist enyém meiner, tied für te éd deiner, övé seiner.
— Dat. nekem (oder énnékem) mir, neked (oder tenéked) dir, neki, nekie (öneki oder önékie) ihm.
— Acc. engem (oder engemet) mich, téged (oder tégedet) dich, öt (oder ötet) ihn.
— Abl. tölem (oder éntölem) von mir, töled (oder tetöled) von dir, töle (oder ötöle) von ihm.

Jeder Casus ist auch hier, wie dort in Semitischen Sprachen, aus mancher Partikel, und den Suffixis der ersten, zweyten und dritten Person, nehmlich *m*, *d* und *Jod* zusammengesezt. Das radicale Pronomen bleibt aber in allen Casibus unverändert.

Anmerk. 1. Wollen wir den Genit. und Dat. aber für einfache und nicht zusammengesezte Pronomina halten; so werden sie, abgekürzt, die Suffixa bei Nenn- und Affomantia bei den Zeitwörtern, geben.

Anmerk. 2. Die Perser und Türken haben, die der zweyten Person in leztern ausgenommen, die nehmlichen Suffixa.

Anmerk. 3. Das Vau, welches im Nominat. Pronominis tertiae personae *ö* (اُو) er, ruhet, wird schon im Genit. *övé* seiner, mobil, so wie im Kurdischen, z. B. au oder o, ille; Genit. avi, illius; ja! es ist, wie ein jeder sieht, das nehmliche Wort *).

§. 11.

Die Bezeichnung des Ausgangs einer Handlung in Personen (bei Verbis) wird — in Semitischen Sprachen — durch gewisse, aus dem Pronomine pers. abstrahirte Sylbchen bewirkt, die sich an Nomina in statu constructo und an Verba anhängen, und daher Suffixa heißen; oder deutlicher zu reden, die gedachten Pronomina werden, wie bekannt, im Genitivo und Nominativo abgekürzt, und den Verbis sowohl, als den Nominibus am Ende hinzugefügt **). Bei Verbis behalten sie ihren eigenen Sinn bei, z. B. ehabrika אֲהַבְתִּיךָ ich liebe

*) Vergl. Michaelis neue or. Biblioth. 6. Th. S. 158.

**) Praktisches Handbuch der Aramäischen rc. Sprache von Hasse, Jena 1791. S. 85.

liebe dich oder ich habe dich geliebt u. s. w. So ist es im Magyarischen, z. B. tanitlak ich lehre dich, szeretlek ich liebe dich, látlak ich sehe dich, kérlek ich bitte dich rc., von den Wurzeln: tanit, szeret, lát, kér: wo die Endung *lak* oder *lek*, das Hebräische oder vielmehr Syrische לָךְ zu seyn scheint; denn 1) das Lomad im Syrischen ist auch Zeichen des Accusativus. 2) Im Magyarischen wird das bloß bei den Verbis transitivis und activis in der zweyten Person, nie aber bei den Neutris und Intransitivis gebraucht.

Zum Nomen kommen die Suffixa — im Semitischen — in der Bedeutung des Pronominis possessivi, und machen den Genitivum possessoris, z. B. dbari דְּבָרִי verbum mei, d. i. meus; malkok مَلْكُكَ rex tui, d. i. tuus, u. s. w. Völlig so ist es im Magyarischen, z. B. apám mein Vater, apád dein Vater, vérem mein — véred dein Bluth rc. eigentlich pater mei, sanguis mei, sanguis tui etc.

Anmerk. 1. So wie das Suffixum im Arab. Hebr. rc. bisweilen nur gewissen Partikeln, als unter andern dem ijja إِيَّا, eth אֵת etc. und nicht den Verbis selbst, angehängt wird, z. B. ijjaja fattakuna إِيَّايَ فَاتَّقُونِ d. i. mich sollt ihr fürchten: so ist es auch im Magyarischen, z. B. nekem adjatok, mihi date; téged szeretnek, te amant etc. von der unbestimmten Partikel *nek*. Vergl. §. 7.

Anmerk. 2. Merkwürdig ist es, daß die Verba neutra und Intransitiva, Activa und Transitiva werden, so bald man ihnen die abgekürzten Pronomina anhängt, z. B. félek (az Istentöl) ich fürchte (vor Gott, timeo a Deo) und félem (az Istent) ich fürchte (Gott, timeo Deum). Dergleichen sind élek und élem (vivo, utor, consumo), ülök und ülöm (sedeo), állok und állom (sto) etc. Allein in dem Fall werden solche Verba meistens mit den Partikeln: meg, el, ki etc. zusammengesezt, und bekommen den Sinn eines Futuri, z. B. állok ich stehe, el-állom oder ki-állom ich stehe es aus, d. h. ich werde es ausstehen; *él* vivit; utitur, meg-él er wird nicht sterben, er wird geheilt rc.; mit Suffixo meg-éli, consumet, depascet, z. B. meg-éli a' marha a' gyepet das Vieh wird die Weide abweiden; meg-ülöm a' lovat ich sitze gut auf einem Pferde, ich bereite solches rc. und die dritte Person meg-üli a' lovat er bereitet oder wird das Pferd bereiten.

§. 12.

§. 12.

Die Partikeln nehmen in Semitischen Sprachen Suffixa eben so gut, wie die Nomina, an; z. B. bi בִּי in mir; bka בְּךָ oder bak בָּךְ in dir; bo בּוֹ in ihm; beni ubencka בֵּינִי וּבֵינֶךָ zwischen mir und dir; mihem מֵהֶם von ihnen; mimmek מִמֵּךְ von dir u. s. w. So geht es auch im Magyarischen, z. B. benn (Aethiop. bajen ባይን intra; in Pehlvi, *bân*, in diesem) bedeutet in, mit Suffixis bennem in mir, benned in dir, benne in ihm: velem (*vel* mit) mit mir, veled mit dir, vele mit ihm; értem (*ért* pro) für mich, érted, érte, helyettem statt meiner helyetted, helyette; tölem (töl oder tol von), töled, töle von mir — dir — ihm; rólam (ról oder röl von *de*), rólad, róla, de me, de te, de illo; rám oder reám (ra, re auf), rád, reád, rá, reá auf mich ꝛc. alám, alád, alá oder alája unter mich — dich — ihn (motum de loco), und alattam, allattad, allatta unter mir — dir — ihm (quietem in loco denotat); mellém (mell oder mellé neben) melléd, mellé oder melléje neben mich (und nicht mir), neben dich ꝛc. (ad me — ad te cubuit); und mellettem (mellett penes, pro), melletted, mellette neben mir, neben dir, neben ihm u. s. w. Man kann aber solchen bequem auch den Fürwörtern selbst vorsetzen, als: én bennem, te benned, ö benne, in me, in te, in illo; én belém, te beléd, ö belé oder beléje, in me (Accusat.) in te, in illum; én rám auf mich (ad me) etc., én rajtam bei mir (in me, per me), als: az, én rajtam nem áll das steht nicht bei mir (per me id non stat), rám veszem az ingemet ich ziehe mein Hemde an, eigentlich, ich nehme mein Hemde auf mich; rajtam van az ingem mein Hemde habe ich an.

Anmerk. 1. Hier und in dergleichen Fällen behalten die Suffixa ihren eigentlichen Sinn.

Anmerk. 2. Auch bei manchen Adverbien ist das *t* — jedoch gedoppelt — Zeichen der Ruhe (signum adverbii quietem), das *n* hingegen Zeichen der Bewegung (signum adverbii motum de loco denotantis), z. B. *itt* hier; *innen* von hier, *ott* da, dort; *onnan* von da, von dort; *amott* illic, *amonnan* illinc; imitt amott hier und da; iminnen amonnan von hier und dorther (hinc illinc); *ide* huc, *oda* illuc, eo. Das eine findet auch im Türkischen Statt, z. B. bunda بوندە hier, bundan بوندن von hier; schunda شوندە dort, da, schundan شوندن von dort, von da ꝛc. Hievon unten ein Mehreres.

§. 13.

§. 13.

Das Suffixum der dritten Person ist im Magyarischen — wie das der ersten im Semitischen — ein *Jod* (י), welches entweder vom Genitivus *övé* seiner, wo das Vau in ein Jod verwandelt wird, so bald es ein Suffixum abgiebt; oder vom Dativus *neki* ihm, wo das Jod schon vorhanden, abgekürzt ist: welches Jod aber bald ruhet, als búzi sein Geruch, véri sein Bluth rc., bald mobil wird, als habja seine Woge, haragja sein Zorn rc. (von búz Geruch, vér Bluth, hab — Persisch ab آب aqua — Woge, harag Zorn) (Vergl. §. 11.); bald ausgelassen wird, so daß nur der Vocal desselben übrig bleibt, als foga sein Zahn, esze sein Verstand rc. (statt: fogja, észje, von fog Zahn, ész Verstand, vergl. §. 1.) wie im Aethiop. wo ebenfalls das hu ሁ, das Suffixum der dritten Person, sich mit seinen Nominibus so zusammenzieht, daß das *ha* ሀ verlohren geht und nur sein Vocal übrig bleibt, den dasselbe dem vorhergehenden Consonanten mittheilt, z. B. semeratu ሠመረቱ für semeratehu ሠመረተሁ, d. i. voluntas ejus; hela ሕጉ lex ejus; valeda ወልዱ filius — gnatus ejus; megebaru መግባሩ opus ejus; kedschatu ቅድሳቱ sanctitas ejus etc. Siehe Praktisches Handbuch der Aethiop. Sprache von Hasse S. 128. und Othonis Synopsis Instit. Aethiopicarum S. 63, 78.

§. 14.

Geht das Wort, dem das Suffixum anhängt, auf irgend einen Vocal aus, so wird das Jod des Suffixi (die im 3. §. und dessen Anmerk. angeführten Wörter machen eine Ausnahme von der Regel) mobil, in welchem Fall der kurze Endvocal *a* und *e* allemal lang wird, z. B. fa Holz, Baum, fája sein Holz; alma Apfel, almája sein Apfel; epe Galle, epéje seine Galle; vese Niere, veséje seine Niere; hordó Faß, hordója sein Faß (dolium ejus); kapu das Thor, kapuja sein Thor; fertő coenum, fertője coenum ejus; tsepű das Werg, tsepűje sein oder dessen Werg rc.; wie im Arabischen, z. B. chatajája خَطَايَايَ peccata mea, von chataja خَطَايَا peccatum. Die Wörter atya pater, anya mater (Türk. ata آتا, ana آنا), bátya frater major natu, ötse frater minor natu, néne soror major (húg minor) natu, sind hier aber (wie auch in allen Semitischen Sprachen) in Ansehung dieses Suffixi mancher Anomalie unterworfen, z. B. attya, annya, báttya, öttse, nénnye etc. statt: atyája, anyája, bátyája, néneje, ötséje sein Vater, seine Mutter rc. Ausser diesen giebt

giebt es noch manche von der Art, nehmlich: ſagygyu ſebum, fatytyu nothus, fiu filius, koma compater, z. B. fagygya ſebum ſuum, fatytya nothus ejus, fia — fija — filius ejus, komja compater ejus, für fagygyuja, fatytyuja etc.

Anmerk. 1. Das kurze ö am Ende wird oft in ein ebenfalls kurzes e verwandelt, besonders wenn schon vor ihm ein solches steht, z. B. erö Kraft, ereje seine Kraft; velö das Mark, veleje sein Mark; tetö Spitze (vertex, cacumen), tetcje seine Spitze; ſzölö Weingarten (vinea), ſzöleje sein Weingarten; eſztendő Jahr, eſztendeje sein Jahr; mező rus, mezeje ſuum rus etc. erdő Wald, erdeje sein Wald ꝛc. vö Schwiegersohn, veje oder veji sein Schwiegersohn; fö Kopf, feje sein Kopf ꝛc. elö vor, eleji das Vorne, Voreltern ꝛc.

Anmerk. 2. Bei Verbis der ersten Classe — wovon unten — in dritter Person des Indic. Praeſentis, wird das nehmliche *Jod* des Suffixi allemal mobil; bei Verbis der zweyten Classe aber ruhet es, z. B. várja exſpectat, tanitja docet, kéri rogat illum, ſzereti amat illum, illam, illud etc. von vár exſpectat, ſzeret amat etc.

§. 15.

Demonstrativische Pronomina sind im Hebr. ze זֶה, im Aethiop. auch ze oder ez ዘ: und im Magyarischen ez dieser, az jener, emez, amaz ebendass.

Fragende Pronomina sind — —

im Hebräischen mi מִי wer? und bisweilen auch was? z. B. mi ſchmeka
מִי שְׁמֶךָ (quod eſt nomen tuum) was ist dein Name? Richter 13, 17.
Vergl. Mich. 1, 5.

— Rabbin. mi מִי was?

— Syrischen mo ܡܳܐ idem.

— Chald. ma מָה. — Samaritanisch. ma ࠌࠄ. — Persisch. mi مي was? khi كي wer? — Türk. khi كه oder كي wer? und im Magyarischen ebenfalls mi was? ki wer?

Die Relativischen Pronomina sind im Hebräischen ausser dem אֲשֶׁר, ze זֶה (Psalm 104, 9.). — Rabbin. mische מִישֶׁ der, welcher; masche מָהשֶׁ das, was? — Aethiop. za ዘ welcher? — Persisch. das einfache khi كي oder كه

wer? das zusammengesezte ankhi آنكه und anmi آنمي is qui, id quod. — Türk. das einfache khi كه, das zusammenges. olkhi أولكي; und endlich im Magyarischen das einfache ki welcher, mi welches, was? das zusammenges. a' ki, a' mi oder auch a' melly, statt az ki, az mi, az melly (die man aber akki, ammi, ammely aussprechen soll), der welcher, das welches is qui, id quod. proprie). NB. Die Adverbia addig eo usque, eddig huc usque — meddig? quousque? — statt azdig, ezdig, sind aus den Fürwörtern az ille; ez hic, und dem Türkischen dek دك usque, zusammengesezt. Als reciproca Pronomina gebrauchen die Morgenländer die mehresten Wörter, die unzertrennliche Theile eines Individuums ausdrücken, als nefes נֶפֶשׁ, etzem אֶצֶם, ruach רוּחַ, rosch ראשׁ, jad יַד, leb לֵב etc. (Seele, Knochen, Geist, Kopf, Hand, Herz,) mit dem Suffixo, z. B. nafschi נַפְשִׁי ich, eigentl. meine Seele; Arab. ahabto nafschi أحببت نفسي ich liebe mich (eigentl. meine Seele) selbst. Diesem ahmten die neutestamentischen Schriftsteller nach, z. B. περίλυπος ἐςιν ἡ ψυχή μου ἕως θανάτου, welches der Syrer füglich so übersezte: karjahi loh lnafschi aadme lmauto ܟܪܝܐ ܗܝ ܠܗ ܠܢܦܫܝ ܥܕܡܐ ܠܡܘܬܐ ich bin (eigentl. meine Seele ist) betrübt bis zum Tode Matth. 26, 38. Die Magyarn haben zwar eine unbestimmte Partikel mag, welche mit Suffixis ein Pronom. reciprocum ausmacht, z. B. magam ich selbst, magad, maga etc.: demohngeachtet aber bedienen sie sich statt desselben oft dergleichen Ausdrücke, wie die Hebr. Arab. ꝛc. z. B. ugy szeretlek mint a' lelkemet d. i. ich liebe dich wie mich (meine Seele) selbst; szomorú az én szivem ich bin (mein Herz ist) betrübt ꝛc.

§. 16.

Sichtbar ist dieses Verhältniß auch in Verbis der Magyaren, wenn man sie mit denen der Semiten vergleicht. Die dritte Person des Futuri oder Praesentis — denn das erstere hat, wie im Hebräischen, Aethiop. ꝛc. die Bedeutung des leztern — ist hier, so wie dort, die des Praeteriti, die einfachste, welche man deshalben die Wurzel, mit den Arab. Grammatikern mit Recht nennen kann, z. B. *arat* er erndtet oder wird erndten, *marad* er bleibt oder wird bleiben, *szeret* er liebt, *nevet* er lacht oder wird lachen ꝛc. Hier giebt es sehr viel einsylbige Wurzel, als: kér er bittet, nyer er gewinnt, mer er wagt — untersteht

steht sich, ád er giebt, vág er haut, foly es fließt, lát er sieht, néz er schaut, él er lebt, ül er sizt, áll er steht ꝛc. Die intransitive und halbleidende Bedeutung habenden Wurzeln bekommen größtentheils ein *k* mit *i* versehen, d. h. die Sylbe *ik*, welche aber nicht eigentlich radical ist, folglich in allen übrigen Personis und Temporibus wegbleibt: solche sind z. B. eszik edit, iszik bibit, alszik dormit, fázik friget, ázik irrigatur, madefit — terra etc. a pluvia, — illik decet, convenit, törik frangitur, múlik labitur — tempus, — nyilik aperitur, érik maturescit, szökik clam se subducit, szokik adsuefit, lakik habitat etc. Dieses lezte ist durch das gedachte *ik*, vom Nennwort *lak*, Wohn-Siz, Wohn-Ort, so wie das erste vom Persischen *esch* آش (wovon das deutsche essen auch entstanden seyn mag), Speise, Suppe, abgeleitet. Es führen einige hungarische Dörfer den Namen Lak; daher Új-lak, ein Marktfleck in Ugother Gespanschaft bedeutet eigentlich Neuseß, Kis Ujlak oder Kis-lak in Zempl. Gespansch. Klein-Neuseß.

Anmerk. 1. Den Sommer- und Winter-Siz des ehemaligen Kara-Khan nennen die Türken ebenfalls, wie es d'Herbelot behauptet, Jai-lak und Kisch-lak. Noch mehr ists ferner, Kara-khans Sohn hieß Oguz (Khan), Japhets der erste Turk und der vierte Russ: warum? Ehe ich hierüber meine Meinung äussere, will ich etwas von ihren Charaktern sagen. Oguz war, sagt die Geschichte, ein kluger, weiser Mann, und wollte die Leute wieder zur alten Religion — denn unter seines Vaters-Regierung herrschete Gözendienst und war von der wahren Religion keine Spur mehr — zurückführen. An Turk nahm sein Vater einen vorzüglichen Geist wahr, er wählte ihn deswegen zum Haupt der ganzen Völkerschaft, und gab ihm den Beinahmen Japhet Oglan, d. i. Japhets Sohn. Russ war von einer unruhigen und unbändigen Gemüthsart ꝛc. Also sie haben wahrscheinlich nach ihren Charaktern den Namen erhalten; um so mehr, daß das *agas* in Pehlvi (Magyarisch *okos)* klug, weise; das *derék* — vielleicht von turk — im Magyarischen fürtreflich, vorzüglich (fortis, praestans, egregius etc.); und endlich das rusch روش im Persischen (Magyar. roszsz) roh, unruhig, unbändig (malus, durusindole, difficilis, inhumanus) bedeute. Siehe Hrn. Deguignes allg. Geschichte der Hunnen und Türken 1r Band. S: 111-117. Greifswalde 1768. P. Wörterbuch in Zend-Avesta, und Castellus.

Anmerk. 2. Die Endung des Infinitivus ist im Magyarischen *ni*, die den Wurzeln, welche auf 2 Consonanten ausgehen, mittelst eines Hülflautes, ausser dem Fall aber unmittelbar hinzukommt, z. B. mondani sagen, felejteni vergessen ꝛc. von mond, felejt; irni schreiben, élni leben ꝛc. von ir, él. Ich werde dann und wann die Zeitwörter im Infinitivus gebrauchen, und solche mehrentheils, wenn sie auch sonst in der dritten Person des Praesentis vorkommen, im Deutschen durch den Infinitivum angeben.

§. 17.

Die Stammwörter (radices) bekommen im Magyarischen durch Verdoppelung (in wenigen Fällen) des lezten Stamm- und Hinzusetzung der Servil-Buchstaben und Sylben, wie im Arabischen, manche Nebenbedeutungen, so daß sie den Arab. Zeitwörtern — vorzüglich in Ansehung der Bedeutungen — sehr nahe kommen. Die Vergleichung beider wird es auch mehr bestätigen. Die Araber haben, wie bekannt, 13 Conjugationen, die 2te und 4te sind das Piel und Hiphil der Hebräer, und bedeuten beiderseits machen, daß das geschähe, was das Verbum in der 1ten Conjugation bedeutet. Folglich wird die intransitive Bedeutung der 1ten Conjugation hier transitiv, z. B. hhamal حمل (auf Magyarisch emel) tragen; hhammal حمّل tragen lassen, bitten oder auch befehlen, daß einer trage; thaim طعم essen, thaam طعّم essen lassen, speisen, füttern. So im Magyarischen, z. B. nevet lachen, nevettet machen, daß einer lache; arat erndten, arattat erndten lassen; él leben, éltet leben lassen; ir schreiben, irat schreiben lassen; terem wachsen (crescere, et ferre fructus), teremt schaffen (creare), termeszt wachsen lassen, bauen, Tabak u. d. g. hoz bringen, hozat bringen lassen ꝛc. mulni vergehen, mulatni weilen, die Zeit zubringen (telni, tölteni bedeutet das nehmliche), mulattatni unterhalten — jemanden durch lustige Einfälle, daß ihm die Zeit nicht lang werde, — veszni verlohren gehen, veszteni verlieren, auch umbringen, oder vielmehr gerichtlich exequiren. Die 5te Conjug. ist ihrem Ursprunge nach ein Passiv der 2ten, z. B. rafia رفع erhöhen, taraffaa ترفّع erhöhet werden, sich erhöhen. Im Magyarischen: fuvalni blasen, felfuvalkodni aufgeblasen werden, sich aufblasen, stolz oder hochmüthig seyn. — Die 8te Conjug. ist, ihrer wesentlichen Bedeutung nach, passiv, wird aber auch reciprok gebraucht, z. B. gasal غسل waschen,

schen, agtasal اغتسل gewaschen werden, sich waschen. Im Magyarischen: mosni waschen, mosódni oder mosdani gewaschen werden, sich waschen; törni brechen (frangere), töródni gebrochen werden, sich bekümmern um etwas (frangi curis, macerare se, ex itinere diuturno fessum esse); veszni vergehen, sich in jemand verlieben, etwas sehr gern haben ꝛc. veszödni sich quälen, plagen, sich mit etwas mühsam beschäftigen. Die 9te Conjug. sezt den 3ten Stammbuchstaben doppelt: sie wird sonderlich von den Farben gebraucht, und verstärkt die Bedeutung des Wortes, z. B. isvadda اِسْوَدَّ schwarz - aktamma اِكْتَمَّ dunkelbraun seyn. Im Magyarischen: sárgállani hochgelb - feketélleni hochschwarz seyn, von sárgúlni, feketülni gelblich - schwärzlich seyn oder aussehen.

Anmerk. Die Servilbuchstaben und Sylben werden in der Magyarischen Sprache allemal den Worten nachgesezt, und darin weicht sie von den Semitischen sehr ab. Manche Zeitwörter, deren lezter Buchstabe ein *l* ist, haben (die von den Adjectivis abgeleitete aber, ohne Ausnahme) intransitive Bedeutung; allein das *t*, welches oft jenes in den Verbis primitivis verdrängt, verschaft solchen einen activen Sinn, z. B. hül frigescit, hüt frigefacit, sül assatur, süt assat, dül corruit, düt corruere facere; fül calefit, füt calefacit; gyúl accenditur, gyút accendit; gyűl colligitur, colligit se, gyűt colligit; nyilni aperiri, nyitni aperire; nyúl tenditur, nyút proextendit (von fől, besser fő, coquitur, ist főz coquit), fúl suffocatur, fojt suffocat; oszol dividitur, oszt dividit; foszol solvitur, avellitur, foszt solvit, avellit (talut oder talvat foszt, plumas avellit); bomol errat, deviat, delirat, extravagatur, bont separat, divellit, rumpit, turbat; omol fluit, aut funditur terra — ex loco superiore in inferiorem — sua sponte, ont statt omt fluere facere (sanguinem), fundere; ömöl funditur, önt statt ömt fundit; *hajol*- hajlik flectitur, *hajt* flectit; ül sedet, ültet sedere facit, plantat; él vivit, éltet vivere facit; fél timet, félt metuere pro aliquo, sollicitum esse (causâ alicujus).

§. 18.

Es giebt im Magyarischen mehrere Servilbuchstaben, ja sogar Sylben, womit die Stammwörter vermehrt werden, und dadurch Nebenbedeutungen annehmen, worunter das *h* und *t* zusammen, d. i. die aus diesen Buchstaben bestehende Sylbe *hat*, *het* die allgemeinste, und in allen Verbis die gebräuchlichste ist.

D Diese

Diese macht die so genannte vermögende Art (Modus Potentialis) aus, welche der magyarischen Sprache, nebst der türkischen — so viel ich weiß — ausschlüßlich eigen ist. Sieht man alle die durch Servil-Buchstaben und Sylben entstandenen Arten von Zeitwörtern für besondere Conjugationen an: so hat man im Magyarischen nicht nur 7 bis 13, wie im Semitischen, sondern 16 bis 20, ja sogar in manchen Verbis 30-36 Conjugationen, z. B.

1. tanúl (ein Intransitivum Verbum) lernen.
2. tanúlódik (Passivum des vorhergehenden) es kann gelernet werden.
3. tanúlódhatik (dessen Potentialis Modus) es kann gelernet werden.
4. tanúlhat (vermögende Art des No. 1.) lernen können.
5. tanúlgat (ein Frequentativum des No. 1.) oft oder nach und nach lernen. Hitphael der Hebräer.
6. tanúlgathat (vermög. Art den vorhergeh.) oft lernen können.
7. tanúlgatódik (ein Passiv. des No. 5.) nach und nach gelernet werden.
8. tanúlgatódhatik (vermög. Art der vorigen) nach und nach gelernet werden können.
9. tanúldogál fast wie die Art No. 5. gleichsam ein Diminutivum derselben.
10. tanúldogálhat eine vermög. Art der vorhergehenden.
11. tanúltat machen oder befehlen, daß einer lerne. Hiphil der Hebräer.
12. tanúltathat die vermög. Art der vorherg.
13. tanúltatgat ein Frequentat. der No. 11.
14. tanúltatgathat eine vermög. Art der vorherg.
15. tanit (ein Transit. Verbum) lehren.
16. tanitódik (Passiv. der vorh.) gelehrt werden, oder es wird gelehrt.
17. tanitódhatik (vermög. Art der vorherg.) es kann gelehrt werden.
18. tanithat (vermög. Art der No. 15.) lehren können.
19. tanitgat (ein Fraquentat. der No. 15.) nach und nach, oder oft lehren.
20. tanitgatódik (Pass. der vorhergeh.)
21. tanitgatódhatik vermög. Art der vorherg.
22. tanitgathat (vermög. Art der No. 19.) nach und nach lehren können, oder im Stande seyn ꝛc.
23. tanittat (dupliciter Transitivum) lehren lassen, oder besorgen, daß einer lehre.
24. tanittatik Passivum; ist aber nicht so gebräuchlich, als die No. 16.
25. tanittathatik (vermög. Art der vorhergeh.) gelehrt werden können.
26. tanittathat (vermög. Art der No. 23.) im Stande seyn (können) jemanden lehren zu lassen.

27. tanit-

27. tanittattat (tripliciter Transitivum) bitten, oder befehlen jemanden, daß er einen andern lehren lasse.

28. tanittattathat (vermög. Art der vorherg.) im Stande seyn (können) zu befehlen, daß jemand einen andern (den 3ten) lehren lasse.

29. tanittatgat (Frequentat. der No. 23.)

30. tanittatgathat vermög. Art der vorhergehenden.

31. tanitdogál fast wie die No. 19. gleichsam ein Diminutiv. derselben.

32. tanitdogálhat vermög. Art der vorhergehenden.

33. tanakodik sich belehren, über etwas berathschlagen (consultare).

34. tanakodhatik vermög. Art der vorhergehenden.

35. tanátskozni berathschlagen.

36. tanátskozhatni vermög der v. berathschlagen können.

37. tanátsolni rathen, anrathen.

38. tanatsolhatni vermög. Art d. v.

39. tanátsolgatni Frequentat. der No. 37.

40. tanatsolgathatni vermög. d. vorh.

Anmerk. Alle diese Verbearten flectiren ihre Tempora und Personas auf einerley Art. Wer eine flectiren kann, kann sie alle: und fast von allen werden Stammwörter abgeleitet, z. B. tanúlás das Lernen, tanúlhatás das Lernenkönnen, tanulgatás das Oftlernen; tanitás das Lehren; tanitgatás das Oftlehren; tanitó Lehrer, Doctor, eigentl. docens; tanúló ein Student, (discens) etc.

§. 19.

Die Wurzel von allen im vorigen §. angegebenen Verbearten ist das veraltete Grundwörtchen *tan* (daher tanú ein Zeuge — testis, — tanúság Lehre oder Weisheit, tanáts (wovon eigentlich die unter den Nummern 35 - 40 stehende Verbearten abgeleitet sind) der Rath, consilium. Von diesem stammt *tanúl* durch den Servilbuchstaben *l*, und *tanit* durch *t* ab. Viele dergleichen veralteten und aus dem Gebrauch gekommenen Grundwörter giebt es im Magyarischen, z. B. *szorg*, daher szorgos dringend, pressant, szorgalom Fleiß, szorgalmatos fleissig; *pir* (das im Griechischen — πῦρ — noch übrig ist *), daher piros roth,

 pirúl

*) Vide itaque num nomen hoc πῦρ barbaricum sit; neque enim facile est istud Graecae Linguae accomodare, constatque ita hoc Phryges nominare, parum quid declinantes; ut et ὕδωρ et κύνας, et alia multa. Plato in Cratilo pag. 281. Vergl. Histoire des Celtes par Simon Pelloutier tom. I. pag. 83.

pirúl roth werden, pirit roth machen (beide werden physisch und moralisch gebraucht); *szor* (Hebr. tzor צַר angustia), wovon szoros eng, szorúl eng werden, 2. in Noth gerathen; szorit eng machen, drücken; *hom* (Hunnisch *chom*. Deguignes allg. Gesch. 1. B. S. 116.), daher *homok* Sand; *bor* daher borúl zugedeckt werden, als: borúl az ég der Himmel wird von Wolken gedeckt, überzogen ꝛc. 2. sich zusammenziehen, wie die Kohl- und Salatblätter, woraus der Kopf entsteht, borit zudecken, wovon boriték die Decke, Umschlag — couvert — eines Briefes; be-burkozni sich einhüllen — mit Schleyer, — *burok* involucrum foetûs in utero matris sui; *for*, ford, daher fordúl sich einmal herumdrehen, fordit umwenden, 2. übersetzen; forog (ein Frequentat.) sich drehen, gehen, wie z. B. das Rad der Mühle (vertitur); moz (Hebr. מוש recessit, movit se, amovit Zach. 3, 9.), wovon mozog motitat se, mozdúl movet se, movetur, mozdit movet; *ker*, wovon kerül herumgehen, Umweg machen (körül circa, circum); 2. kosten, kostspielig seyn, als: sokba kerül es wird viel kosten; kerit umgeben, 2. anschaffen, wovon kerítő ein Schaffer, Kuppler ꝛc. ür (Chaldäisch aver אֲוִיר vacuum, spatium), daher üres leer, ürül leer werden, ürit leer machen, wegräumen; idv. (Arab. adav أَدَوَ juvit, adjuvit, opem tulit), wovon idvez — obsolet — Heil, daher idvezül salvari, idvezit salvare, Idvezitő Salvator, idvezség lies idv. esség — salus; hálá Lob, Dank (dies hat nur drey Casus, Nom. et Acc. singul. et Acc. pluralem) vom Arab. alah أَلَهَ coluit, adoravit, daher hol هول laus Dei, veneratio; oder vom Hebr. halal הלל laudavit, veneratus est etc. Das *tan* ist aber weiter nichts, als das Persische dana دَانَه Wissenschaft, Weisheit; 2. gelehrt, weise, wovon das danistan دَانِسْتَن wissen, erkennen, das danidan wissen (Magyarisch tanitani lehren), dananidan دَانَانِيدَنْ zu erkennen geben, benachrichtigen, bekannt machen; danisch دَانِشْ das Wissen, die Gelehrsamkeit ꝛc. gemacht werden. Im Chald. heißt dna דְּנָא meditari, Proverb. 8, 7. 15, 28. 24, 2. und im Rabbin. tna תְּנָא discere, tradere, docere; daher tane תָּנֵי (Magyarisch tanito oder tanétó) docens, Doctor.

§. 20.

§. 20.

Zwar kommt selten ein Stammwort vor, welches so viele Arten und Nebenbedeutungen, als das tanúl (§. 17.) bekäme. Doch alle, ohne Ausnahme, sind solcher fähig, nur daß das eine mehr, das andere weniger erhält. Die 6 bis 10, 10 bis 13. sind am häufigsten, z. B.

1. hall hören. 2. hallhat hören können. 3. hallik. (Imperson.) auditur. 4. hallgat stillschweigen. 5. hallgathat schweigen können. 6. hallogat dann und wann, oder auch oft, hören. 7. hallogathatni die vermög. Art der vorherg. 8. hallat (ein Transitivum der No. 1.) hören lassen. 9. hallathat die verm. Art der vorh. 10. hallatik (Passiv.) auditur, es wird gehört. 11. hallattat (dupliciter Transit.) machen, daß einer höre. 12. hallattathat die vermög. Art der vorherg. 13. hallgatózni horchen, lauschen (ad fores aures admovendo auscultare etc.) 14. hallgatózhatni die vermög. Art der vorhergeh.

Doch dieß weiter auszuführen, ist hier der Ort nicht und auch meiner Absicht zuwider, da ich bloß die Aehnlichkeit der magyarischen Zeitwörter mit denen der arabischen, in der allgemeinen Anlage zeigen wollte. Mehreres hievon werde ich in meiner magyarischen Grammatik, wo es eigentlich hin gehört, angeben.

§. 21.

Die von Adjectivis durch das *l* gemachten Verba derivativa haben eine intransitive — die durch das *t* gemachten hingegen transitive Bedeutung, und das erste verlangt, in dem Fall, allemal den Hülfslaut (vocalem subsidiariam) *u* oder *ü;* der leztere aber das *i* vor sich: mithin wird der Endvocal eines Adjectivi primitivi, er mag seyn, welcher er will, in solche verwandelt, z. B. rútúl garstig werden (turpem fieri), rutit garstig machen, bolondúl närrisch, verrückt werden, bolondit anführen, einem etwas weiß machen, von *rút* turpis, *bolond* stultus: szépül schön = kékül blau werden, szépit schön = kékit blau machen, von szép schön, kék blau; sárgúl gelb = feketül schwarz werden, sárgit gelb, feketit schwarz machen, von sárga gelb, fekete schwarz ꝛc. Die erstern sind zugleich Inchoativa oder vielmehr Semipassiva. Bekommt das *l* statt des *u* oder *ü*, ein *a* oder *e:* so ist es nicht mehr ein Intransitivum, sondern Activum, z. B. tisztúl rein = szentül heilig werden, tisztál rein = szentel heilig machen, weihen, von tiszta rein, szent heilig; also fast so viel als tisztit, szentit. Wenn das Adjectivum auf ein ü ausgeht, so braucht das *l* keinen Hülfslaut mehr, als: keserül

 büssen

büssen für etwas, z. B. várá! meg keserülöd még te azt, wart! du wirst dafür büssen, eigentl. das wird dir bitter schmecken.

Anmerk. 1. Dergleichen Verba lassen sich von Adjectivis primitivis auf zweyerley Art, nehmlich durch das *l* und durch das *d;* von Adjectivis derivatis aber meistens durch's leztere, und nur selten durchs erstere, ableiten, z. B. sargúlni und sargodni, feketülni und feketedni etc. keseredni bitter= sürüdni dicht = szaporodni vermehrt werden, von Primitivis Adj. keserü bitter, sürü dicht, szapora fruchtbar.; édesedni süß= hiresedni berühmt werden, von Adject. derivatis: édes süß, hires berühmt.

Anmerk. 2. Die von den Nominibus Substantivis durchs *l* abgeleiteten Zeitwörter, deren Anzahl auch groß genug ist, sind von ganz anderer Beschaffenheit. Bey diesen kann nicht das *u* oder *ü* als ein Hülfslaut, die übrigen Vocale können aber als solche — erscheinen; z. B. *talpol* besolen, *ural* jemanden einen Herrn heißen, *tsókol* küssen, *papol* Predigt halten, *tisztel* ehren, verehren, *keresztel* taufen, *füstöl* rauchen, *böjtöl* fasten rc. von talp Sole, úr Herr, tsók Kuß, pap Pfarrer, tiszt Ehre, Amt, kereszt Kreuz, füst Rauch, böt Fasten. Das betsül schätzen, von bets oder betsü Werth, macht eine Ausnahme. Die ebédel zu Mittag = vatsorál zu Abend essen; telel überwintern, nyaral den Sommer zubringen rc. von ebéd Mittags= vatsora Abend = Mahl, tél Winter, nyár Sommer, sind Intransitiva.

§. 22.

Bisher habe ich meistens die Semitischen Sprachen in Vergleichung gezogen: jezt folgen die persische und türkische Sprachen nebst den damit verwandten Dialekten, welche mit der magyarischen zu vergleichen sind, und die mit derselben die auffallendste Aehnlichkeit haben, wie ich es neulich in Ansehung des Persischen schon in einer der hiesigen philosophischen Facultät eingereichten besondern Abhandlung dargestellt habe; und wie sich es, in Rücksicht auf beide, aus folgenden wird abnehmen lassen. Zeichen des Diminutivi sind im Persischen sowohl, als auch im Türkischen das kjef ک, oder kaf ق, und das t'che چه, oder nach türkischer Aussprache tschiin, die den Substantivis und Adjectivis am Ende angehängt und dadurch der Sinn derselben vermindert werden, z. B.

1) im Persischen:

kitab كتاب Buch — kitabak كتابك Büchlein.

mam مام Mutter — mamak مامك Mütterchen.

busz بوس Kuß — buszak بوسك Küßchen.

ruba روباه Fuchs — rubaki روباهكي Füchschen.

pastu پستو Krug — pasztuka پستوكه ein kleiner Krug, Krüglein.

dêr در Thür — deritsche دريچه eine kleine Thür.

chovan خوان Tisch — chovantscha خوانچه ein Tischchen, kleiner Tisch.

bâg باغ Garten — bagtscha باغچه ein Gärtchen, kleiner Garten.

jech يخ Eis — jechtsche يخچه kleines Eis, Hagel.

szitar ستار Funken — szitartscha ستارچه ein Fünkchen.

mur مور Ameise — murtscha مورچه eine kleine Ameise.

szabok سبك leicht — szabuktscha سبكچه ein wenig zu leicht (leviculus) etc.

2) im Türkischen: (hier werden das ق und چ — als چق — zugesezt.)

kitab كتاب Buch — kitabtschek كتابچق Büchlein.

ak آق weiß — aktsche آقچه ein wenig weiß (subalbus).

kitschi كچي klein — kutschuk كوچوك ein wenig klein, und endlich

kutschutschuk كوچوچوك (gleichsam Diminutivi Diminutivum) sehr klein, oder gar zu klein, wie im Lateinischen perparvulus.

Völlig

Völlig so ist es in der magyarischen Sprache, nur mit dem Unterschied, daß das *k* hier allemal einen Endvocal — gewöhnlich *a* oder *e*, so wie das Wort, dem es hinzukommt, von der ersten oder zweyten Classe ist, annimmt, z. B. szán Schlitten, szánka ein kleiner Schlitten; leány oder jány Tochter, Mädchen, leányka, jányka (sprich: jánka) Töchterchen, ein kleines Mädchen; asztal Tisch, asztalka Tischlein; óra Uhr, orátska eine kleine Uhr; falu Dorf, falutska Dörflein; szó Wort, szótska Wörtchen; ember Mann, Mensch, emberke ein kleiner Mann, szegény arm, szegényetske und szegényke (sprich: szegénke), keménу hart, keményetske — keményke, vagyon die Habe, vagyonka oder vagyonotska kleine Habe; meny Schwiegertochter (nurus), menetske eine junge Frau; kitsiny klein, kitsinyetske, kitsinke, kitsike gar zu klein; jég Eis, jégtse oder jegetske Eischen; zsáktsa ein kleiner Sack; zsaktsó oder durch Versetzung des *k*, zsatskó (wie pataktsa, patatska Bächlein) Beutel, sacculus etc. Im Magyarischen kommt also, wie in diesen Beispielen zu sehen ist, sowohl das persische, als auch das türkische Zeichen des Diminutivi vor.

Anmerk. Im Slavischen (auch im Armenischen *ak*, *ouk*, oder das zärtlichere *ik*. Siehe Wahl's allg. Gesch. der morgenl. Spr. und Litt. S. 99.) sind die nehmlichen Buchstaben Zeichen des Diminutivi, z. B. stul Tisch, stolek ein kleiner Tisch; kral König, kralik Königlein, kralitschek ein gar zu kleiner König; lopát Schaufel, lopátka Schäufelchen; sukne ein Weiberrock, suknitschka (auf Magyarisch szoknyátska) ein Röcklein; nuž Messer, nožik oder nožeček Messerchen; kuň Pferd, konik und koníček (lies konitschek) ein kleines Pferd. Vergl. Joh. W. Pohl's Böhmische Sprachkunst, Wien 1776. S. 28 = 36. Sonst hat die magyarische Sprache mit der slavischen gar keine Aehnlichkeit in Ansehung ihres Baues, obgleich Bochart in seinem Phaleg et Chanaan (Lib. 1. Cap. 15.) behauptet, die magyar. Sprache sey aus der slavischen entstanden. Zwar Wörter hat sie weder mit der lateinischen, noch mit der deutschen *) so viel, als mit dieser Sprache, gemein: aber übrigens hat sie nichts mit ihr gemein.

§. 23.

*) Unrichtig ist es, was Herr Benkő — ein gelehrter Magyar — in seiner Transilvania Tom. I. pag. 383. behauptet, indem er sagt: nulla nobis gens aeque, ac Germanica, tot suggessit vocabula. Denn viele Wörter im Magyarischen scheinen zwar deutschen Ursprungs zu seyn, die es doch nicht sind, z. B. ház Haus, puszta Wüste, tzukor Zucker, kotsi Kutsche, borbély Barbier, nyak Nacken, tsets Zitze, alamisna Almosen, gyere oder jer, jere geh her ꝛc. Das lezte ist zugleich Türkisch jur يورو komm, geh, und die übrigen Slavisch, Persisch, Lateinisch. Siehe unten die Wörtervergleichung. Vergl. Wahl's allg. Gesch. der morg. Spr. S. 318.

§. 23.

Dem Mangel an Geschlecht helfen die Perser und Türken auf eine besondere Art ab, indem sie sich gewisser Wörter bedienen, die das Geschlecht andeuten. Jene z. B. des Worts ner نَرْ Mann, und des mada مادَن Weib, als: ner gau نَرْ كَاوْ ein Stier, mada gau مادن كاو eine Kuh, ner kudak نر كُودَكْ ein Bub, mada kudak مادن كودك ein Mädchen u. s. w. Diese (die Türken) in Ansehung der Menschen des er اَرْ, und des kiz قِيز (عورت Weib); in Ansehung der Thiere aber unter andern des erkek اركك und des dischi ديشي, z. B. er oglan اَرْ اُوغْلاَنْ Bub, kiz oglan قيز اوغلان Mädchen, erkek arslan اركك اَرْسلاَنْ Löw, dischi arslan ديشي ارسلان eine Löwin. Manche Thiere bezeichnen sie nach ihrem Geschlecht mit verschiedenen Namen, z. B. buga بُوغَا Stier, inek (oder ine) اينَكْ Kuhe, khorus خُرُوسْ Hahn, tauk تَاوُقْ Henne. Eben so helfen die Magyarn dem Mangel am Geschlecht ab, z. B. gyermek Kind überhaupt, und fiu oder férjfi gyermek Bub, leány oder jány gyermek Mädchen, eigentl. heißts: Bub-Kind, Mädchen-Kind (puellus infans, puella infans): férjfi ember, oder nur férjfi ein Mann (vir homo); aszszony ember ein Weibsbild (mulier oder femina homo); leány-aszszony (Pers. dscharan zani جران زني femina puella) eine Jungfer; him oroszlán ein Löw, nöstén oroszlán eine Löwin, him galamb ein Täubrich, nöstén galamb eine Taube; bárány Lamm, jerke bárány agnus femina, jértze tsirke pullus (gallinaceus) femina, kakas tsirke pullus mas; Profeta aszszony eine Prophetin, kis- (Türkisch kiz قز filia, puella) aszszony Fräulein, Fräule rc. Ferner bika Stier, ünö — tehen — oder üsző Kuh, borjú oder bornyú Kalb, ökör bornyú männliches - üsző bornyú weibliches Kalb; kakas Hahn, tyúk oder tik Henne.

Anmerk. Weil die magyarische Sprache kein Genus hat; so hat sie folglich auch keine Motion. Man sagt zwar auch im Magyarischen Királyné Königin, Tsászárné Kaiserin, Grofné die Gräfin, Papné Pfarrerin, Dókusné Frau Dokuschin oder von Dokusch rc. von Király König, Tsászár

Kaiser, Gróf Graf, Pap Pfarrer, Dókus Herr von Dókus; ferner szolga Knecht, szolgáló die Magd, barát Freund, barátné Freundin, mosó Wäscher, mosóné die Wäscherin ꝛc.: das ist aber keine Motion, wie Herr Nagy in seiner Ungrisch-philosophischen Sprachlehre behauptet, sondern das *né* am Ende der Wörter ist weiter nichts, als das veraltete Nennwörtchen *nö* Frau, Weib, welches noch in den unmittelbar davon abgeleiteten Adjectivis, nős beweibt, verheurathet, nőtelen ledig, unverheurathet, übrig ist. Királyné, statt királynő, heißt also eigentlich so viel als Königs-Gemahlin, Papné Pfarrers-Frau ꝛc. Das szolgáló ist ein Particip. Praes. des Zeitwortes szolgál, welches vom Nennwort szolga Diener, Knecht durchs *l* abgeleitet ist, und heißt dienend, z. B. szolgáló leány Magd, eigentl. ein dienendes Mädchen, szolgáló legény Bedienter (ein dienender Junge), szolga heißt gewöhnlich Knecht.

§. 24.

Im Persischen werden die Wörter auf mancherley Art zusammengesezt, z. B. schadnak شادناك (ein Adjectivum concretum) fröhlich, von schad شاد Freude, und der Partikel nak ناك; zahirnak زهرناك giftig, von zahir زهر Gift; gajibnak غيبناك schändlich (dedecorosus, vitiosus), von gajib غيب; kentschur كنجور Schatzkämmerer, von kentsch كنج Schatz; kentschdar كنج دار Schatzkammer, von kentsh und dar دار Kammer, Haus u. s. w. Auch im Magyarischen also, z. B. bajnok ein Streiter, Kämpfer (pugil), álnok schlau, heimtückisch (subdolus), pohárnok ein Mundschenk (pincerna), asztalnok Truchses, tárnok Schatzkämmerer, titoknok geheimer Rath, tanátsnok Rath (consiliarius), komornyik — besser kamar- oder komornok — Kämmerer, Kammerdiener (secretarius), kalmár Kaufmann, molnár Müller, kasznár (vom Chald. gaza גזא thesaurus, oder Aethiop. gaza ገዘ ministravit, servivit) promus condus; kints-tár aerarium; sén-tár theca cotis (quam fenisecae secum, dum laborant, portant, saepius cū falcem acuentes); kulsár Kellner (claviger); kádár Büttner, pintér idem; tsaplár Wein-Schenker; buvár urinator, mergus; tsapodár Schmeichler,

ler, Heuchler 2c. von baj Streit, Kampf 2c. ál Tücke, pohár Trinkglas, asztal Tisch, tár Kammer, Haus, titok Geheimniß, tanáts consilium; kamara Zimmer, Stube 2c. malom Mühle, kints Schaß, fén Weßstein, kults Schlüssel; kád (Hebr. קד) Kufe (cadus), pint die Maaß; tsap, epistomium; búvó einer der sich versteckt, ins Wasser versenkt 2c., wo die Endungen nok, tár, vár oder ár denen der Persischen ناك, ور, ار, تار gleich sind und das nehmliche bedeuten. Das Wort vâr وار heißt noch im Persischen auch Stadt, Burg, oder Festung, und wird den Ortsnahmen angehängt, z. B. manavâr مناوار eine Stadt ohnweit Chuten, finavâr فناوار Stadt auch in Chuten, fanavâr فناوار Stadt ohnweit Sinas, tschonavar جناور eine Stadt ebend. ahvâr آهور oder آهوار auch eine Stadt. Völlig so im Magyarischen, z. B. Kolosvár Clausenburg (eine Stadt in Siebenbürgen), Temesvár (eine Festung am Fluß Temes oder Tömös; Sóvár (eigentl. Salzburg); Ujvár (Neustadt); Óvár (Altenburg); Segesvár Schesburg; Kankóvar, Jánvár, Felleyvár, Szigetvár, Fellegvár, Világosvár, Kövár (Stein = oder Felsenburg); Földvár (Erdfestung oder Erdwall); Ungvár, eine alte Festung am Fluß Ung oder Hung.

Anmerk. Das var وار, welches auch bar بار geschrieben wird, als Malabar, Nikobar, Zenkibar etc. ist im Magyarischen sowohl, als auch in andern morgenländ. Sprachen so viel als im Griechischen πολις in μεγαπολις, τριπολις etc. im Deutschen das Burg in Preßburg, Hamburg (urbs portuensis, seu ad portum, Hamm heißt im Gothischen Hafen), Luxenburg 2c. im Slavischen das gard, grad, gorod oder grod, in Belgard (Stadt in Pommern), Belgrad, Nograd, Tsongrad, Novogrod etc.

§. 25.

Dieser lezte Ort Ungvár, (wovon die Länge auf der homannischen Specialcharte 45° 15', und die Breite 48° 35'; auf der Generalcharte aber jene 39° 30', und diese 48° 10' ist), ist eine der ersten Städte — wo nicht die allererste — welche die Hunnen in Dacien (Dacia), 9 Meilen von Tokaj, gegen die

 karpathi-

karpathischen Gebürge zu, auf einer angenehmen Anhöhe angelegt, und ihr den Namen Hunvar, oder Hungvár, d. i. Hunnenstadt, Hunnenburg oder Hunnenfestung beigelegt haben, welchen Namen die lateinischen Geschichtschreiber, als den ersten ihnen bekannt gewordenen, beibehielten, und davon die Hunnen Hungvaros oder Hungaros, und das ganze von ihnen eroberte oder occupirte Land Hungvaria oder Hungaria nannten. Bei Byzantinischen Schriftstellern heißen sie: Οὔγγρει, Οὔγγροι, Οὖννοι, Τουρκοι, Δακοι; und ihr Land heißt: Οὐγγαρια, Οὐγγρια, Οὐγκρία, Τουρκια etc. Siehe Stritteri memoriae Popp. Petrop. 1771. Tom. 3. Pars 2. S. 582, 607, 614, 622. mit Anmerk. Diese Etymologie ist der Meinung des Herrn W. Jones sehr günstig; er behauptet nehmlich, die Hunnen und Sinesen sind einerley Ursprungs, welches freylich nicht unwahrscheinlich ist. Denn die Sineser nennen sich selbst, wie uns Vater Visdelou (Visdelou) berichtet, Han-gin oder Hoan-gin (nach franz. Aussprache), d. h. das Volk von Han, Hoan (Hun), und die Endung *an* in Sinesischen Namen wird, wie die Kenner der sinesischen Sprache bemerken, wie ang, ing (ung) ausgesprochen; daher auch mehrere es so schreiben, als: Hoang, Huang, wie es auch in Nanking, Peking zu sehen ist. So wäre es leicht einzusehen, woher das g im Namen Hungvár, Hungvária oder Hungaria entstanden. Vergl. Sir W. Jones Abhandlung über die Sineser, deutsche Uebers. 1r Band S. 143. Anmerk. von Hrn. Kleuker. Auch ohne g kommt das Wort in der Geschichte der Hunnen bei Jornandes vor. „Danubii amnis fluenta, sagt er, praetermeant (Hunni), quae lingua sua *Hunnivár* appellant *). Allein wer hier, in der angeführten Stelle, entweder ein Hunnen-Schloß, mit vielen Schriftstellern; oder einen Hunnen-Fürsten mit Simocatta — dem H. Hayer auch beipflichtet **) — unter dem Wort *Hunnivár* versteht, der irret sehr. Denn das var وار heißt im Persischen nicht nur Schloß, Burg, Festung rc. sondern auch Weg, z. B. zivar زيـوار via pagi etc. Dem zufolge ist Hunnivar so viel als Hunnenfahrt (trajectus Hunnorum), wie es sehr richtig Muratori und Assemani auch übersezt haben.

Anmerk. Die Endungen *bar* und *ar* kommen auch im Chaldäischen vor, z. B. gizbar גִּזְבָּר (Esrae 1, 8.) Quaestor, Praefectus aerarii; melzar מֶלְצַר (Dan. 1, 11.) Promus, Balthasar, Nebukadnesar etc. Wenn man dies

*) Jornandes de rebus Geticis.

**) Neue Beweise der Verwandschaft der Hungarn mit den Lappländern. S. 37. folg.

dies leztere aus dem Persischen erklären sollte, so würde ich es nicht aus nebu khodin azar نبو كودين اذر wie Michaelis *) gethan hat; sondern vielmehr aus nebu khodin sar zusammensetzen. Dann hieße es nicht, wie er meint, Nebo benignus Deus, sondern Nebo benignus Princeps. Das meltzar ist auch wahrscheinlich Persisch, und aus dem mâl مال opes und sar سر zusammengesezt werden; oder es ist theils Persisch, theils Hebr. vom male מָלֵא oder mlo מְלֹא (daher im Magyar. malaszt) plenitudo, opes. Das gizbar endlich besteht aus גְּזָא und Pers. bar بار.

§. 26.

Die dritte Person läßt sich im Persischen als ein Nomen Subst. gebrauchen, z. B. der bajist نربا يست d. h. es ist nöthig, und: Nothwendigkeit ꝛc. So im Magyarischen, z. B. *vólt* es ist gewesen, und das Wesen, *tett* er hat gethan, und das Thun oder die That ꝛc. welche Suffixa, wie die Nennwörter, und mit solchen 3 Casus, bekommen, z. B. vóltom mein Wesen oder meine Natur, vóltod dein - vólta sein Wesen; tettem meine That, tetted deine - tette seine That. Dativus vóltomnak, tettemnek etc. Accusat. vóltomat, tettemet etc. Ausser den Suffixis verlangen manche noch auch die Postposition *ba be* oder *ban ben*, z. B. *járt* ambulavit, *ment* ivit, *jött* venit, *ült* sedit etc. daher *jártomban* in meo ambulando, jártodban in tuo - jártaban in suo ambulando; mentemben in eundo meo etc. jöttömben in meo venire etc. ültömben in meo sedere etc. Plur. jártunkban in nostro ambulare etc. jöttünkben in nostro vevenire, ültünkben in nostro sedere etc. Ferner die Redensarten: reptében el lőni a' fetskét, d. i. eine Schwalbe in ihrem Flügen (in volando suo) erschiessen; fektében vagy futtában el löni anyúlat, leporem in cubendo vel currendo suo trajicere vel dejicere; Isten adta kenyere, Isten teremtette embere etc. d. h. du von Gott gegebenes oder geschaffenes (geben und schaffen sind im Magyarischen synonim.) Brod - Mann, und dergleichen mehrere können hieraus verstanden werden.

*) Neue Orient. und Exegetische Bibliothek. Gött. 1789. 6. Theil. S. 176.

§. 27.

Von den Wurzeln (Grundwörtern) werden Substantiva im Persischen und Türkischen unmittelbar durch den Servil-Buchstaben *sch* ش gemacht, z. B. dânisch دانش das Wissen oder Verstehen; varzisch ورزش das Gewinnen; azmajisch آزمایش die Versuchung oder das Versuchen; sitajisch ستایش das Lob (laus activa quâ quis alium laudat); bujisch بویش (auf Magyarisch büz, odor) das Riechen; diravasch دروش das Schneiden, Erndten; suzisch سوزش das Brennen (ustio) etc. von suzidan سوزیدن urere; dorudan درودن metere; bujidan بویدن olere etc. Im Türkischen sevisch سوش das Lieben (amatio, actio amandi); irlajisch یرلایش Gesang oder vielmehr das Singen u. s. w. So auch im Magyarischen, z. B. szeretés amatio, itélés judicatio, járás (Türk. jurisch یورش) ambulatio, irás scriptio etc. Manche werden mittelst des Buchstaben te ت abgeleitet, als: rost رست Wachsthum, vom rostan رستن wachsen 2c. Auch im Magyarischen so, z. B. szeretet die Liebe, itélet das Urtheil, izenet die Nachricht, épület das Gebäude, und so in unzähligen andern Fällen.

Anmerk. 1. Durch das *s* werden im Magyarischen Adjectiva von den Substantivis gemacht, z. B. só sal, sós salsus; pénz pecunia, pénzes pecuniosus; sár lutum, sáros lutosus; vér sanguis, véres sanguinosus; él acumen, éles acuminatus; viz aqua, vizes aquosus etc. Siehe unten §. 49.

Anmerk. 2. Folgende Wörter: lélek Seele, dolog Arbeit, átok Fluch, tulok ein junger Stier, szitok Fluch, motsok Flecken, gyilok Mord, telek Grundstück, szurok Pech, nyereg Sattel, méreg Gift, féreg Wurm, kéreg Rinde, horog Angel, étek Essen, vétek Sünde, hurok Schlinge, burok die Hülle, korom Ruß, köröm Nagel — am Finger, üröm Wermuth, álom Schlaf, irgalom Barmherzigkeit, kegyelem Gnade, unalom Verdruß, szidalom Fluch, jutalom Lohn, bizodalom Zutrauen, szerelem Liebe,

Liebe, félelem Furcht, türedelem Geduld, sérelem Verletzung, ártalom Verschuldung, nyugalom oder nyugodalom Ruhe, engedelem Nachsicht, Verzeihung, Erlaubniß, fájdalom Schmerz, óltalom Schutz, értelem Verstand, késedelem Verzug, haszon Nutzen, vászon Leinwand, gyomor Magen, ökör Ochs, tükör Spiegel, bokor Gebüsch, Strauch, gyükör — besser gyöker — Wurzel, kesereg trauern, forog sich herumdrehen, dörög es donnert, tsikorog knarren, pereg zerstreuen, tsepereg es tröpfelt, tántorog taumeln, háborog brausen, zörög ein Getöse machen, mosolyog etc. verlieren ihren lezten Vocal, so bald solchen das gedachte *s*, oder irgend ein einzelner Consonant, als z. B. die Suffixi des *t* des Accusativus, des *k* des Nominativus Pluralis Charakterbuchstab angehängt wird, z. B. lelkes der Seele hat, dolgos arbeitsam, gyilkos ein Mörder, motskos flekicht, mérges giftig rc. Ferner lelkem, dolgom etc. meine Seele — Arbeit; lelket, dolgot die Seele im Accusat. lelkek, dolgok die Seelen im Plur. und so weiter.

§. 28.

Manche Verbalia und auch Nominalia derivata werden im Türk. durch Hinzusetzung der Partikel lik لك oder لق gemacht, z. B. bilmeklik بيلمكلك scientia, anlamaklik آكلامقلق *) intelligentia, von bilmek scire, anlamak intelligere: dostlik دوستلق amicitia, von dost دوست amicus etc. Im Magyarischen werden solche durch die nehmliche Partikel nur mit dem Unterschied gemacht, daß die Endung des Infinitivus, welche im Türkischen bleibt, hier wegfällt, z. B. fözelék oder fözelik Hülsenfrüchte (legumen), ázalék warmes Essen, töltelék infartura, quidquid farcimi inditur, moslék eluvies seu aqua; in qua vasa, ex quibus pransum est, lota sunt, morzsalék mica, particulae contritae, hajlék habitaculum, mansio (im Egyptischen HS domus, habitaculum) etc. von főzni coquere, ázni naß werden, tölteni stopfen, füllen; mosni waschen, morzsa mica, haj obsolet etc.

Anmerk. Das *é* in der lezten Sylbe wird als *i* in manchen Gegenden ausgesprochen. Ueberhaupt die Vocale der nehmlichen Classe werden nach Verschiedenheit der Gegenden oft mit einander verwechselt, z. B. balha oder bolha Floh; ló oder lú Pferd; tanúl oder tanol er lernet; kék oder kik blau;

*) Siehe Grammaire Turque à Constantinople 1730. pag. 12, 13.

blau; esiner, ismer, ösmer kennen; éz, íz Geschmack; gelyva, golyva Kropf; etsém, ötsém mein jüngerer Bruder; üdő, idö tempus; ünnep, innep Feiertag, Fest; üveg, éveg, iveg Glas; fül, fil das Ohr; üröm, irem Wermuth; horog, harog Angel; fazék, sazok Topf, Hafen; marok, marék vola manus; resda oder rosda Rost; resta oder rosta das Sieb — cribrum; vér oder vir Bluth; veres oder vörös roth; ser oder sör Bier; lelkem oder lölkem meine Seele; János oder Jánas Johann. Tsötortök oder Tsetertek Donnerstag; hernyó oder hirnyó (eruca) Raupe; sárga, oder wie die Sekler sagen, sárig gelb; feredni, förödni, fürödni, firidni, oder ferdeni, fördeni, fürdeni, firdeni sich waschen in einem Bad oder Fluß; fényes oder finyes glänzend; kényes oder kinyes stolz, hochmüthig; asztalok oder asztalak die Tische; város oder váras Stadt, Marktfleck; káros oder káras nachtheilig 2c.

§. 29.

Das Participium Praesentis wird im Persischen und Türkischen, wie im Semitischen, oft als ein *Substantivum concretum* gebraucht, und zeigt eine handelnde Person an, z. B. afrinda آفریننده der Schöpfer, eigentl. der Schaffende; im Türk. sevidschi (nach französ. Aussprache sevidgi) سوجي amator (amans). Eben so im Magyarischen, z. B. teremtő Creator, arató messor, szerető amator, szólgaló ancilla, gyűtő cumulator (seni) etc. eigentl. creans, metens, amans etc. Das zweyte Participium geht im Magyarischen, wie im Persischen und Türkischen, auf *n* aus, z. B. tanitván, szeretvén, irván, égvén, kérvén etc. docens, amans etc. von tanit, szeret etc. Das Vau, welches hier zum Vorschein kommt, ruht im ersten Participio, z. B. tanitó تنيتو. Im Persischen suzan سوزان urens, im Türkischen seven سون amans, bilen بلن sciens etc.

§. 30.

Vom Infinitivo leiten sich im Persischen einige Adjectiva, welche eine Bestimmung und Nothwendigkeit bedeuten, ab, z. B. amadani آمدني ein Kommen-

Kommender, oder einer der kommen soll; koschtani كشتنى einer der umgebracht werden soll ꝛc. So im Magyar. wo noch das Wort *való* (ens oder existens) hinzu kommt z. B. enni való was zu essen ist; irni való was zu schreiben ist, oder vielmehr was abgeschrieben werden soll; ölni való diszuó, ein Schwein zum schlachten, welches zu schlachten ist, oder geschlachtet werden soll; aratni való was zum erndten ist, tsépelni való was zum dreschen ist u. s. w. Der Name eines Handwerkers leitet sich im Türkischen von der Arbeit, die er verfertiget, durch Zusetzung der Partikel dschi جى oder tschi چى ab, z. B. tschizme چزمه Stiefel, daher tschizmedschi چزمه جى Stiefelmacher, Schuster ꝛc. So im Magyarischen z. B. tsizma Stiefel, tsizmadia, tsizmazia oder tsizmagyia Schuster ꝛc. Manche Wörter werden im Türkischen — nach Persischer Art — mit den Partikeln gar كار factor, dar دار tenens oder habens, und endlich ban بان custos zusammengesetzt z. B. chidzmat (chizmat) خدمت ministerium chidzmatgar خدمتكار minister, eigentl. ministerii factor, servitium praestans; chazina خزينه thesaurus, chazinadar خزينه دار thesaurarius; dschihan جهان mundus, dschihanban جهانبان custos mundi, welchen Titel man den Kaisern zu geben pflegt *). So auch im Magyarischen mit einer kleinern Veränderung z. B. szij Lorum, szij-jártó, oder szij-gyartó coriarius qui habenas, capistrum etc. parat; nyereg Sattel, nyereg-jártó Sattler, kerek Rad, kerek-jártó (-gyártó) Wagner ꝛc.; kints thesaurus, kints-tár aerarium, kints-tartó thesaurarius, tiszt Amt, tiszt-tartó Amtmann, szám Zahl, szám-to Rechnungsführer, hely locus, hely-tartó locum tenens Statthalter, só Salz, só-tartó Salzfaß, gyertya Licht (candela) gyertya-tartó Leuchter, eigentlich: salem-candelam tenens; Horvát Ország Croatia, Horvát Országi Bán Statthalter in Croatien, Banus Croatiae.

§. 31.

Von den Fürwörtern (auch von Suffixis §. 11, 13.) habe ich oben schon (§. 9. 14.) geredet. Hier will ich nur noch etwas von den Suffixis dieser Sprachen anführen.

*) Siehe Grammat. Linguae Turcicae auctore Gulielmo Seaman Oxon. 1670. p. 12.

F

führen. Im Persischen sind es m م, t ت, und jod ي, (auch sch ش), z. B. tan تن Körper, tanam تنم mein Körper, tanat تنت dein Körper, tanvi تنوي (und tanasch تنش) sein Körper. Im Türkischen sind es m م, n oder ك, und jod ي, z. B. basch باش Kopf, bascham باشم mein Kopf, baschan oder baschang باشك dein Kopf, baschi باشي sein Kopf; ata اتا Vater, atam اتام mein Vater, (babam بابام idem) rc. *); und im Magyarischen sind es ebenfalls m, d und jod, z. B. apa (auch atya) Vater, apám mein Vater, apád dein Vater, apja sein Vater; kés Messer, késem mein = késed dein = kési sein Messer. Woher das م, Suffixum der ersten Person im Persischen, abgekürzt oder entstanden seyn mag, davon schweigen die Persischen Sprachlehrer alle: heißt aber das ima ايما nos oder *noster*, wie Castellus in seinem Pers. Wörterbuch es anmerkt, so wird der Sing. davon im ايم ego oder meus, und von die- diesem das م abgekürzt seyn. Es sagt ferner Castellus, at ات ist eine Particula separabilis 2. Personae, und wird Nominibus, die auf א und ה ausgehen, angehängt: aber meiner Meinung nach, ist es weiter nichts, als das Suffixum von taat تات (auf Magyarisch tiéd statt teéd) oder tost توست, tuus tua tuum, das bald mit Elif ا, bald ohne selbiges den Nennwörtern zukommt, als sar سر caput, sarat سرت caput tuum, mazah مزه gustus, mazahat مزهات gustus tuus. Das Jod ist entweder vom vaj وي er, (vielleicht ist es schon der Genitivus von o او er, gleich dem Magyarischen övé (für öjé) seiner, von ö er); oder vom chivi خوي er, seiner; das sch ش endlich ist vermuthlich vom chivisch خويش sein, seiner; abgekürzt. Im Türkisch. und Magyarisch. aber sind die Suffixa vom Genit. des persönlichen Fürwortes (Pronom. person.) abgekürzt. Vergl. §. 10, 13.

Anmerk. Die Pronomina Personal. sind unter andern in Pehlovi Sprache afum ich, afut du, afusch er; das sind vielleicht zugleich auch Pronom. Possessiva.

*) Vergl. Seaman. Gr. Turc. S. 36, 37.

Possessiva. Dem sey wie ihm wolle, es ist genug, daß wenn man die lezten Buchstaben davon abschneidet, so erhält man die Suffixa im Persischen. Man vergl. Herrn Kleukers „Genauere Untersuchung über die Natur der Pehlavisprache im Anhang zum Zend-Avesta, 2. Band, 2. Theil. S. 26.

§. 32.

Nennwörter, welchen Suffixa angehängt sind, werden im Türkischen, wie die übrigen Nomina declinirt, und zwar so, daß die Fall-Endungen denen Suffixis immer nachstehen, z. B. das Nennwort ata اتا ohne Suffixo wird also declinirt: Genit. atanüng اتانڭ, Dat. ataje اتایه, Abl. ataden اتادن, Plur. Nom. ataler اتالر, Genit. atalerüng اتالرڭ, Abl. atalerden اتالردن; und mit Suffixis folgendermassen: atam اتام mein Vater, Genit. atamüng اتامڭ, Dat. atame اتامه, Abl. atamden اتامدن; Plur. Nom. atalerüm اتالرم meine Väter, Gen. atalerumüng اتالرمڭ, Dat. atalerüme اتالرمه, Abl. atalerümden اتالرمدن. Das baba بابا, welches das nehmliche bedeutet, wird auch auf diese Weise declinirt *). Völlig so verhält es sich mit den Nennwörtern und ihrer Declination, welchen die Suffixa angehängt sind im Magyarischen, z. B. atya Vater (ohne Suffixo) Gen. atyájé, D. atyának, A. atyát, Abl. atyától. Plur. N. atyák, G. atyáke, D. atyáknak, Abl. atyáktól; und mit dem Suffixo: atyám mein Vater, G. atyámé, D. atyámnak, A. atyámat, Abl. atyámtól. Plur. atyáim, G. atyáimé, D. atyáimnak, Ac. atyáimat, Abl. atyáimtól. Der Genitivus im Türkischen scheint der Dativus, und der Dativus der Genitivus im Magyarischen zu seyn. Hier aber ist zu bemerken, daß es im Magyarischen zweyerley Genitivos giebt, nehmlich den Absolutus auf *jé* oder *é*, und den Constructus auf *nak* oder *nek:* der leztere ist mit dem Türkischen einerley, und wird bloß im *Regimine;* der erstere aber nur ausser dem *Regimen* oder absolute gebraucht, so wie im Syrischen das Dolath ܕ **) z. B. a'mi Urunké vagyunk d. i. Domini nostri sumus, wir sind unsers Herrn sein; ki képi ez? cujus imago hoc est? Rs. a'Királyé, Regis; ez a'ház az atyámé haec domus est Patris mei etc.; királynak képi Regis imago, embernek keze hominis manus etc. und nicht: királyé kép, emberé kéz, nein! so kann ein Magyar nicht sprechen.

 Anmerk.

*) S. Grammaire Turque à Constantinople S. 9. vergl. S. 19.

**) S. Michaelis Syrische Grammatik, S. 292.

Anmerk. Charakteristik des Pluralis ist in der Magyarischen Declination das *k*, wie im Türkischen die Sylbe ler, oder lar لر; allein bey Nennwörtern, die ihre Suffixa haben, wird es allemal ausgelassen, in welchem Fall, das *jod* ein Zeichen der mehrern Zahl ist, wie im Hebr. z. B. szem Auge, szemek oculi, szemeim oculi mei, láb Fuß, lábak die Füße, lábaim meine Füße ꝛc.

§. 33.

Der Gang der Beugung der Zeitwörter ist im Persischen, Türkischen und Magyarischen einerley. Die Stammwörter bleiben im Persischen z. B. unverändert, und die ganze Abänderung (inflexio) in allen Temporibus, Numeris und Personis geschieht durch oder mittelst gewisser Hülfswörter, deren die Perser drey haben. Eines davon ist folgendes:

Indicativus Praesens.

Singularis.	Pluralis.
mi schuvam شُوَم مِي ich bin, od. ich werde.	mi schuvim شُوِيم مِي
— schuvi شُوِي —	— schuvid شُوِيد —
— schuvad شُوَد —	— schuvand شُوَنْد —

Praeteritum Imperfectum.

Singularis.	Pluralis.
schudam شُدَم	schudim شُدِيم
schudi شُدِي	schudid شُدِيد
schud شُدْ	schudand شُدَنْد

Infinitivus schudan شُدَن seyn, oder werden. Dieß wird abgekürzt und den Grundwörtern (radicibus), so wie die Pronomina den Nennwörtern, angehängt, z. B. das Stammwort chur خُور ist, wird also inflectirt:

Indica-

Indicativus Praesens.

Singularis.		Pluralis.	
mi churam	مي خورم	mi churim	مي خوريم
mi churi	— خوري	mi churid	— خوريد
mi churad	— خورد	mi churand	— خورند

Praeteritum Perfectum.

Singularis.		Pluralis.	
churdam	خوردم	churdim	خورديم
churdi	خوردي	churdid	خورديد
churd	خورد	churdand	خوردند

Infinit. churdan خوردن essen. Partic. churan خوران edens etc. *). Die übrigen Verba Subst. sind hastan هستن und budan بودن, und bald dieß, bald jenes wird gesagterweise den Wurzeln — nach deren Beschaffenheit — abgekürzt angehängt. (Das Praesens vom leztern ist: jam يم oder âm آم ich bin, ji يي oder aj آي du bist, jast يست oder ast (est) آست er ist; Plur. jim ييم oder im ايم, jid ييد oder id ايد, jand يند oder and آند). Auch vielen Nennwörtern kommen diese Hülfswörter, abgekürzt zu, welche sich dann als Zeitwörter gebrauchen lassen, und wirklich in solche dadurch verwandelt werden, z. B. zi زي das Leben, wovon zim زيم ich lebe, Perfect. zidam زيدم ich habe gelebt; Infinitivus zistan زستن leben; komiz كميز Urin, kumizidan كميزيدن das Wasser abschlagen.

*) S. Edmundi Castelli Rudimenta Linguae Persicae in Lexico Heptaglotto p. 35.

Anmerk. Dieß könnte man vielleicht auch von Semitischen Sprachen behaupten. Das hajthi היתי im Hebräischen z. B. wird, wie mich deucht, ebenfalls abgekürzt, und den Wurzeln (radicibus) als Suffixum personale angehängt als katal קטל todtschlagen, katalti קטלתי ich habe todtgeschlagen; denn das hat vom Fürworte ani אני weiter nichts als das jod י. Oder ist das tau nicht — wenigstens in der 1ten Person — Charakteristik des Praeteriti, wie im Magyarischen? z. B. ir scribit, irt scripsit, él vivit, élt vixit. Daher mit Suffixis irtam, scripsi, irtad scripsisti etc.

§. 34.

Das regelmäßige Hülfswort — denn das unregelmäßige und mangelnde im ايم sum, sin سين es, dür دور est, übergehe ich hier der Kürze wegen — ist im Türkischen das olmak اولمق seyn, und wird inflectirt folgendermaßen:

Indicativus Praesens.

Singul.	olurem	اولورم	Plural.	oluriz	اولوريز
	olursin	اولورسين		olursiz	اولورسيز
	olur	اولور		olurler	اولورلر

Praeteritum Perfectum.

Singul.	oldum	اولدوم	Plural.	olduk	اولدوق
	oldung	اولدوڭ		oldunguz	اولدوڭز
	oldi	اولدي		oldiler	اولديلر

Infinitivus Praesens.

olmak اولمق esse. Particip. Praes. olan اولان ens, existens, oder, qui, quae, quod est (auf Magyarisch lévő, lévén.)

Dieß

Dieß (oder jenes unregelmäßige) wird, wie im Persischen, abgekürzt, und den Wurzeln, die im Türkischen sowohl als auch im Persischen der Imperativus sind, hinzugefügt, z. B. das Stammwort sev سو ama, wird durch Hülfe dieses abgekürzten Verbi Substantivi so inflectirt:

Indicativus Praesens.

Singul.	severum	سورم	Plural.	severiz	سورز
	seversin	سورسن		seversiz	سورسز
	sever	سور		severler	سورلر

Praeteritum Perfectum.

Singul.	sevdüm	سودوم	Plural.	sevdük	سودوك
	sevdüng	سودوك		sevdünüz	سودكز
	sevdi	سودي		sevdiler	سوديلر

Infinitivus Praesens.

sevmek سومك amare. Particip. Praes. seven سون amans.

Anmerk. Ist das Stammwort mit einem *a* beseelt, oder richtiger zu reden, lautet darinnen das Vokalzeichen üstün ـَ wie ein *a*: so lautet es auch eben so in der Endsylbe des Infinitivus. lautet es dort wie ein *e*; so wird es auch hier wie *e* lauten; das esre ـِ aber ist anceps; z. B. bak بق schau, siehe; bakmak بقمق schauen, sehen; sev سو, sevmek سومك; bil بل wisse, bilmek بلمك wissen ꝛc. Jenes heißt die 2te, und dieses die 1te Conjugation (umgekehrt wäre es, wie mich deucht, viel natürlicher). Dieses findet auch im Magyarischen Statt: denn die sieben Vocale in der magyarischen Sprache lassen sich füglich in zwey Classen theilen, wovon die

die erste die Vocale a, o, u, und die zweyte e, ö, ü ausmachen, das i aber ist, wie im Türkischen, anceps, d. h. es gesellet sich bald zu dieser, bald zu jener Classe. Diejenigen Wörter also, die einen oder mehrere Vocale vor der ersten Classe enthalten, gehören zur ersten, so wie diejenigen, welche von der zweyten Classe, Vocale in dem nehmlichen Verhältnisse besitzen, zur zweyten Declination, Comparation und Conjugation gehören. Demnach werden die Servil-Buchstaben nebst manchen Partikeln beständig einen Hülfslaut, wenn sie sonst eines solchen bedürfen, aus der Classe hernehmen, zu welcher das Wort selbst, dem sie dienen, oder dem sie angehängt werden, gehöret z. B. bor Wein, borba im Weine, fü Gras, fübe im Grase, bortól vom Weine, fűtől vom Grase, borok die Weine, füvek die Gräser rc. boros vinosus, füves herbosus etc. Die ersten Vocale beyder Classen sind vorzüglich charakteristisch, z. B. bornak dem Weine, fünek dem Grase, vágtam caecidi, kértem rogavi etc. von den Stammwörtern vág, und kér. Vergl. §. 26, 28.

§. 35.

Im Magyarischen giebt es auch zwey Verba Substantiva, nehmlich: vagyok ich bin, und leszek ich werde, und werden also gebogen:

1. Indicativus Praesens.

Singul.	vagyok ich bin	Plur.	vagyunk
	vagy		vagytok oder vattok
	vagyon oder van		vagynak oder vannak

Imperfectum.

Singul.	valék	Plur.	valánk
	valál		valátok
	vala		valának

Perfectum.

Singul.	vóltam	Plur.	vóltunk
	vóltál		vóltatok
	vólt		vóltanak oder vóltak.

Subjun-

Subjunctiv. Imperfectum.

Singul.	vólnék	Plural.	vólnánk
	vólnál		vólnátok
	vólna		vólnának

Participium Praes. való ens. Perfect. vólt gewesen.

Negativ: Indicat. Praesens.

Singul.	nem vagyok	Plural.	nem vagyunk
	nem vagy		nem vagytok
	nints, oder nintsen		nintsenek, und auch
und:	sints, sintsen.		sintsenek.

Nur hier in der dritten Person weicht es vom vorhergehenden ab, und das *nints* ist mit dem Persischen nist نيست non est, welches aus dem na نا oder ni ني, und ist يست zusammen gezogen zu seyn scheint, einerley.

2. Indicat. Praesens, oder vielmehr Futurum.

Singul.	Leszek ich werde	Plural.	Leszünk
	leszesz oder leszel		lesztek
	lész leszsz, od. leszen.		lesznek oder lésznek.

Imperfectum.

Singul.	Levék	Plural.	Levénk
	levél oder löl		levétek oder lőtök
	leve oder lön		levének oder lőnek.

Perfectum.

Singul.	Lettem oder löttem	Plural.	Lettünk oder löttünk
	lettél — löttél		lettetek — lö..etek
	lett — lött		lettenek, lettek oder löttek

Imperativus.

Singul.	Légy (te)	Plural.	legyetek (ti)
	legyen (ö)		legyenek (ök)

Subjunctiv. Praesens.

Singul.	Légyek	Plural.	Légyünk oder legyünk
	légy, oder legyél		légyetek — legyetek
	légyen oder legyen		légyenek — legyenek

Imperfectum.

Singul.	Lennék	Plural.	Lennénk
	lennél		lennétek
	lenne		lennének

Futurum.

Singul.	Lejéndek	Plural.	Lejéndünk
	lejéndesz		lejéndetek
	lejénd		lejéndenek.

Infinitivus Praesens. Lenni esse vel fieri.

Particip. Praesens. 1. Lévő; 2. lévén existens.

Perfectum. Lett oder lött factus, facta, factum, est.

Anmerk. 1. Die dritten Personen der gegenwärtigen Zeit von zwei erstern Hülfswörtern werden nur dann gebraucht, wo überhaupt etwas zu bejahen oder zu verneinen ist, oder wo sich die Deutschen des Wortes: ich habe, bedienen, z. B. van (vagyon) pénzem, ich habe (es ist mir) Geld; van kenyerem ich habe Brod ꝛc.; nints (nintsen) pénzem, nints kenyerem, ich habe kein Geld, kein Brod; valaki van itt, es ist hier jemand, senki sints itt; es ist hier niemand; jó idő van, es ist gutes Wetter, nints jó idő, es ist kein gutes Wetter ꝛc. In den logischen Sätzen aber, worinnen dieß oder das von einem Subject insbesondere bejahet oder verneinet wird, und worinnen die Lateiner es eine Copula nennen, werden sie nie gebraucht, und können auch nie gebraucht werden, sondern sie müssen in dem Fall, wie in andern morgenländischen Sprachen auch, ausbleiben. Z. B.

ez az ember túdós, dieser Mensch ist gelehrt

ez az ember nem túdós, dieser Mensch ist nicht gelehrt u. s. w.

Anmerk. 2. Das Magyarische Praeteritum Perfectum *vóltam* und Türkische oldum اولدوم ich bin gewesen (§. 33.), sind, wie man sieht, einander sehr ähnlich: der Unterschied zwischen beiden besteht nur darin, daß das *Van* im Türkischen ruhet, welches im Magyarischen movirt wird, und das *d* gelinder ausgesprochen wird. Das lezte *leszek* aber scheint aus dem Aethiopischen halu ሀሉ oder halaw ሀለወ fuit, entstanden zu seyn, wo-

von

von das Particip. Praesens *lévő* — welches auch im Aethiopischen helewe ሀሌው ist — ein redender Beweis ist *).

§. 36.

Außer dem lesz (§. 34.) giebt es noch einige *Verba anomala*, von denen der letzte Stammbuchstabe ein sz ist, z. B. tesz ponit, facit; vesz oder ki - vesz ausnehmen, ziehen rc.; hisz glauben, visz bringen; eszik essen, iszik trinken, esküszik schwören, nyugszik ruhen, alszik schlafen, fekszik liegen, alkuszik eins werden, übereinkommen; haragszik zürnen, tselekszik thun, betegszik krank seyn, feneklszik den Boden des Wassers erreichen (vom Schiff wirds eigentlich gebraucht) nicht schiffen können; melegszik warm, hidegszik kalt werden rc. Bei diesen wird im Praeterit. Imperfecto des Indicat. im Futuro des Subjunctivi, im zweyten Participio und endlich im Gerundio das sz in ein Vau mobil; und dieses wiederum im Futuro des Subjunctivi bei manchen davon in ein *Jod* verwandelt, z. B. aluvám oder alvám (statt aluszám, alszám) ich schlief, aluvándok oder alvándok (für aluszándok etc.) dormivero, aluvó oder alvó schlafend, aluva dormiendo etc.; ejéndek statt evéndek edero, ijándok bibero, hijéndek credidero für ivándok hivéndek; tejéndek (für tevéndek) posuero etc. In der vermögenden und gebietenden Art (Modus Potentialis, Modus Mandativus) aber wird das sz ganz ausgelassen, z. B. tehet thun - vihet tragen - hihet glauben - vehet kaufen können; ehetik essen - ihatik trinken können rc.; tétet thun - vitet tragen - hitet glauben - vétet kaufen lassen; étet essen - itat trinken lassen rc.; esket schwören - altat schlafen lassen rc. Vor dem *ni* des Infinitivi, und vor dem *nék* des Imperfecti Subjunctivi Endungen wird das nehmliche sz Wohlklangs halber ins *n* verwandelt, z. B. lennék fierem, lenni fieri; vennék emerem, venni emere; hinnék crederem, hinni credere; vinnék ferrem, vinni ferre etc. statt leszněk, leszni; veszněk, veszni; hisznék, hiszni etc. Diese drey Verba lesz, tesz, vesz (einigermaßen auch das hisz) zeichnen sich vor den übrigen dadurch aus, daß sie die zweyte und 3te Person des Imperfecti Indicativi auf zweyerley Art, nehmlich mit einem mobil, und mit einem ruhenden Vau versehen, haben z. B. levél (لَوَلْ) oder löl (لُوْلْ) eras oder fiebas; leve (لَوَ) oder lön (لُوْنْ) erat, fiebat; Plural. levétek oder lötök, fiebatis

*) Vergl. G. Othonis Synops. Institution. Aethiopic. Francof. ad M. 1735. S. 64.

ſiebatis, levének oder lönek fiebant: tevél (تَوْلْ) oder töl (تُولْ) ponebas, agebas; teve oder tön; Plural. tevétek, tötök (تُوتُكِ تَوَتَكِ) tevének, tönek (تُونَكِ تَوَنَلْ) vevél, völ, ſumebas, veve, vön, ſumebat; Plur. vevétek vötök, vevének vönek (hive oder hün credebat); und im Statu conſtructo tevéd oder töd ponebas illum, illam, illud etc.; vevéd oder vöd ſumebas hunc, hanc, hoc etc. Die einſylbigen Wurzeln vó, jö, ſzö, nő, nyö, fő, lö (§. 3.); ingleichen hiv oder hij rufen; riv oder rij (Arab. روا oder ريا) weinen; viv oder vij kämpfen; buvik oder bujik ſich verſtecken; ivik weich werden, (von Miſpeln, Holzbirnen ꝛc. wirds gebraucht) (§. 1.) gehören zu der Claſſe, worin das Imperfect. Indicativi — Futur. Conj. — Particip. und Gerund. nebſt dem Indicat. Praeſente ein Vau mobil haben, oder richtiger zu reden, worin das Vau, welches im Stammwort ſelbſt ruhet, in gedachten Temporibus mobil wird, z. B. jövök (يُووكْ) ich komme, jövék ich kam, jövéndek ich werde kommen (venero); jövő der die das kommen; jövén kommend ꝛc.

Anmerk. 1. Einige bekommen in der dritten Perſon des Praeſentis und Imperfecti ein *Nun* paragogicum oder euphonicum, z. B. jö oder jön, leſz oder leſzen, hiſzen, teſzen, veſzen, viſzen (megy oder megyen gehen) ꝛc. Imperfect. vön, tön, lön, hün. Das *ik* worauf manche in der dritten Perſon des Indicat. ſich endigen, iſt nicht radikal. Siehe oben §. 15.

Anmerk. 2. Dieſe und dergleichen mehrere Stammwörter mögen in der Magyariſchen Sprache, als ſie ihre eignen Schriftzüge noch hatte, mit einem ruhenden *Vau* geſchrieben worden ſeyn.

§. 37.

Dieſe zwey Verba Subſtantiva (§. 34.) werden im Magyariſchen — wie im Perſiſchen und Türkiſchen — abgekürzt, und den Grundwörtern, welche ſonſt hier auch unverändert bleiben, nach Beſchaffenheit derſelben, in allen Temporibus und Perſonis angehängt, die die ganze Abänderung oder Inflexion der Zeitwörter ausmachen. Die Stammwörter tanúl lernen, und ſzeret lieben, z. B. werden nach der angegebenen Art folgendermaßen abgeändert:

Indicati-

Indicativus Praesens.

Status absolut.	Status construct.		Status absolut.	Status construct.
S. 1. tanúlok	tanúlom	Plur.	tanúlunk	tanuljuk
2. tanúlsz	tanúlod		tanultok	tanuljátok
3. tanúl	tanúlja.		tanulnak	tanulják

P. Imperfectum.

S. 1. tanúlék	tanúlám	Plur.	tanúlánk	tanúlók
2. tanúlál	tanulád		tanúlátok	tanúlátok
3. tanúla	tanúla		tanúlanak	tanulák

P. Perfectum.

S. 1. tanúltam	tanúltam	Plur.	tanúltunk.	tanúltuk
2. tanúltál	tanúltad		tanultatok	tanúltátok
3. tanúlt	tanulta		tanultanak oder tanúltak.	tanúlták.

Infinit. Praes. tanúlni. Partic. 1. tanúló. Part. 2. tanúlván. Gerund. tanúlva.

Indicativus Praesens.

S. 1. szeretek	szeretem	Plur.	szeretünk	szeretjük
2. szeretsz oder szeretel	szereted		szerettek	szeretitek
3. szeret.	szereti		szeretnek	szeretik.

P. Imperfectum.

S. 1. szereték	szeretém	Plur.	szereténk	szeretők
2. szeretél	szereted		szeretitek	comm.
3. szerete	szereté		szeretének.	szereték.

P. Perfectum.

S. 1. szerettem	communis	Plur.	szerettünk	szerettük
2. szerettél.	szeretted		szerettetek	szerettétek
3. szeretett.	szerette.		szerettenek oder szerettek.	szerették

Infinit. Praes. szeretni. Particip. 1. szerető. Part. 2. szeretvén. Gerund. szeretve.

Anmerk. 1. Die Zeitwörter werden im Magyarischen, wie hier zu sehen ist, auf zweyerley Art inflectirt: 1. durch die abgekürzten Hülfswörter, wie im Persischen; 2. durch die Affixa Personalia (Pronomina decurtata) wie in Semitischen Sprachen. Jenes kann man den Absolutum, und und dieses den Constructum Statum Verborum, und die Magyarische Sprache gleichsam eine Mittel-Sprache zwischen den Semitischen und der Persischen, nennen.

Anmerk. 2. Dieses Zeitwort ist vom veralteten *szer* durchs *t*, so wie *tanit* vom *tan*, abgeleitet worden, dessen unmittelbares derivatum ist: *szerelem* liebe, wie des *ért* verstehen, *értelem* Verstand; des *kér* bitten, *kerelem* Bitte; des *sír* weinen, *siralom* das Weinen; des *árt* schaden, *ártalom*, Schaden; des *ún* einen Ekel vor etwas haben, verdrießen, *unalom* Ekel, Verdruß; des *jut* langen, *jutalom* Lohn ꝛc. es ist.

§. 38.

Der Infinitivus endiget sich beständig, wie schon §. 15. Anmerk. 2. gesagt, in allen Arten von Zeitwörtern ohne Ausnahme auf *ni* (نى), und das zweyte Participium — welches vom erstern Participio, und dieses vom Stammwort durch ein ruhendes Vau, das im zweyten Participio aber mobil wird, ableiten läßt, als tanúló تنولو discens, studiosus, tanúlván تنولون lernend — auf *án* oder *én* wie im Persischen und Türkischen. Zwar geht der Infinitivus im Persischen auf ein *n* aus; allein dazu kommt — wenigstens in der Aussprache des Wohlklangs halber — noch ein Endvocal, z. B. tscharanidan galara چرانيدن گله را weiden die Heerde (pascere armentum boum) wird vielleicht also lauten: tscharanidani (statt tscharanidan) galara, wie das: babé man باب من mein Vater, statt bab man u. s. w. *). Kommen die Suffixa hinzu, so fällt das *i* im Infinitivo der Magyarischen Zeitwörtern auch weg, z. B. tanúlnom kell ich soll oder muß lernen, tanúlnod kell du sollst lernen, tanulnia kell er soll ꝛc. lernen; Plural. tanúlnunk - tanúlnotok - tanúlniok kell wir - ihr - sie sollen ꝛc. szeretnem - szeretned - szeretnie kell ich - du - er soll

*) Siehe Joh. David Michaelis neue Oriental. und Exeg. Biblioth. 6. Th. S. 159.

soll oder muß lieben: Plural. szeretnünk kell, szeretnetek-szeretniek kell wir-ihr-sie müssen oder sollen lieben; eigentl. heißt es me oportet oder mihi opus est discere, te oportet etc. oder auch mihi discendum est etc. Es giebt im Magyarischen auch, wie wohl sehr wenige, Nennwörter, denen unmittelbar das *ni* (Infinitivi Endung) oder die abgekürzten Hülfswörter, und Affixa personalia überhaupt können angehängt werden, wodurch solche dann wirklich, wie im Persischen (§. 32.) zu Zeitwörtern werden, z. B. fagy Frost, fagyni frieren, gefroren werden (gelascere, congelare); tsal Fallstrick, tsalni hintergehen, betrügen; lak Wohnung, lakni wohnen; húgy Urin, hugyni Wasser lassen; szar Koth, szarni cacare; fing flatus ventris, fingani den Wind lassen; fén Wetzstein, fenni wetzen (acuere cote falcem, chalybe cultrum); les — vom Persischen lus لُوس oder lusch لُوش fraus, deceptio, oder umgekehrt — das Lauren (insidiae), lesni — davon das Deutsche lauschen — lauren nach etwas (insidiari, das Wort im eigentlichen Sinn genommen); aszszú dürr; aszni dürr oder gedörrt werden. Ferner halász Fischer, halászni fischen; vadász Jäger, vadászni jagen, auf der Jagd seyn; madarász Vogelfänger, madarászni vogelfangen ꝛc.

Anmerk. Zeitwörter von Nennwörtern auf diese Weise abzuleiten, ist im Deutschen am gewöhnlichsten z. B. flügeln, lieben, fischen, wässern, lehren, schiffen, spaßen, spotten, spritzen, theilen, übernachten, enthaupten, stricken, gewinnen, hölen ꝛc. von Flügel, Liebe, Fisch, Wasser, Lehre, Schiff, Spaß, Spott, Theil, Haupt ꝛc.

§. 39.

Verschiedene Arten von Zeitwörtern, die man im Arabischen Conjugationen nennet, entstehen im Persischen unter andern durch die Servil-Buchstaben n (ن) und jod (ي); oder vielmehr durch die Sylben an ان, und aj اي, welche aus den Intransitivis, simpliciter - aus den Transitivis aber dupliciter Transitiva machen, z. B. busidan بُوسِيدَن (vom bus بُوس Kuß) küssen; busanidan بُوسَانِيدَن küssen lassen; danidan دَانِيدَن wissen lassen; tsharidan چَرِيدَن geweidet werden (pasci) tsharanidan چَرَانِيدَن weiden

weiden (pascere); amuzidan اٰموزیدن lernen, amuzanidan اٰموزانیدن lehren oder lernen lassen; churdan خوردن essen, churandan خوراندن speisen, füttern, essen lassen; ostadan اُفتادن fallen; oftanidan اُفتانیدن fallen lassen, niederreißen, stürzen (prosternere); oftajanidan اُفتایانیدن machen daß einer falle; kardan کردن machen; kardanidan کردانیدن machen lassen; gardidan کردیدن dieses hat oft eine leidende Bedeutung, als: werden, gemacht werden, (saepe passive usurpatur pro: effici, fieri, parari) wie das készül im Magyarischen, welches bedeutet, parat se, und paratur. Auch werden die Verba im Persischen mit gewissen Partikeln, unter andern mit baz oder vaz باز zusammengesezt, z. B. baz- oder vazkaschtan بازکشتن zurückkehren, kommen (auf Magyarisch visza oder viszsza, vom *vaz* باز, zurück) ꝛc. und alle diese Verbearten werden auf einerley Weise abgeändert.

Anmerk. Diese Beyspiele habe ich aus dem Persischen Wörterbuche von Castellus (oder richtiger zu sagen, von Halem, einem gelehrten und berühmten Perser) gesammelt. Denn über diese verschiedenen Arten der Zeitwörter, ist in Persischen Sprachlehren, die ich nur noch gelesen habe, ein tiefes Stillschweigen, und mich wundert sehr, daß die Grammatiker, vorzüglich der gedachte gelehrte Castellus, diese Sache habe unberührt lassen können.

§. 40.

Es giebt auch im Türkischen solche verschiedene Arten von Zeitwörtern, die ebenfalls durch gewisse Servil-Buchstaben und Sylben, unter andern durch das t ت, und l ل, und dür دُر entstehen, vermöge welcher die Intransitiva zu Transitivis, und diese zu dupliciter Transitivis werden, z. B. jurimek یوریمك

يورتمك gehen- kommen lassen, oder machen daß einer gehe; ditremek دترمك zittern, ditretmek دترتمك zittern lassen, söjlemek سويلمك sprechen, söjletmek سويلتمك sprechen lassen, oder machen daß einer spreche, rede; gedsche كيجه Nacht, gedschelemek كيجهلمك übernachten; itmek اتمك machen, itdürmek اتدرمك machen lassen (fieri curare), oder befehlen daß einer mache; bilmek بلمك wissen, bildürmek بلدرمك wissen lassen, bekannt- kund machen; ölmek اولمك sterben, öldürmek اولدرمك tödten (occidere), und durchs t ت öldürtmet اولدرتمك machen daß einer tödte oder getödtet werde, und durch Wiederholung des dür öldürtdürmek اولدرتدرمك einen bewegen, daß er mache, daß einer tödte, oder getödtet werde; datmak داتمق kosten (gustare), datdurmak داتدرمق kosten lassen; kasmek كسمك schneiden (Magyarisch kasza Sense, daher kaszál mähen) kasdürmek كسدرمك schneiden- mähen lassen u. s. w.

§. 41.

Um noch die Sache deutlicher zu machen, will ich die verschiedenen Arten von Zeitwörtern im Türkischen in einem Beispiele darstellen, und dazu das Stammwort sev سو lieben, nehmen, und zwar so, daß ich alle Arten desselben im Infinitivo, der auf mek مك ausgeht, hersetze.

1. sevmek سومك lieben.

2. sevdürmek سودرمك lieben machen, oder machen daß einer liebe.

3. sevdürilmek سودرلمك geliebt werden (fieri amare).

4. sevdürdürmek سودردرمك (du- oder tripliciter Transitivum) machen, daß einer lieben mache (facere vt quis faciat amare).

5. sevischmek سوشمك sich gegenseitig lieben (amare se mutuo).

6. sevischilmek سوشلمك gegenseitig geliebt werden (amari mutuo).

7. sevischdürmek سوشدرمك facere amare mutuo.

8. sevilmek سولمك geliebt werden (amari).

9. sevildürmek سولدرمك facere amari.

10. sevmemek سوممك nicht lieben.

11. sevilmemek سولممك nicht geliebt werden.

12. sevhemek سوهممك oder sevehmemek سوهممك die vermögende Art verneinend (Modus Potentialis negative) nicht können lieben.

13. sevilehmemek سولهممك nicht können geliebt werden.

14. sevdürmemek سودرممك non facere amare (nach No. 2.)

15. sevdürehmemek سودرهممك non posse facere amare.

16. sevinmek سونمك complacere sibi, gaudere, amare se ipsum etc.

17. sevinmemek سونممك verneinende Art der vorhergehenden.

18. sevinehmemek سونهممك vermögende Art der vorherg.

19. sevindürmek سوندرمك facere vt quis gaudeat, sibi complaceat, (se amet).

20. sevini-

20. sevinischmek سوينشمك simul gaudere etc. (amare).

21. sevinischdürmek سوينشدرمك facere se amari.

22. sevinischdürmemek سوينشدرممك non facere se amari.

23. sevinischdürehmemek سوينشدرهممك non posse facere se amari (vermögende Art der vorherg. verneinend.)

24. sevehmemek سوهممك nicht können lieben (vermögende Art der des No. 10.) non posse amare *).

Anmerk. Nimmt man den negativum und potentialem Modum noch von jeder Art dazu, so ist man im Stande 30 bis 40 Arten von manchen Stammwörtern im Türkischen auch, wie im Magyarischen (§. 17.) anzugeben, die man im Arabischen Conjugationen zu nennen pflegt. Das Zeichen der vermögenden Art ist hier nur das h ه und nicht das hat, het, wie im Magyarischen.

§. 42.

Die Türkischen Sprachlehren geben nicht mehr als 2 Conjugationen an. Die erste ist, sagen sie, deren Infinitivus auf mek مك und die zweyte deren Infinitiv auf mak مق ausgeht. Zu der ersten gehört das Zeitwort sevmek سومك, und werden alle dessen im §. 40. angeführte Arten, so wie das sevmek selbst, d. i. auf einerley Art, abgeändert. Diese Zweyheit der Conjugation, wenn ich mich so ausdrücken darf, scheint hier auch, wie im Magyarischen, von der Beschaffenheit der Vocale, die sich in zwey Classen abtheilen lassen, abzuhängen. Hat das Stammwort ein Vocalzeichen, welches wie a, o, u, oder e, ö, ü (das jod ي ist hier auch anceps) an demselben ausgespro-

*) Man vergl. Grammaire Turque à Constantinople 1730. S. 25 ff. Grammat. Turcic. Seamani Oxon. 1670. S. 44 = 48. 117, 123. Grammatic. Turcic. Schiefer-deckeri Cizae 1695. S. 56 = 64. Institutionum Linguae Turcicae Libri 4. auctore Hieronymo Megisero 1612. (ohne Druckort und Seitenzahl) Cap. 9.

chen wird; so wird solches auch in Servil-Buchstaben und Sylben eben so lauten, z. B. sevmek سومك lieben, sevmemek سومەمك nicht lieben, seven سون liebend; bulmak بولمق finden, bulmamak بولمامق nicht finden, bulan بولن findend **). Außer den §. 40. angegebenen giebt es noch mehrere Servil-Buchstaben und Sylben, wodurch die Stammwörter im Türkischen ihre Nebenbedingungen erhalten, die aber nie alle in einem Zeitwort, sondern bald dieß bald das, nach Beschaffenheit des Stammwortes, vorkommen. Das t ت jedoch, nebst dem dür oder dur دور, durch dessen Wiederholung oft ein tripliciter transitivum Verbum entsteht, wie unter No. 4. §. 40. zu sehen, ist das gewöhnlichste.

Anmerk. Durch das Lam ل Charakteristik des Passivi, entstehen aus den Nennwörtern Verba neutra oder Intransitiva, z. B. gidsche كيجه Nacht, gidschelmek كيجەلمك übernachten; ath آت Pferd, athlanmak آتلانمق (das n ن ist hier vermuthlich bloß euphonisch) reiten, u. s. w. Völlig so im Magyarischen, wie wir gleich sehen werden.

§. 43.

Die Servil-Buchstaben und Sylben, durch welche die Zeitwörter ihre Nebenbedeutungen bekommen, sind im Magyarischen — wie im Türkischen — sehr verschieden und mannigfaltig (die ich in meiner Magyarischen Sprachlehre genau anzugeben mich bemühen werde) worunter das *hat* oder *het*, das einfache *t*, das *tat* oder *tet*, die fast bey allen Stammwörtern statt finden, am gewöhnlichsten sind, und durch welche leztere aus den Intransitivis *Transitiva*, aus den Transitivis aber *dupliciter* - ja sogar, durch Verdoppelung des lezten *Tripliciter* Transitiva Verba entstehen. Z. B. félni fürchten, félteni (transitiv,) jemanden fürchten, wegen jemanden in Besorgniß seyn, billenni moveri, billenteni movere, billegni saepe moveri, billegetni saepe movere etc.; járni gehen (ambulare), járatni gehen-kommen lassen; ölni tödten; öletni tödten, schlachten lassen; ölettetni machen, befehlen ꝛc. daß einer tödten, schlachten lasse; meg-ölettetni getödtet werden ꝛc. ülni sitzen, ültetni sitzen lassen, bitten oder befehlen,

*) Siehe Seaman Grammat. Turcic. S. 116, 117.

befehlen, daß einer sich setze. 2. setzen, als Bäume, Weinstöcke ꝛc., stecken, als Bohnen ꝛc. ültettetni bitten oder befehlen, daß einer Weinstöcke ꝛc. setze, Bohnen, Türkischen Waizen ꝛc. stecke; hozni holen; hozatni holen lassen; hozattatni bitten oder befehlen, daß einer hole, oder holen lasse; égni brennen (ardere); égetni brennen (urere); égettetni brennen lassen; ſzopni saugen, trinken, (ſugere); ſzoptatni säugen (lactare, mammam dare infanti); ſzoptattatni bitten oder befehlen, daß einer das Kind ꝛc. trinken lasse; irni schreiben, iratni schreiben lassen, irattatni bitten = befehlen daß einer schreibe oder schreiben lasse u. s. w.

Anmerk. 1. Diese Formen haben auch zugleich leidende Bedeutung, und werden oft als solche gebraucht, z. B. ſzületni, ſzülettetni gebähren lassen ꝛc. und gebohren werden, vom ſzülni gebähren; adatni, adattatni geben lassen, machen daß einer gebe, und gegeben werden ꝛc.

Anmerk. 2. Geht das Verbum intranſitivum auf ein *d* aus, so wird solches vor das t — wenn die Hauptvocale bleiben — in ſz verwandelt, z. B. *marad* bleiben, *maraſzt* bitten oder machen, daß einer bleibe; *fárad* müde seyn, *fáraſzt* müde machen; *olvad* geschmolzen werden, *olvaſzt* liquefacere; *hervad* verwelkt seyn, *hervaſzt* machen daß etwas verwelke; *reped* gerissen werden, *repeſzt* reissen; *éled* reviviſcere, *éleſzt* vivificare etc. Wenn aber ein i statt der Hauptvocale *a* und *e* da steht, dann wird das *d* in *t* verwandelt, z. B. megállapodni stehen bleiben, megállapitni machen daß es stehen bleibe; *megtelepedni* sich niederlassen, megtelepitni machen, daß einer sich niederlasse; melegedni warm werden, melegitni warm machen; megülepedni sich setzen, megülepitni machen daß einer oder etwas sich setze ꝛc. Manche nehmen vor das *t* ein ſz an, z. B. *elmúlni* vergehen, elmulaſztani [*elmulatni* ist besser] versäumen; *elválni* geschieden oder getrennet werden, elválaſztani scheiden, trennen. In diesem lezten bleibt das ſz aus, wenn es zu frequentativum wird, z. B. ki - válogatni aussuchen, auskoren, so auch im *halogatni* [— halatni vorwärtsgehen, vergehen, halaſztani, vergehen lassen, verschieben —] von einem Tag zum andern verschieben.

§. 44.

Die durch das *l* von Adjectivis abgeleiteten Zeitwörter, haben im Magyarischen auch fast alle ohne Ausnahme eine intransitive; die von Substantivis abgeleiteten aber eine transitive Bedeutung, z. B. tágulni weit werden,

 ſzabadúlni

szabadúlni frey = szükülni eng = vénülni alt werden ꝛc. von tág weit, szabad frey, szük eng, vén alt ꝛc.; kapálni hacken (pastinare, fodere ligone) kaszálni mähen, tserélni tauschen, herélni ausschneiden (castrare) ꝛc. von kapa ligo, kasza Sense, (falx), tsere Tausch, here testiculus etc. Das lovagolni reiten (von lovag eques), gondolni denken, von gond Sorge (cura) etc. sind intransitiv. Vergl. §. 20. Die Zeitwörter werden hier auch, wie im Persischen, mit gewissen Partikeln zusammengesezt, z. B. adni geben, meg-adni bezahlen; viszsza-adni zurückgeben, el-adni abgeben, verkaufen, ki-adni aus- herausgeben, be-adni eingeben, einreichen, fel-adni hinaufgeben, le-adni hinuntergeben, öszsze-adni zusammenrechnen, hozzá-adni hinzuthun ꝛc. Diese Partikel sind deswegen sehr merkwürdig, 1. daß sie zugleich Zeichen des Futuri mithin so beschaffen sind, wie es die Persischen Partikel bi ب ist. Denn so wie durch diese das Praesens im Persischen, die Bedeutung eines Futuri erhält, z. B. mi churam مي خورم edo, und bi churam بخورم edam etc. eben so erhält durch jene das Praesens im Magyarischen die Bedeutung eines Futuri, z. B. eszem edo, megeszem decomedam, megyek eo, elmegyek abibo; adom do, megadom solvam; fekszem cumbo, le-fekszem decumbam; mondom dico, megmondom dicam etc. 2. Weil die Intransitiva dadurch eine transitive Bedeutung bekommen, z. B. ülök ich sitze, megülöm a'lovat ich bereite das Pferd, eigentlich sitze gut auf dem Pferde; állok ich stehe, el- oder ki-állom ich stehe das und das aus, megállom ich enthalte mich; élek ich lebe, megélem ich verzehre es ꝛc. 3. Weil sie auch, besonders im Imperativo, den Verbis nachgesezt werden können, z. B. addmeg solve, persolve (debitum); mondmeg dic, dicito; edd meg decomede; feküdj-le decumbe etc.

Anmerk. Wenn man solche im Praesenti gebrauchen will, so muß man sie mit der Partikel *felé* versus, umschreiben, z. B. ki felé megyek, oder megyek ki felé ich gehe aus, sum in ipso actu exeundi, oder eo versus *το ex;* hozza be felé er holt oder trägts herein, fert versus *το in;* jö viszsza felé er kommt zurück, venit versus *το* retro, u. s. w.

§. 45.

Es giebt zwar mehrere Arten von Zeitwörtern im Magyarischen (§. 17. 19.) die man nach Sitten der Morgenländer Conjugationen nennen könnte: dem ohngeachtet ist aber doch der Gang der Abänderung in allen Arten der nehmliche,

liche, oder sich sich selbst gleich, so daß wer eine Art zu inflectiren weiß, mit allen übrigen vertraut ist; mithin giebt es eigentlich im Magyarischen nur eine Conjugation. Nimmt man aber auf die Vocale Rücksicht, so wird es deren nach den zwey Classen, in welche sich dieselben theilen lassen, völlig wie im Türkischen, zwey geben. Denn, enthält das Stammwort einen oder mehrere Vocale aus der ersten Classe a, o, u, so gehört es zur ersten; enthält es solche aber aus der zweyten Classe e, ö, ü, so gehört es zur zweyten Conjugation; und jeder Servil-Buchstabe, jede Servil-Sylbe, wenn sie einen Hülfslaut nöthig haben, nehmen selbigen aus der Classe, zu welcher das Wort, dem sie dienen, gehöret z. B. vágni hauen, schneiden ꝛc. vágatni hauen lassen, vágattatni machen daß einer hauen lasse, vagdalni oft hauen, vagdalgatni nach und nach, aber dabey oft hauen; vagdalózni (moralisch) mit Worten (dicteriis) hauen, vágogatni oft hauen ꝛc. und die vermögende Art von allen diesen durchs *hat*, als vághatni, vágathatni, vagdalhatni etc. törni brechen, stoßen, töretni brechen = stoßen lassen, törettetni machen daß einer breche, stoße, tördelni oft brechen (fractionis continuationem involvit), tördelgetni nach und nach, aber dabey oft brechen, törögetni fast das nehmliche, töredezni gebrochen werden ꝛc.; die vermög. Arten, törhetni, törethetni, törettethetni, tördelhetni etc. Ferner tsorog fließen, morog murren, dörög donnern (es donnert) tsepeg tröpfeln, pertzeg schlagen, wie die Taschen-Uhren, indem sie gehen; zörög strepit, retseg-ropog krachen, dopog schlagen, wie das Herz, kopog pochen, klopfen; forog sich drehen, gehen wie das Mühlrad; pereg geläufig seyn, wie die Zunge, welche fertig spricht; 2. klingen wie die Spornen, wenn man tanzt oder geht; tseveg schreyen wie Sperlinge ꝛc. Diese lezten Beyspiele sind lauter so genannte ὀνοματοποιητικα, deren es im Magyarischen sehr viele giebt, und bey welchen das g am Ende ein Servil-Buchstabe, und zugleich allemal ein Zeichen einer wiederholten Handlung, oder eines Verbi frequentativi ist, z. B. fällt ein Wassertropfen von einer gewissen Höhe in ein Geschirr, worin schon etwas Wasser vorhanden ist, so giebt er den Schall *tsep* von sich, daher heißt tsep oder tsepp im Magyarischen Tropfen, und tsepeg tröpfeln; läßt man aber das Wasser dünn, wie ein Zwirn fallen, oder vielmehr fließen, so giebt es dann den Laut *tsor* von sich, wovon nachher durch das g, tsorog es fließt dünn ꝛc. entsteht; rettenni, megrettenni erschrocken seyn (nur einmal), rettegni oft erschrocken seyn, zittern ꝛc.

Anmerk. Manche davon kommen auch im Persischen und zwar in der nehmlichen Bedeutung, wie im Magyarischen, vor, z. B. kophtan (koptan) كوفتن

كوفتن tundere, pavire, pulsare, conculcare, triturare, (vom Schalle kop) daher *kophthan der* كوفتن در pochen, klopfen an der Thür; im Magyarischen kopogni, kopogatni, oder kopogtatni, ist das nehmliche; tschotscho چوچو Sperling; tschor aba چورابه (چور آب) stillans aqua, (vom Schalle tschor چور S. Castellum); tschorapa چورپه anatis genus minimum, kleine wilde Ente, dergleichen es in Hungarn in Menge giebt, und ebenfalls vom Geschrey daß sie machen, tsörgö oder tsörge-katsa heißen; kuku قوقو columba und gallina; daher kukuk, oder kakuk cuculus, kukurikolni schreyen wie der Hahn, (cucurire) vom Geschrey, daß der Hahn macht ꝛc.

§. 46.

Diejenigen Zeitwörter im Magyarischen, welche nur einmal (semel, unâ vice) bezeichnen, werden von den natürlichen Schallen der Dinge durch das *dul* oder *dül* (nach Verschiedenheit der Classen); von denen aber, die auf b, k, p, s, sz, t, ts und z, ausgehen, durch das *n* also gemacht, daß im leztern Falle die Endbuchstaben — um der Sache einen desto größern Nachdruck zu geben — allemal verdoppelt werden; z. B. zú Brausen des Meeres — Windes, oder richtiger zu sagen, ein einfacher Schall davon; daher zúg brausen (furit, fremit ventus etc.) in einem fort; zúdúl, megzúdúl nur einmal brausen oder murren; zör sonus strepitus; zörög strepit; megzördül semel instrepit; dör ein Schall in der Atmosphäre, daher dörög tonat, megdördül semel intonat; tsorog laufen, wie das Wasser im Springbrunnen, oder vom Dach herab, wenn es regnet; megtsordúl es fängt an zu laufen ꝛc.; jaj vae, jajgatni das Wörtchen jaj oft hintereinander von sich geben (ejulare), el - oder megjajdulni, das jaj nur einmal sagen, lauten ꝛc.; forog oft - megfordúl aber, nur einmal sich herum drehen; pezseg es gährt wie der Wein oder Most, megpezsdül es fängt an zu gähren, (das drückt den aller ersten Anfang der Gährung, und das pezseg das Fortdauern oder Anhalten derselben aus). Ferner peng (vom *pen*) klingen, megpendül einmal klingen; tseng, tsendül megtsendül, tinnit, tinnit auris; reng sich bewegen, wie die Wiege, beben ꝛc.; megrendül, einmal beben, oder vielmehr erschüttert werden; dob (Hebr. toph תוף, Arab. doph دفّ Trommel,

Trommel, vom Schalle, den sie geschlagen, von sich giebt, daher dobban, megdobban einen ungewöhnlichen Schlag des Herzens bekommen, erschrecken seyn; dobogni schlagen, wie das Herz gewöhnlich, 2. den Boden mit Füßen schlagen, wie die Pferde beim Gehen, laufen; tsattanni knallen, tsattogni oft knallen, wie es gewöhnlich bei einem starken Gewitter im heißen Sommer geschieht; pukkan (vom Persischen pukk پوك flatus ex ore emissus) einen starken Schall oder Knall von sich geben, wie eine Fischblase, wenn man darauf tritt; bukkanni, rá-bukkanni (vom Pers. bukk بوك forte contigerit) von ohngefähr darauf stoßen (forte, insperate incidere in aliquid) wie z. B. auf einen Hasen in Büschen; lobog lodern wie die Flamme, el-fellobban es brennt auf einmal ab, wie das Schießpulver; retten erschrecken, retteg oft erschrecken; pattanni, pattogni springen ꝛc.

§. 47.

Wie die Persischen, Türkischen und Magyarischen Zeitwörter mit Hülfe der abgekürzten Hülfswörter abgeändert werden, haben wir oben §. 32, 33, 36. schon gesehen. Außer den im §. 36. angegebenen zwey Arten von Abänderung giebt es aber noch eine dritte Art der Inflexion im Magyarischen, nehmlich durch die Partikel *lak*, oder *lek* (לְךָ), welche soviel als dich heißt, z. B. tanitlak ich lehre dich, szeretlek ich liebe dich; tanitálak ich lehrete dich, szerettélek ich liebte dich; tanitottalak ich habe dich gelehrt, szerettelek ich habe dich geliebt ꝛc.; tanithatlak ich kann dich lehren, szerethetlek ich kann dich lieben; tanittatlak ich lasse dich lehren, tanittathatlak ich kann dich lehren lassen ꝛc. Was also die Deutschen, die Lateiner und andere europäische Nationen nur auf einerley Art — freylich etwas unbequem und unbestimmt — also auszudrücken: 1. ich lehre etwas überhaupt, unbestimmt; 2. ich lehre (bestimmt) die Philosophie; endlich 3. ich lehre dich: das drücken die Magyaren schon bestimmter, und vielleicht auch bequemer, auf dreyerley Art folgendermaßen aus: 1. tanitok (unbestimmt, überhaupt) doceo *aliquid;* 2. tanitom (bestimmt) a' Filosofiát, doceo Philosophiam; 3. tanitlak, doceo — in specie — te. Hierinnen weicht die Magyarische Sprache von der Persischen und Türkischen etwas ab, und nähert sich zur Arabischen und andern Semitischen Sprachen, so daß sie zwischen diesen, und der Persischen eine Mittelsprache, mithin näher mit den Semitischen, als irgend eine nicht Semitische Mundart mit denenselben, verwandt zu seyn scheint, und wirklich verwandt ist.

Anmerk. Obgleich die Partikel *lak*, oder *lek* so viel als dich heißt, wie wir erst gesehen haben; dem ohnerachtet kann man füglich auch das Fürwort téged oder tégedet dich hinzusetzen, als tanitlak téged, szeretlek téged etc. ich lehre dich, ich liebe dich ꝛc. Solche Pleonasmen kommen im Magyarischen und Türkischen — wie wir unten sehen werden — häufig vor.

§. 48.

Von verschiedenen Verbearten stammen natürlich verschiedene Nennwörter, unter andern durch den Servil-Buchstaben *s* ab, welche die Handlung des Verbi, — wie der Infinitivus im Arabischen — bedeuten, und eben darum *Nomina Actionis* mit Recht können genennt werden, z. B. vágás das Hauen, vághatás das Hauenkönnen, vágatás das Hauenlassen, vágathatás das Hauenlassenkönnen (το posse του secare, sive caedere facere), vágattatás das Hauenmachen oder Gehauenwerdenmachen (το secari — caedi — jubere) vágattathatas το posse του secari jubere, vagdalás das Ofthauen, vagdalhatás das Ofthauenkönnen ꝛc.; törés das Brechen, törhetés das Brechenkönnen, töretés das Brechenlassen, töret hetés das Brechenlassenkönnen (το posse του frangere facere), törettetés das Gebrochenwerdenmachen (το frangi - jubere), törettethetés το posse του frangi - jubere, tördelés das Oftbrechen, tördelhetés das Oftbrechenkönnen, törögetés das Nachundnachbrechen, törögethetés το sensim frangere posse, oder το posse του sensim frangere etc. Vergl. §. 44. Im Persischen und Türkischen werden solche Nomina Actionis von Zeitwörtern durch den nehmlichen Servil-Buchstaben sch ش, ja so gar im Türkischen und Magyarischen oft von dem nehmlichen Stammwort abgeleitet; im Persischen z. B. danisch دانش cognitio etc., azarisch آزارش offensio, suzisch سوزش سوزش ustio etc. Im Türk. sevisch سوش amatio, sojlisch سويليش — Magyarisch szolás — locutio, jürisch يوريش — Magyarisch járás — ambulatio vom Stammwort jür يور, — Infinitivus jürmek يورمك — Magyarisch jár, Infinitivus járni - ambulare, bakisch بقيش visio, vom bak بق, bakmak بقمق videre etc. Vergl. §. 26.

§. 49.

§. 49.

Die Türken drücken, wie andere Orientaler das Zeitwort *habeo* durch das var وار oder vardür واردر est, adest, existit, existens est, aus, z. B. dschebümde aktscha vardür واردر اقچه جبمده d. i. ich habe — es ist, es giebt — Geld in meiner Tasche; mit Pronomine und Suffixo zugleich benüm aktscham vardür واردر اقچه‌م بنم ich habe Geld, wörtlich ich, ich habe mein Geld, est mihi pecunia mea; benüm var وار بنوم ich habe (est mihi); benüm oldi اولدی بنوم ich hatte gehabt (fuit mihi), bende dür در بنده ich habe — es ist — bey mir; benüm malam tschok dür در چوق مالم بنوم ich habe viele Güter-Haabe (est mihi multum bonum meum); und ohne das besitzende Fürwort, nur mit dem Suffixo; als malom tschok dür در چوق مالم bedeutet es das nehmliche *). Eben so auch die Magyare, z. B. a' zsebembe pénz van ich habe — es ist — Geld in meiner Tasche; mit Pronomine und Suffixo zugleich nekem oder énnékem pénzem van, oder vagyon ich habe Geld (mihi est pecunia mea); nekem van ich habe (est mihi); nekem volt ich habe gehabt (mihi fuit); nálam van ich habe — es ist — bey mir; nekem jószágom sok van ich habe — es ist mir — viele Güter, Haabe; und ohne dem Fürwort, bloß mit dem Suffixo: jószágom sok van, bedeutet es auch, wie im Türkischen, das nehmliche. Die Türkische Postposition *da* oder *de* ده, kommt im Georgianischen sowohl, als auch in der Zendsprache in der nehmlichen Bedeutung vor, z. B. bustan (Pers. بوستان) Garten, bustanida im Garten, und in der Zendsprache atro Feuer, arted im Feuer, oder vom Feuer **). Im Magyarischen aber ist es nicht *da* oder *de*, sondern *ba* oder *be*, d. i. ein *Beth* wie im Semitischen, z. B. házba im Haus, kertbe im Garten, und bedeutet es bisweilen auch — wie dort — so viel als mit, z. B. tőr Schlinge, tőrbe fogni mit der Schlinge fangen (laqueo capere),

*) Vergl. Grammat. Turcic. Seamani S. 13, 32, 139. Grammat. Turc. Schieferdeckeri S. 75.

**) S. Hrn. Anquetils du Perron Untersuchungen über die alten Sprachen Persiens im Zend-Avesta, 2. Theil. S. 53.

burokba születni, d. i. in oder cum involucro nasci; sorba menni in oder cum ordine ire; sorba következni ordine sequi; szép rendbe menni pulcro ordine oder pulcra serie ire etc. Im leztern Falle wird das *b* gewöhnlich ins *Vau* verwandelt, und darüber mit noch einem *l* vermehrt, daß alsdann eine besondere Postposition *val* oder *vel* mit *cum* ausmacht, z. B. fa Holz, fával mit Holz (cum ligno) tő Nadel, tővel mit Nadel. Geht das Wort, dem sie angehängt wird, auf irgend einen Consonanten aus, so wird das Vau — Wohlklangs halber — allemal in solchen verwandelt, z. B. bot Stock, bottal mit Stocke, vaj Butter, vajjal mit Butter, tűz Feuer, tűzzel mit Feuer, kés Messer, késsel mit Messer ꝛc. statt: botval, vajval, tűzvel, késvel etc.

Anmerk. Das *va* oder *ve* Endung des Gerundii, ist auch wahrscheinlich aus diesem *Beth* oder *ba*, *be* entstanden, wenigstens die Bedeutung desselben spricht dafür, z. B. állva stehend, ülve sitzend, gleichsam állba, ülbe in stando, in sedendo. Was die Deutschen mit der Partikel zu ausdrücken, als zu Staub werden ꝛc., das drücken die Magyaren mit eben dieser, vermuthlich aus *ba*, *be* entstandenen Partikel *va*, *ve*, nur mit dem Unterschiede aus, daß der Vocal desselben hier allemal lang ist, z. B. fává válni zu Holz = kövé valni zu Stein werden (in lignum, in lapidem mutari); borrá — statt borvá — vált a' viz kánában, d. i. zu Wein ward das Wasser in Cana, a' viz vérré — vervé — Egyiptomban, das Wasser zu Bluth in Egypten ꝛc.

§. 50.

Um den Sinn des Zeitworts *habeo* auszudrücken, bedienen sich die Türken noch der Partikel *lu* لو oder *li* لي, die sie den Nennwörtern anhängen, welche dann besitzende Nennwörter genennet werden können, z. B. oglan اوغلان Sohn, Kind ꝛc. oglanlu اوغلانلو einer, der ein Kind, oder Kinder hat ꝛc. *). Die Magyaren bedienen sich, statt desselben, des Servilbuchstaben *s*, welcher ebenfalls am Ende der Nennwörter hinzukommt, und die nehmliche Bedeutung, als die Türkische *lu* oder *li* hat, z. B. szakál Bart, szakálas bärtig, einer der Bart hat; juh Schaaf, juhos - der Schaafe hat, lovas - der Pferde hat; gyermek Kind, gyermekes - der ein Kind oder Kinder hat, se-

leség

*) Siehe Seamani Grammat. Turc. S. 133.

feleség uxor, feleséges uxoratus; jószág Gut, jószágos der Gut oder Güter hat; föld Erde, földes etwas, das Erde enthält, oder einer, der Aecker hat; pénz Geld, pénzes der Geld hat, bor Wein, boros der Wein hat; por Staub, poros was Staub hat, kor aetas, koros annosus nem Geschlecht ꝛc. (im Persischen nam نام nomen, fama, und name نامه diploma) daher nemes edler, einer der von Adel ist, oder Adelbrief hat; nemes ember nobilis homo; korom Ruß, kormos was Ruß hat, rußig: köröm Nagel, Klaue, körmös der solche hat; ártalom Schade, ártalmas schädlich; üröm Wermuth, ürmös was Wermuth hat, als ürmös bör Wermuth-Wein ꝛc. Siehe oben §. Anmerk. 1. 2. Manche dergleichen werden als *Substantiva denominativa* gebraucht, z. B. asztalos Tischler, lakatos Schlösser, üveges Glaser, süveges Langenhuthmacher, kalapos Rundenhuthmacher ꝛc. von asztal Tisch, lakat Schloß, üveg Glas, süveg langer Huth, kalap runder Huth. In der Zendsprache ist das den Nennwörtern angehängte *sch* von der nehmlichen Beschaffenheit; denn die *Denominativa* werden in gedachter Sprache auch durch dasselbe gemacht, z. B. pete vorn, vorwärts, daher Petesch, Herr, Vorsteher, Anführer; besche Gesundheit, beschesch der Gesundmacher, Arzt ꝛc. *). (Im Magyar. orvos — vom veralteten oru oder orv — Arzt).

Anmerk. 1. Solche besitzende Nennwörter, die durch das s den Sinn des Zeitworts *habeo* erhalten, werden, und können auch nie mit der Postposition *val* oder *vel*, sondern statt deren allemal mit *tól* oder *töl*, welche gewöhnlich soviel als von bedeutet, construirt, z. B. feleségestöl, gyermekestöl jött, d. i. er ist sammt seiner Frau und Kind, oder Kindern gekommen; mind lovastól a' vizbe veszett, er ist sammt seinem Pferde ertrunken, oder im Wasser umgekommen (una cum equo suo — suffocatus — periit in aqua) etc.

Anmerk. 2. Von manchen Substantiven werden auch andere gewisse *Denominativa* durchs *sz*, nicht durchs *s*, das wohl zu merken ist, abgeleitet; in welchem Fall der Vocal vor dem gedachten sz allemal lang ist. Diese sind von jenen ganz verschieden, und sind folglich nicht mit ihnen zu verwechseln, vadász Jäger; juhász Schäfer; halász Fischer; füvész ein Botaniker; kertész Gärtner; révész Fährmann, Kahnführer; ökrész ein Ochsen-

*) Vergl. Hrn. Kleuker's „genauere Untersuchung über die Natur des Zend," im Anhang zum Zend-Avesta, 2. B. 2. Th. S. 14, 17.

Ochsenhüter; lovász Pferdeknecht; madarász Vogelfänger; nyúlász Haasenjäger ꝛc. von vad Thier; juh Schaaf; hal Fisch; fü Gras, Pflanze; kert Garten; rév Hafen; ökör Ochs; lò Pferd; madar Vogel; nyúl Haase.

§. 51.

In gewissen Umschreibungen bedienen sich die Magyaren eines in Damma ـُ ruhenden End-Vau (ـُو) das vom Türkischen lu لُو abgekürzt seyn mag: in Wörtern von der ersten Classe lautet das Damma als *u*; in Wörtern von der zweyten Classe aber lautet es als *ü*, z. B. száj Mund, orr Nase, daher nagy száju - nagy orru ember (száju سَايُو, orru اُورُو) ein Mann, der einen großen Mund, ein großes Maul, eine große Nase hat; szem Auge, kép Angesicht, wovon fekete szemü - szép képü leány ein Mädchen, die schwarze Augen - schönes Angesicht hat ꝛc. Endiget sich das Wort auf ein ruhendes Vau, so wird es in dem Fall mobil, mithin hat man kein anderes nöthig, z. B. szó (سُو) Stimme, laut ꝛc. szép szavú (سُو) kantór ein Kantor der eine schöne Stimme hat; tö (تُو) Wurzel, Stamm ꝛc. vaſtag tövii (تُو) fa ein Baum, der einen dicken Stamm hat ꝛc. Kömmt ein l noch hinzu (das Türkische lu لُو umgekehrt) so ist eine Partikel, wodurch 1. die sogenannten *Nomina Gentilitia*, indem man sie diesen angehängt, zu Adverbiis werden z. B. Magyar Hungarus, Magyarúl hungarice; Tót Slavus, tótúl ſlavice; Német Germanus, németül Germanice; Görög Graecus, Görögül Graece; Tseh Bohemus, Tsehűl Bohemice; Deák Latinus, Deakúl Latine; Olaſz Italus, Olaſzúl Italice; Török Turca, Törökül Turcice u. ſ. w. Auch von manchen Adjectivis ja Subſtantivis werden auf diese Weise *Adverbia* gemacht, als: szent ſanctus, szentül ſancte; rút turpis, rútúl turpiter; jó bonus, jól bene; eb canis, ebül pesſime, more canino, kutya, kutyáúl idem diſznó ſus, diſznóúl turpiter; more ſuis, ember homo, emberűl humano modo, menschlich ꝛc. 2. Wodurch Redensarten, in Verbindung mit Zeitwörtern, die geben, beschuldigen, und dergleichen bedeuten, entstehen, welche die Lateiner durch die Propositionen *in pro*, oder auch durch einen Dativum ausdrücken; z. B. ok cauſa, okul vetni valakit, jemanden beschuldigen, die Schuld auf jemanden schieben (pro cauſa habere aliquem); vétek culpa, vitium, vétkül (statt vétekül) tulajdonilajdonitani, vitio vertere verdenken jemanden etwas; bün peccatum bünül tulajdonitani es einem für Sünde anrechnen, pro peccato habere, imputare etc. feleség uxor, feleségül venni heurathen, in uxorem ducere — aliquam; Vezér dux (Türkisch وزير) vom Stammwort vezet ducere — vezérel idem — Vezérül adni in Ducem oder pro Duce dare; segitség auxilium, segitségül lenni in auxilium — auxilio — esse; akadály impedimentum, akadályúl lenni impedimento esse etc., und zugleich mit dem Suffixo der dritten Person, als jele signum ejus, annak jeléül in signum ejus; jutalom praemium, jutalma (für jutalomja oder jutaloma) praemium ejus, annak jutalmáúl in ejus praemium — remunerationem. NB. szem granum, daher: szemül adják — fizetik — a' búzát, kukuritzát, nem pedig szalmástól, tsöstöl, d. i. man giebt (dem Pfarrer) den Waizen, den Türkischen Waizen in Körnern, und nicht sammt dem Stroh — Kolben.

§. 52.

Die Partikeln, welche in Sprachen überhaupt gewöhnlich den Nennwörtern vorgesetzt werden, und eben deswegen die Präpositionen heißen, werden im Türkischen denselben nachgesetzt, mithin die Postpositionen mit Recht genennet, z. B. ew اَو Haus, ewde اَوده im Hause; bazar بازار Markt, Jahrmarkt, bazarda بازارده auf dem Markte, Jahrmarkte (in Nundinis); den دن von, als jerniden يرندن von seinem Platze; kadim alajamden — قديم الايامدن ab antiquis diebus; siz سز oder suz سوز ohne, als akhirata aamalsuz kitme آخرته عملسوز كتمه d. i. ad mundum alterum *sine opere* ne vadas; kabu قپو Thor, kapuda قپوده beym Thor (in porta) u. s. w. Völlig so verhält es sich mit den Partikeln im Magyarischen, wo das Beth ב das nehmliche, was es im Semitischen, bedeutet, z. B. vásár nundinae, vásárba in Nundinis; kapu porta kapuba in porta; vár arx várba in arce; kéz manus, kézbe in manu. Ferner *r* - *ad* als vásárra ad nundinas; ebéd prandium, ebédre ad prandium; - *nn in* oder *super*, als asztal mensa asztalonn super mensa — esse —; szék sella, székenn super sella etc. Világ mundus, a' világonn in mundo, föld terra, a' földönn in oder super terra.

terra, tellure; ig usque, ösz Herbst, öszig bis zum Herbst; tavasz Frühling, tavaszig bis zum Frühling; v-l von, aus, als ló Pferd, lóról vom Pferde; hegy Berg, hegyröl vom Berge; h-z, als Úr Herr, Urhoz zum Herrn; Isten Gott, Istenhez zum Gott u. s. w. Hierin weicht die Magyarische Sprache von den Semitischen sehr ab, und unterscheidet sich nebst der Türkischen und Grusinischen von allen uns bekannten Sprachen der Welt. Denn was die Hebräer z. B. folgendermaßen ausdrücken: behaschschamajim בְּהַשָּׁמַיִם (Ps. 36, 6.); beschalem בְּשָׁלֵם (Ps. 56, 6.) in Salem; bamsterdam באמשטרדם in Amsterdam; vaere bahalomi וָאֵרֶא בַּחֲלֹמִי (Gen. 41, 22.) und ich sahe im Traum ꝛc. ausdrücken, das drücken die Magyaren umgekehrt also aus: magusságba; Sálembe; Amsterdamba; és láték álomba etc.

Anmerk. Das Hebräische He ה *paragogicum locale*, scheint doch, wie die Magyarische Postposition, beschaffen zu seyn, z. B. mitzrajimah מִצְרַיְמָה nach Egypten; neghbah נֶגְבָּה gegen Mittag. S. Pfeiffers Ebr. Gramm. S. 186. folg.

§. 53.

Die Grusinische Sprache in Georgien ist von der nehmlichen Beschaffenheit wie die Türkische und Magyarische, wie es sich aus dem Auszug abnehmen läßt, den Hr. Wahl aus Maggio's *) Werken uns **) mitgetheilt hat. z. B. bustan (Persisch und Arabisch بُستان) Garten, bustanida aus dem Garten (ex horto); bazari Markt, bazarida auf dem Markte; kheli (Magyarisch kéz) Hand, khelidá oder khelitha in der Hand. Ja, die Präpositionen sind — sagt Wahl S. 156 ausdrücklich — im Grusinischen mehrentheils Postpositionen. Auch die Art, wornach die Beugung der Nennwörter geschieht, ist in diese

*) Syntagma LL. OO. quae in Georgiae Regionibus audiuntur auctore D. Francisco-Maria Maggio, Clerico regulari Panormitano. Syntagmatum (συνταγματων) Liber primus complectens Georgianae seu Ibericae vulgaris Linguae Institutiones Grammaticas Romae ex typogr. S. Congreg. de propaganda fide 1643. etc.

**) Magazin für alte und besonders morgenländische und biblische Litteratur, 2te Lieferung, Cassel 1789. S. 145-158.

diesen drey Sprachen — Grusinischen, Türkischen und Magyarischen — einerley; die Fall-Endungen (terminationes casuum) sind in allen dreyen die nehmlichen im Plurali, welche sie im Singulari sind, und der Pluralis unterscheidet sich vom Singulari bloß durch einen charakteristischen den Fall-Endungen überall vorgesezten Buchstaben oder eine Sylbe. Diese Charakteristik ist im Grusinischen das *b;* im Türkischen das ler oder lar لر; und endlich im Magyarischen das *k;* und so wie das Türkische لر, nach Beschaffenheit desjenigen Vocals, der das Nennwort beseelet, bald *lar*, bald *ler* ausgesprochen wird; so nimmt auch das *k* im Magyarischen, seinen Hülfslaut (vocalem subsidiariam) allemal aus der Classe, zu welcher das Nennwort selbst gehört, wovon es eine Charakteristik seyn soll.

Anmerk. Bey Nennwörtern, welche ihre Suffixa haben, wird dieses *k* ausgelassen, und in dem Falle ist allemal ein jod — wie im Semitischen — die Charakteristik der mehrern Zahl, z. B. láb Fuß, lábak die Füße, lábaim — sprich lábajim — meine Füße; szem Auge, szemek die Augen, szemeim meine Augen; lo Pferd, lovak die Pferde, lovaim meine Pferde; kö Stein, kövek die Steine, köveim meine Steine u. s. w.

§. 54.

Um noch das, was ich im vorigen §. gesagt habe, deutlicher zu machen, will ich aus allen drey Sprachen ein Beyspiel durch alle Fälle gebogen (in omnibus Casibus inflexum) hier folgen lassen, nemlich betschi — im Magyarischen bötsö Wiege — puer; er ار homo; fa arbor, lignum.

1. Grusinisch:

Singularis.		Pluralis.	
Nom.	bitschi	Nom.	bitschebi
Gen.	bitschisa	Gen.	bitschebisa
Dat.	bitschsa	Dat.	bitschebsa
Acc.	bitschi	Acc.	bitschebi
Voc.	bitscho	Voc.	bitschebo
Abl.	bitschisaghan.	Abl.	bitschebisaghan.

K 2. Türkisch:

2. Türkisch:

Singularis.			Pluralis.		
Nom.	er	أر	Nom.	erler	ارلر
Gen.	erüng	أرڭ	Gen.	erlerüng	ارلرڭ
Dat.	erê	أره	Dat.	erlerê	ارلره
Acc.	eri	أري	Acc.	erleri	ارلري
Abl.	erden	أردن	Abl.	erlerden	ارلردن

3. Magyarisch:

Singularis.		Pluralis.	
Nom.	fa	Nom.	fák
Gen.	fáé (sprich fájé)	Gen.	fáké
Dat.	fának	Dat.	fáknak
Acc.	fát	Acc.	fákat
Voc.	oh fa	Voc.	fák
Abl.	fától	Abl.	fáktól.

Anmerk. Dieses Genitivus, der allemal das *est* der Lateiner mit einschließt, bedienen sich die Magyaren bloß außer dem Regimen, z. B. ki wer; kié ez a' ház? wessen ist das Haus? az enyém mein (mea oder mei est), a' Kajusé, a' Péteré des Cajus, des Peter (Caji, Petri est) etc. Der Dativus hingegen wird beständig statt dessen im Regimine — wie bei den Hebr. als ledavid mizmor לְדָוִד מִזְמוֹר (Ps. 110, 1.), oder umgekehrt: mizmor ledavid, etc. — gebraucht. Vergl. §. 7. Anmerk. 2.

§. 55.

Auch die Zahlwörter, und die davon durch die Partikel *shjel* oder *dshjel* abgeleiteten *Nomina Vicis* im Grusinischen, gleichen hier und da denen der Magyarischen, und diese den Persischen sehr. Z. B.

1. Grusinisch:		Madscharisch: (Magyarisch)	
erthi eins;	erdshjel einmal;	edj od. egygy eins;	edszer einmal;
ehuti fünfe;	chudshjel fünfmal;	öt fünfe;	ötször fünfmal;
ozzi zwanzig;	ozdshjel zwanzigmal;	husz zwanzig;	huszszor zwanzigmal;
as hundert;	asdshjel hundertmal;	száz hundert;	százszor hundertmal;

2. Persisch:

2. Perſiſch:	Magyariſch:
jek یک oder ik یک eins;	edj, egygy eins.
heft هفت ſieben;	hét ſieben.
deh ده zehn;	tiz zehn.
ſad صد hundert;	ſzáz hundert.
hezâr هزار tauſend;	ezer tauſend.
ſadhezâr صدهزار hundert tauſend;	ſzáz ezer hunderttauſend.
dehſadhezâr دهصدهزار zehnmal hundert tauſend.	tiz ſzáz ezer, decies centena millia.
ikſer یکسر (S. Caſtell.) einmal;	edjſzer einmal.
ſadſer صدسر hundertmal;	ſzázſzor, (ſprich ſzáſzſzor).

So wie nun die *Nomina Vicis* durch die Servil-Sylbe ſz-r (im Gruſ. ſhjel) welche nach Beſchaffenheit der Zahlwörter, denen man ſie anhängt, Vocale annimmt, von den Cardinalien gemacht werden: ſo werden die *Partialia* oder *Partitiva*, womit man einen oder mehrere Theile eines in gleichen Theilen getheilten Ganzen ausdrückt, durch das *d* von nehmlichen Cardinalien, und die Ordinalia durchs *ik* von dieſen gemacht, z. B. négy vier, negyed Viertel, negyedik der vierte; hat ſechs, hatod Sechſtel, hatodik der ſechſte ꝛc. (von erſtern entſtehen durch ein *s Adjectiva Poſſeſſiva*, die als Subſtantiva gebraucht werden, tíz décem, tized decima — pars — tizedes decurio: ſzáz centum, ſzázad centeſima, ſzazados Centurio, d. i. der 100 Mann unter ſich hat). Will man ſolche Cardinalia und Partitiva aber, als Adverbia gebrauchen, ſo muß man zwey *n* ihnen am Ende anhängen, z. B. kettö duo, kettenn bini, oder duo —; három tres, hármann trini, oder tres, adverbialiſch genommen: die Magyaren ſagen alſo: *ket ember* duo homines; *kettenn jönek* duo oder ambo, veniunt etc. und nicht kettö ember, kettö jönek etc. wie die Lateiner, Deutſchen und andern Nationen; Ferner hatodánn, hetedénn etc. aratni, pro ſexta, ſeptima etc. parte metere, d. i. ſo erndten, daß der ſechſte, ſiebente ꝛc. Theil des Geerndeten dem Erndter zukomme, wie es in Hungarn gewöhnlich der Fall iſt.

Anmerk. Das *kettö* zwey ist entweder vom Aethiopischen keleetu ክልኤቱ፡ duo — das *l* ins *t* verwandelt, als keltu kettu kettö — entstanden; oder aus dem Persischen du دو zwey, und Magyarischen *két* — welches blos vor - wie das kettö nach - den Nennwörtern gebraucht wird, als két óra, az óra kettö etc. — zusammengesezt, als két - du oder do, und *d* ins *t* verwandelt, két-to, kettö. Alle Numeralia, Cardinalia und Ordinalia etc. werden im Magyarischen declinirt, wenn sie allein oder nach den Substantivis, nie aber, wenn sie vor solchen stehen, z. B. én vettem két lovat, ö is vet kéttőt ich habe zwey Pferde gekauft, er hat auch zwey gekauft.

§. 56.

Man ruft auf

	Grusinisch	Magyarisch
die Gänse mit:	buli buli buli;	libu libu libu.
— Katzen —	zi zi zi;	tzi tzi tzi.
— Hüner —	buothi buothi;	pite, pite, pite.
— Sau —	zenghni zenghni etc.;	tzén, ktzén, tsö, tsikus etc.

Ferner die Grusinische — Georgianische — Sprache nähert sich in ihrem Geiste, wie Hr. Wahl es anmerkt *), der alten Medischen, von der uns noch die heilige Priestersprache Zend mit der Persisch-Medischen Mundart Pehlvi übrig ist. Djemschid war — was ich beyläufig hier anmerken will — nach Zend, Pehlwi und Parsi der erste der Persischen Könige. Hom oder Heom der Gesetzgeber dieser Zeit und unter diesem Könige: unter ihm lebten schon die Grundwahrheiten des Orientalischen Systems, und wurden geübt. Djemschid war mit seinem Volke ein Verehrer des Urhebers der Natur und seines Werks in Simplicität. Er lebte einige Jahrhunderte nach der großen Ueberschwemmung der Erde, und seine Burg war auf dem Alberdj in Georgien **); was Wunder also, wenn das Zend mit den Sprachen Georgiens Aehnlichkeit hat, indem Zoroaster, der Parsen Gesezgeber, vieles von Djemschids Gesetzen und Anordnungen beybehalten hat?

Anmerk.

*) Magazin für alte besonders morgenl. und bibl. Litterat. 2te Lieferung. S. 157.

**) Vergl. Zoroaster's Zend-Avesta 2ter Theil, oder: „Untersuchung über die antike Aechtheit der Bücher Zend-Avesta's von Anquetil du Perron, Riga 1776. S. 20, 37. folg.

Anmerk. Zoroastor, oder richtiger Zerdust, ist zwar nach Parsen Theologie der einzige wahre Prophet, dem Ormuzd — Gott — erschienen, und den er an die Menschen, um sie die wahre Religion zu lehren, geschickt haben soll: die Gottheit hat sich aber nicht — ebenfalls nach Parsen Theologie — zuerst den Menschen durch Zoroaster geoffenbaret, sondern schon vor ihm war Wort Gottes auf Erden. Hom predigte es lange vor Zoroaster (dieser leztere lebte im sechsten Jahrhundert vor Christus Jesus) auf den Gebirgen in Georgien; nach ihm bekam es Djemschid, und gründete darauf den Dienst des Schöpfers der Natur; zulezt Zoroaster, der es zuerst seinem Vaterlande, Iran-Vedj und darauf der übrigen Welt mittheilen sollte.

§. 57.

Ueber den Ursprung, die Etymologie und Bedeutung des Namens Zend-Avesta, den man Zoroasters Büchern gab, und den sie heut zu Tage noch führen, sind die Meinungen der Gelehrten sehr getheilt. Unter Zend verstehen einige Parsenschriftsteller die zoroastrischen Werke selbst, nebst der Lehre darin, der Sprache und den Schriftzeichen; andere unterscheiden diese verschiedene Gegenstände. Eulma-Eslam sagt: Avesta ist Ormuzd's Sprache, und Zend ist meine Sprache — als Mensch. — Auch gebrauchen die Commentatoren der Zendbücher und die Gesezgelehrten nur das Wort Avesta, wenn sie den Zendtext anführen: gewöhnlich ist ihnen der Ausdruck: wie es klar ist durch Avesta; und durch Zend bezeichnen sie den Unterschied der Bücher, welche in dieser Sprache geschrieben sind, von den Pehlvischen Schriften. Hyde hält Avesta für ein Arabisches Wort, und metamorphosirt Avesta ins Chaldäische Esta etc. Herbelot muthmaßet, sagt Anquetil, glücklicher: „das Wort Zend bedeutet „lebend, lebendig, so daß es scheint, als wollten die Magi ihr heiliges Buch „durch den Titel des Lebens, oder eines Buchs des Lebens bezeichnen (Bibl. „Or. pag. 929.) Zend, von azieantem, bedeutet also lebendig, lebend, be„sonders wenn von Zoroasters Schriften die Rede ist, und bezeichnet dieses Ge„sezgebers Werke, welche das Wort Ormuzd's (Gottes) enthalten." Ich dachte anfangs, fährt Anquetil fort, Avesta könnte das Pehlvische Vadjest seyn, von Vatcheschte', Wort; aber ich habe in den Zendschriften diesen Namen Avesta selbst in der Bedeutung des Wort's, gefunden. Siehe Vendidad Fargard 18. Hier drückt sich Zoroaster aus: Aad eoschte hekhe heschene bereschh seje menenanm, d. i. da sprach er (Ormuzd), „wer reines Herzens ist, soll Glück ge-

 nießen

nießen in dieser Welt.“ Im 22. Farg. kommt das Wort eouefchté, und im Jesch Mithra's vafchtehé vor, welche beyde, wie eofchté in der ersten Stelle, sagen, reden, bedeuten, und von Avesta nicht verschieden sind. Vafchtehé ist auch so viel als Vesta: Vesta und Avesta ist also **Wort**, und Zend-Avesta lebendiges **Wort**. Dieser allgemeine Name ist durch Geschichtschreiber und Ueberlieferung den Werken des Zoroasters geblieben. Zur Nachahmung nannte Manes seine Offenbarungen „lebendiges Evangelium το ζῶν εὐαγγέλιον. (Siehe „Untersuchungen über die alten Sprachen Persiens von Mr. Anquetil in Zend-Avesta's 2ten Theile, S. 41-43.) Castellus im Persischen Wörterbuch, Vesta وَسْتَا (auch zend زَنْد) heißt, sagt er, Erläuterung von Abrahams Büchern, deren Verfasser Pazend war: und abesta أُبَسْتَا heißt: exegesis Libri *Zend* dicti, quo religionis Magicae, seu colendi Ignis praecepta tradidit Zoroaster: Liber ad Abrahamum Patriarcham demissus, vel potius ejus explicatio (Siehe Castellus). Der Name Zend, hat seinen Bezug, sagt endlich Hr. Wahl (Allgem. Gesch. der morgenl. Sprachen u. Litterat. S. 215.) einzig auf die Parsen-Bibel: zend زند heißt lebendig, **Westa** oder Avesta, Wort, Rede; Zend-Avesta heißt also: lebendig Wort. Also ist Zend schon, dem Namen nach, eigentlich die Sprache, worin der Avesta verfaßt ist, und das ist heilige, geweihete Sprache, Sprache des Dienstes und der Priester ꝛc.

§. 58.

Im vorigen §. habe ich die verschiednen Meinungen der Gelehrten über Zend-Avesta kurz angegeben; jezt will ich darüber die meinige sagen: 1. Was das Avesta, Vesta oder abesta, besta anbetrift, so ist es mit dem Magyarischen *beszéd*, sowohl der Form, als auch der Bedeutung nach, einerley; beyde stammen, wie mir dünkt, vom veralteteten Wörtchen bez, und vielleicht vom Hebräischen פה os, oder Arab. phaah فاه loqui) bes oder besz ab; daher das unmittelbar durchs *l* gemachte Zeitwort beszél (wie von szó vox, szól loquitur), die erste Person beszélem (— im Kurdischen bezium *); ich rede, ich erzähle; daher ist das *beszéd* mittelst des *d* im Magyarischen, das besta وَسْتَا oder mit Elif abesta أَوِسْتَا Wort, Rede ꝛc. durchs t ت im Persischen entstanden,

*) Siehe Michaelis Oriental. Biblioth. 6. Theil. S. 173.

standen, welches leztere in Schriften Zoroasters. Westa oder Avesta ausgesprochen wird. Was also die Perser Avesta oder abesta oder besta hier aussprechen, das sprechen die Magyaren nur mit einer kleinen Veränderung beszéd indem sie statt *t* ein *d* sagen — aus. Bey manchen Wörtern findet das Gegentheil statt, z. B. *Ha* bezeichnet die verschiedenen Abtheilungen des Izeschné (Gebet im Zend-Avesta, in welchem die Größe desjenigen gepriesen wird, an dem es gerichtet ist) und kommt vom Zendwort *hatanm*, von diesem ist *hat* gebildet, welches in Parsi ein Abgemessenes, eine Gränze bedeutet, und von aiat (אות Zeichen) dem Namen der Verse des Korans unterschieden werden muß *). Von diesem *had* Gränze, ist nun das Magyarische *határ* limes — das *t* ins *d* verwandelt — durch Hinzusetzung des *r* gemacht worden. 2. Was aber das Zend زند anbelangt, das ist — meiner Meinung nach — vom Persischen shen سن heilig — woven das Sinesischen *Schyn* **) oder umgekehrt, vielleicht auch das lateinische *sanctus* entsprungen — durch das hinzugesezte Dal د, so wie das Magyarische *szent* sanctus von dem nehmlichen Persischen sen سن, durchs *t*, abgeleitet worden. Es ist nicht unerhörbar, daß das Zain ז mit Samek ס, in orientalischen Sprachen verwechselt wird, z. B. סור oder זור recedere im Chaldäischen; tausch توش oder tuz توز -- Magyarisch tüz ignis — Wärme, Hitze im Persischen rc. Nach dieser Erklärung heißt also Zend-Avesta nicht lebendiges sondern heiliges Wort, nehmlich Ormuzds; oder heiliges Gesetz, heilige Religions-Lehre, die Zoroaster unmittelbar, (nach Parsen Theologie —) von Ormuzd — Gottheit — empfangen haben soll ***). Das wird auch schlechthin — κατεξοχήν — Avesta, (wie die Mosaische Lehre torah תורה, oder überhaupt die Bibel dabar דָּבָר, oder dbar Jehova דְּבַר־יְהֹוָה Lex, Institutio, Verbum, Verbum Dei etc.) Wort genennet.

Anmerk.

*) Siehe Anquetils Vorbericht im Zend-Avesta 1. Th. S. 75.

**) Solenne et quasi proprium sibi vindicat Sinarum Imperator nomen *Schyn-gün*, quod Mongalica lingua *Bogda-chan* redditur, significatque *Sacrum* sive *sacratissimum* Imperatorem. Siehe Jo. Eberh. Fischeri Quaestt. Petropol. S. 93.

***) Zoroaster that seine Augen auf, und sah des Himmels Glanz — er war vor Gott gebracht; — er sprach zum Allerhöchsten: wer ist der beste deiner Diener in der Welt? Gott, der immer gewesen ist, und immer seyn wird, antwortete: der ist es, der reines Herzens ist; wohlthätig gegen den Gerechten, gegen alle Menschen, der

seine

Anmerk. Die Buchstaben *be* ب und *ve* و ; *te* ت und dal د etc. werden häufig im Persischen mit einander verwechselt, z. B. âb آب oder av آو Wasser; bâr بار oder وار Schloß, Festung ꝛc.; bârna برنا (vom Syrischen bar بر filius) oder varna ورنا Jüngling, — puer, adolescens, juvenis; tschadir چادر, oder tschatir چتیر (Magyarisch sátor) Zelt, tentorium etc. Dies geschieht in andern Sprachen auch, z. B. ferveo, Perf. fervui oder ferbui; Haber oder Hafer; im Magyarischen leveg oder lebeg es schwingt sich — in der Luft — ꝛc.; bival oder bivaly, vom lateinischen *bubalus*, oder umgekehrt, worin die Deutschen (Teutschen) das b in zwey ff, als Büffel, verwandelt haben. Das thun die Deutschen gewöhnlich; besonders wenn in Wörtern, die sie aus fremden Sprachen angenommen haben ein p vorkommt; z. B. Pfingst, Pfeffer, Pfirsich von Pentecoste, piper, Persicum; Pfaff — vom Magyarischen Pap — Sacerdos; Bischof vom Episcopus — piscop, piscof, Bischof, — Magyarisch *Püspök* etc. Vergl. §. 4. Anmerk.

§. 59.

Die Zendsprache soll nahe mit dem Sanskrit verwandt seyn; ja Sir W. Jones *) behauptet es, indem er sagt: als ich das Wörterbuch über den Zend, welches Anquetil uns geliefert hat, durchsah, fand ich zu meinem Erstaunen, daß unter 10 Wörtern, 6, 7 rein *Sanscrit* waren. — — — — Hieraus folgt, daß die Zendsprache wenigstens ein Dialekt von dem Sanscrit war, und sich derselben vielleicht eben so sehr näherte, als die Parkrit, oder andere gemeine Mundarten, welche, wie wir wissen, schon vor zweytausend Jahren gesprochen

seine Augen vom Reichthum wendet; der von Herzen Gutes thut allem Geschöpf in der Welt: der soll ewig seyn in Fried' und Freuden. Ich hasse den, sprach Ormuzd — Gott — der den Guten betrübt, der meine Diener kümmert, und außer meinen Geboten wandelt, der — sage es allem Volk — muß ewig in der Hölle seyn ꝛc. — — — — — — — — — — Ormuzd sprach zu Zoroaster: sage nun allem Volk, was du gesehen, du, ihr Hirte ꝛc. Siehe Leben Zoroasters im Zend-Avestas 3ten Th. S. 17. folg.

*) Abhandlungen über die Geschichte und Alterthümer, die Künste, Wissenschaften und Litteratur Asiens, aus dem Englischen übersetzt von J. G. Fick. Riga 1795. 1ter Band. S. 108, 114.

sprochen worden sind. Aus allen diesen Thatsachen ist die nothwendige Folgerung, daß die ältesten Sprachen in Persien, die wir auffinden können, ein Chaldäisches und *Sancrit* waren; und daß, als sie im gemeinen Leben nicht mehr gesprochen wurden, von ihnen die Pelavi- und Zendsprache entstanden; und das Parsi entweder vom Zend, oder unmittelbar von dem Dialekt der Bramanen. Vielleicht aber waren unter alle, Tatarische (Skythische) Wörter gemischt: denn die besten Lexicographen behaupten, daß sehr viele Wörter des alten Persischen aus der Sprache der *Cimmrer*, oder der Tataren vom Niptscheck genommen sind.

Anmerk. Sankrit oder Sanskrit, welches Hr. Baylli für ein schönes Denkmal der uralten Schythen hält, ist vielleicht aus dem Persischen san oder sen سَن heilig, und kriah קְרִיאָה praedicatio, lectio, (von קרא legit, woher mikra מִקְרָא scriptura sacra) entstanden. Koras كُراس heißt im Persischen *Koranus*, sectio quaedam al-korani. 2. Libellus accepti et expensi. Sankrit hieße sodann heilige Schrift, oder heiliges Buch nehmlich der Religion der Bramanen. Vergleiche Sir W. Jones „über die Tataren“ S. 66.

§. 60.

Die Magyarische Sprache scheint auch mit der Sinesischen, wenigstens in Ansehung der Accente (Accentus), einige Aehnlichkeit zu haben. Denn der Accent findet sich sehr vorzüglich in der Sinesischen Sprache, welche, wie man sagt, nur aus sehr wenigen primitiven Sylben besteht, und deren Wörter, in Rücksicht auf ihre Bedeutung, nach dem Accent, mit welchem sie ausgesprochen werden, ganz von einander verschieden sind. Daher ist jedes Wort eines vielfachen Sinnes fähig, und manches leidet wohl 20 = 30 ganz verschiedene Bedeutungen, je nachdem der Sprechende die Stimme hebt, oder sinken läßt; den Ton verlängert oder abkürzt, aspirirt oder sonst modulirt, z. B. *tschu* ist ein todtes Wurzelwort: wenn es die Organen der Sineser beleben, so bedeutet es einen Herrn, wenn das *u* lang und vernehmlich ausgesprochen wird; so dieses aber in den Lautbuchstaben *i* zerfließt, dann bedeutet es ein Schwein: ertönt das *tschu* geschwind, so gilt es der Jungfer Köchin: endlich einen Pfeiler anzuzeigen, darf man das *u* nur stark in einem männlichen Tone — der zulezt et-

 was

was matt wird — hervorstoßen. Le Comte *) zeiget, daß aus 333 Wörtern, bloß durch die Aussprache 1665 ganz verschiedene entstehen können. Dieß kann man einigermaßen vom Madyarischen auch sagen: denn, nicht zu gedenken, daß man hier auch das Schwein mit dem Worte tsi, tsi (sprich tschi, tschi) ruft, so kommen im Magyarischen auch Wörter — zumal einsylbige — vor, die ganz verschiedene Bedeutungen haben, je nachdem man den Ton desselben mehr oder weniger hebt, oder sinken läßt, z. B. vad wild, vád Anklage; hat sechs, hát Rücken; kar Arm, kár Schade; hal Fisch, hál übernachten; lègy sey du, légy die Fliege (musca); kèk blau, kék es wäre nöthig 2c.; el weg, èl er lebt, él die Schneide; fel auf, fèl er fürchtet sich, fél halb, die Hälfte; szel er schneidet, szèl der Rand, szél der Wind; mer schöpfen (haurire), mèr er mißt, mér er wagt, untersteht sich 2c.; èr es gilt (valet), ér die Ader; èg es brennt, ég der Himmel; por Staub, pór Bauer; kor Zeit, kór krank; tör er bricht, tőr die Schlinge (laqueus); tö Nadel, tő Wurzel, Stamm; sir das Grab, sír er weinet; ir das Pflaster, ír er schreibt; iz das Glied — articulus — íz der Geschmack; veres roth, vères blutig, verés das Schlagen, verberatio, caesio etc.

Anmerk. Sezt man das Sinesische *tschú* Dominus, mit dem Persischen ßar سَر magnus, summus, augustus etc. zusammen, so lautet es: tschúszar, und heißt es: *Magnus etc. Dominus*, Princeps etc. Daraus ist vielleicht das Magyarische Tschászár, das Slavische Císar, das Griechische Καισαρες. das lateinische Caesar, das Franz. Cesar, das deutsche Kajser, das Russische Tzár etc. entstanden, in welchen allen die erste Sylbe — wie im Sinesischen das *ú* — lang ist. Die Vocale und Accente sind im Magyarischen, wie in der Zendsprache, sehr wesentlich; eben deswegen wird im Magyarischen jeder Vocal, der lang ausgesprochen werden muß, mit einem Strich — lineola — sorgfältig gezeichnet, welches das Lesen hier sehr erleichtert.

§. 61.

Außer der Magyarischen, Sinesischen, Japanischen, Oigurischen, Georgianischen, Bomanischen, Mogolischen 2c. Sprache, scheinen auch die Hindostani-

*) Siehe de Brosse „über die Sprache und Schrift“ aus dem Französischen übersezt von Mich. Hißmann. Götting. 1777. 1. Theil. S. 306. Vergl. Wahls allgem. Geschichte der morgenländisch. Sprachen 2c. S. 49.

dostanischen Mundarten, nehmlich die Gutschuratische, Singalische, Damulische, Malabarische, Negrische, Bengalische ꝛc. und das Sanscrit, in Ansehung der Vocale, die nehmliche Beschaffenheit zu haben, wie es sich aus Wahls „allgem. Geschichte der morgenl. Sprachen und Litterat. Tab. 6. abnehmen läßt. Sind nun alle die Sprachen — nebst den Zend — mit der Persischen mehr oder weniger verwandt, wie aus dem oben schon angeführten erhellet, so mag la Croze's Meinung ihre Richtigkeit haben, daß nehmlich die Tatarischen und Jndischen Sprachen sammt ihrer Schrift, allesammt von der Persischen abstammen. Man vergleiche Wahls allgem. Gesch. ꝛc. S. 61, 65, 69, 610, 620, 622. Das ist auch merkenswerth was Anquetil uns berichtiget: „Das Zend-Alphabet hat 48 Zeichen, worunter 16 selbst- und 32 mitlautend sind: sie alle haben (nehmlich die Pehlvi und Parsi) nur 35 Laute, 12 Selbst- und 23 Mitlaute, wovon die Neupersische Schrift nur die ihrem Genie gemäße beybehalten hat. Dieß leztere Alphabet folgte auf das Pehlvische, welches wenige Diphthongen zuläßt, und außer dem *ā*, *ă*, *i* und *o*, — welches auch das consonirende w ist — keine Selbstlauter hat. Ferner sind *l* und *z*, — Dsal ذ im Neupersischen — dem Zend fremd ꝛc. — — — — — Das Zend wird, wie das Hebräische, Arabische und Neupersische von der Rechten zur Linken geschrieben; nur die Selbstlauter unterscheiden es von den genannten Sprachen. Jm Zend werden sie alle lang oder kurz geschrieben: Hierin gleicht das Zend der Schreibart Armeniens und Georgiens. Dieses allgemeine Verhältniß des Zend zum Alphabet Armeniens, Georgiens und Jndiens, zeigt vielleicht die Gegenden seines ursprünglichen Gebrauchs; das sind die Länder, welche Jndien Nordwärts von Armenien trennen *) — — — — —. Das Zend schreibt alle Vocale, die halben und Ganzen, und hat nicht weniger als 12 Vocal-Zeichen, zum Beweise, wie sehr diese Sprache die Vocale liebt, und wie wesentlich sie ihr sind." „Es berichtet uns Jben Arabscha, ein Augenzeuge, von einer Schrift, welche Dilberdsji genannt wurde, und die in Chatai gebräuchlich war: ich sah sie, sagt er, und fand, daß sie aus 41 Buchstaben besteht, da jeder lange oder kurze Selbstlauter ein bestimmtes Zeichen hat: eben so auch jeder harte oder weiche Mitlauter; oder wenn sonst in der Aussprache eine Verschiedenheit statt finden soll **)." Wie das Ur-Magyarische Alphabet aussah, weiß

 ich

*) Siehe Anquetils Untersuchungen über die alten Sprachen Persiens im Zend-Avesta, 2. Th. S. 44, 45. Vergl. Kleukers „Genauere Untersuchung über die Natur der beyden alten Sprachen Zend und Pehlvi im Anhang zum Zend-Avesta, 2n Bs, 2r Th. S. 15.

**) S. W. Jones Abhandlung über die Tataren S. 61. Vergl. Abhandlung über die

ich nicht. Waren aber auch desselben, wie des erstgedachten Alphabets, kurze und lange Vocale besonders gezeichnet: so mag es diesem sehr ähnlich — wo nicht das nehmliche — gewesen seyn, und mit den Vocalen, gegen 46 Buchstaben gehabt haben. Kämpfern kamen die neuern Japaner, wie verfeinerte Tatarn vor.

Anmerk. Das ursprünglich Sinesische Wort Japan oder Japon, welches die Japoneser nipon oder niphon aussprechen, heißt so viel als Ursprung oder Ort des Aufgangs der Sonne, oder auch die Sonne selbst. Davon ist vielleicht das Magyarische *nap* Sonne und Tag, abgekürzt. Ferner Sacya oder Sakja heißt 1. Macht; 2. Speise; und das tschu im Sinesischen, heißt auch unter andern **Jungfer Köchin**: so eben heißt im Magyarischen *szak* — daher erö-szak, violentia — vis; und *szakáts* (vielleicht aus *szakja-tschu* zusammengezogen) Koch und Köchin.

§. 62.

Zum Beschluß dieses Abschnittes, setze ich die folgenden Worte des gelehrten Sir W. Jones hieher: „Die einzige Tatarische Sprache, von der ich einige Kenntnisse habe, ist die Türkische zu Constantinopel; diese aber ist so wortreich, daß, wie uns glaubwürdige Schriftsteller versichern, jemand, der sie vollkommen inne hat, die andern Tatarischen Mundarten leicht verstehen kann; und aus dem Abulghazi läßt sich schließen, daß er auch in der Kalmuckischen und Mogolischen Mundart leicht fortkommen werde. — — — — — — Der Dialekt der Mogolen, worin einige Geschichten des Taimur (Timur) und seiner Nachkommen, ursprünglich verfaßt waren, heißt in Indien *Turci*, wie mich ein gelehrter Einwohner, als ich mich eines andern Wortes bediente, zurecht wies: nicht, als wenn es völlig die Türkische Sprache der Ottomanner wäre: aber die beyden Sprachen sind vielleicht nicht so sehr von einander verschieden, wie das Schwedische vom Deutschen, oder das [illegible]anische vom Portugiesischen, und gewiß noch weniger als das Wallisische vom Irländischen. Ein sehr beträchtlicher Theil der alten Tatarischen Sprache, der in Asien wahrscheinlich verloren gegangen wäre, hat sich glücklicher Weise in Europa erhalten, und ist, nachdem man die Persischen, und Arabischen Wörter, womit es ausgeschmückt wird, davon abgesondert hat, — ein Zweig der verlornen Ogusischen Sprache, d. i. derjenigen,

die Araber, Sineser 2c. S. 37, 38, 159, 160. und Herrn Deguignes Einleitung zur allg. Geschichte der Hunnen, aus dem Französ. übersezt von Joh. Carl Dähnert. Greifswald 1770. S. 182.

jenigen, welche Ogus Khan, und seine Tataren redeten.“ Siehe „Abhandlungen über die Geschichte und Alterthümer ꝛc. Asiens, von Sir W. Jones aus dem Englischen übers. Riga 1795. 1. Theil, S. 64 - 66. Vergl. die Berichtigung des Hrn. Kleuker S. 453. Ist die Magyarische Sprache mit der Türkischen verwandt; so ist sie es also auch mit der Mogolischen und Kalmuckischen. Daß die erstern aber mit einander verwandt seyen, ist aus der oben gemachten Vergleichung klar. Ja! Türk und Magyar oder Ουγγροι, Ουννοι und Τουρκοι, sind nur verschiedene Namen der nehmlichen Nation, wie etwa Deutscher, Schweizer, Holländer, Schwede ꝛc. deren Sprachen im Grund eins, und weiter nichts als Mundarten der nehmlichen Stammsprache sind. Freylich Kaiser Constantin nebst andern Byzantinern, heißt gewöhnlich die Magyaren Türken *).

Anmerk. Das Wort Tatar تاتار, welches bey den Persern soviel als *Scytha*, bedeutet, ist vielleicht vom tât تات, Namen einer Arabischen Zunft (Tribus Arabum) durch Hinzusetzung des r ر entstanden. Tatar und Scytha hält Jones für synonimisch.

*) In hoc autem loco, ubi nunc habitant *Turci* (Ουγγροι) antiqua quaedam monumenta supersunt, inter quae pons Trajani Imperatoris ad initia Turciae (τ. Ουγγειας) et Belgrada (επειτα δε και Βελγραδα) quae trium dierum itinere ab ipso ponte distat — — — et rursus ad cursum fluminis exstat Sirmium. quod Belgrada abest duorum dierum itinere. Atque haec quidem juxta Istrum flumen monumenta sunt, et cognomina. Ulteriora vero quae omnia *Turcis habitantur*, cognomina nunc hahabent a fluminibus transcurrentibus. Eorum primum Timeses est, alterum Tutes, tertium Moreses quartum Crisus, quintum Titza (Τιμησει, Τουτης, Μορησης, Κρησος, Τιτζα). (Heut zu Tage heißen die auf Magyarisch; Temes oder Tömös, Maros, Keres oder Körös, und Tisza.) Sciendum vero est Arpadem magnum Turciae (Hungariae) Principem (ὁ μεγας Τουρκιας ἀρχων) filios genuisse quatuor — — — quartus est Zaltan (Zóltán) etc. Περι της γενεαλογιας του εθνους των Τουρκων (των Ουγγρων) και ὅθεν Καταγονται. Den Titel führt das 38te Capitel Constantins „über die Reichsverwaltung“ — de administratione Imperii. — Siehe Stritteri memoriae populorum etc. Tom. 3. Pars 2. pag. 607, 614, 621 - 623. und man vergleiche die Anmerkungen dabey.

Zweyter Abschnitt.

Worin Wörter verschiedener morgenländischen Sprachen mit denen der Magyarischen verglichen werden, welche sowohl der Form als auch der Bedeutung nach einander ähnlich sind.

§. 1.

Schon aus den bisherigen erhellet deutlich die Aehnlichkeit der Magyarischen Sprache, in ihrer wesentlichen Grundlage oder grammatikalischen Bau, mit denen des Morgenlandes, vorzüglich mit der Türkischen, Grusinischen*, Persischen und Kurdischen Sprache; jezt ist auch die Uebereinstimmung in den Wörtern zu zeigen. Ich habe zu dem Ende eine Reihe von Wörtern, der erst, und oben schon öfter, gedachten und auch verglichenen Sprachen ausgesucht, die die Eigenschaft haben, welche man von Wörtern, die zur Vergleichung verschiedener Sprachen dienen sollen, mit Recht fordert, d. h. solche, die keine Sprache entbehren kann, und die nicht mit den neuen Sachen oder Begriffen, welche sie bezeichnen, von einer Sprache in die andere übergehen. Man vergleiche nur die Wörter, welche ich aus verschiedenen morgenländischen Sprachen bald in den nächstfolgenden §§. anführen werde, und man wird finden, daß die nebengesezten Magyarischen Wörter entweder rein Hebräisch, Chaldäisch, Syrisch, Aethiopisch, Arabisch, Persisch, Kurdisch und Türkisch, oder mit geringen Veränderungen, Abkürzungen oder Vermehrungen — die wohl größtentheils von der Aussprache herrühren — im Grunde die nehmlichen Worte sind.

§. 2.

Hebräisch.	Aussprache.	Deutsch.	Madscharisch.
אָב oder אַבָּא	ab, aba,	Vater,	apa,
		Vater, Schwieger-Vater,	ip, ipa,
אִיבָּא	ibba,	Vater,	
אֵזוֹב	ezob,	Hyssop	izsóp,
חֲמוֹר	chamor,	Esel,	szamár,

כר

Hebräisch.	Aussprache.	Deutsch.	Madscharisch.
כַד	kad	Kufe (Cadus).	kád,
זָקָן	zakan	Bart.	szakál,
עַד	âd,	Zeit.	idö,
עֵת	êt,	Zeit.	út, óta
עֶנֶג	enu	Lied, Ode,	énck
שׁוֹר	schor,	Ochs, Rind,	sore,
עפר	aphar,	Staub,	por,
שׁבט	schebet,	Stock, (baculus scipio).	bot,
תּוֹר	tor,	Reihe, (ordo, series).	sor, szer.
חֲלוֹם	chalom,	Traum,	álom.
אִשָּׁה	ischscha,	Weib, Frau,	aszszony.
תּוֹף	toph,	Trommel,	dob
בַּעַל	baal,	Herr, Götze,	balvány.
אָכֵן	aken,	ja, freylich,	igen.
רָגַל	râgal,	nachreden (obtrectare),	rágalmaz.
רָגַז	râgaz,	beben, zittern,	rezeg, reszket.
עִיר	ir,	Schloß, Stadt,	vár, város.
עֵקֶר	êker,	Zweig, Wurzel, ꝛc.	gyöker.
רָיָה (Esa. 21, 8.)	râja,	weinen, benetzen,	rij, rih.
בּוֹר	bôr,	Grube (scrobs)	verem.
שֵׂעָר	sheor,	Haar (pilus),	szőr.
גָּנָז	gânâz,	Schatz,	kénts, kints.
אָנַח	anach,	weinen (gemere),	nyög.
צָרָה, צַר	tzor oder shor,	eng (arctus),	szoros.
אָח	ach,	Bruder, (frater minor natu.)	öts, ötse.
מָהִיר	mahir,	geschwind,	hamar.
בָּזֶה	baze,	in diesem,	ezbe, sprich: ebbe.
צָלָה (assavit)	tzalah oder salah,	gebraten werden,	sül.
צָחַק	tzachak,	lachen,	katzag.
צוּק	tzuk,	eng werden,	szükül.
צָמָא	tzama oder sama,	durstig,	szomju.
בלע	bala,	verschlingen,	fal.
תָּוַע	tawa,	irren, sich verirren,	téved.
תּוֹרָה	torah,	das Gesetz,	törvény

אם

Hebräisch.	Aussprache.	Deutsch.	Madscharisch.
אֵם	em,	Mutter, Weib,	eme.
עֶבֶד	êbed,	Unterthan,	jobádj, jobbágy.
קרדום	kardum,	Axt (gladius),	kard.
פרשׁ	paraſch,	ſpröde,	parázs.
בָקָר	bakar,	Ochs,	ökör.
שׂגיא	ſagia,	viel,	ſok.
קָטֹן	katon,	klein,	kitſiny.
גוז	guz,	hinübergehen,	gázol (vadare).
אֲנָךְ	anak,	Bley,	ón (Dim. ónka).
הֶרֶג	heregk,	Mordthat,	harag (ira).
חוץ	Chutz,	Gaſſe, Straße,	utza.
עָטַר	atar,	umgeben,	határ (limes).
קרץ	karatz,	ausſchneiden (mit der Jäthacke),	garaſzol.
פוּחַ	puach,	wehen, blaſen,	Jú, Júh, Juj.
גאן	gon,	Hochmuth,	kény.
פֶּרַח	pherach,	Blume,	virág.
פִּלֶגֶשׁ	philegeſch,	Nebenfrau, Kebsweib,	feleség (uxor).
קבר	kabar,	graben, begraben ꝛc.	kapar.
קֶבֶר	keber,	das Grab,	koporſó.
קָבַע	kaba,	wegnehmen,	kap (rapere).
(Θήκη) תִּיק	tek,	Futteral,	tok (theca).
שׁבּת	ſchabbath,	Samſtag,	ſzombat.
קָצַב	katzab,	hauen,	kuſzábol.
כלף	kalap,	Hammer.	kalapáts.
זִיק	zik,	Funken,	ſzikra.
רמשׂ	rámaſz,	friechen,	máſz, rámáſz.
רצץ	ratzatz,	erſchüttern, zerbrechen,	ráz, (quaſſare).
שַׂק	ſak,	Sack,	zſák.
גִבֵּחַ	ghibeach,	kahl,	kopaſz, kopár.
חָמַשׁ	tapaſz,	fühlen, betaſten; 2. erfahren.	tapaſztol.
סָס	ſos oder ſchoſch,	Motte,	zſúzſok (curculio).
נאק	nak,	heulen, ſeufzen,	nyög (gemit).
קרא	kära,	rufen, erſuchen, bitten,	kér.
גְּדִי	gedi,	Ziege,	gedu.

חלח

Hebräisch.	Aussprache.	Deutsch.	Madscharisch.
חלת	chalath,	Kuchen (torta)	kaláts.
אך	ak	nur, bloß.	tsak.
אפל	ophel,	Wolke,	fellhö.
אזל	ozal,	weggehen,	oszol (disparere).
בירה	birah,	Schloß, Pallast,	vár.
צנתרה	tzantera,	Canal,	tsatorna.
תמך	tamak,	stützen,	támaszt, támogat.
רגב	regeb,	Erdscholle, (gleba)	rög, gör.
גז	gez,	geschnittenes Gras rc.	gaz.
אפד	aphad,	bekleiden,	övedez.
(אל fortis) ארא	ara,	gelten, tapfer seyn (valere, pollere viribus)	ér (erő vis).
שכר	sikkor,	betrunken,	részeg (ebrius).
ארא	ara,	erndten,	arat.

Anmerk. Manche Buchstaben und Sylben werden in Hebräischen Wörtern, wenn solche ins Magyarische übergehen, am Anfang weggelassen, als שבט bot; עבר por etc. manche hingegen am Ende hinzugesezt, z. B. ének, szoros, kaszabol, bálvány, törvény etc. von ענו, צר, קצב, בעל, תורה etc. Dieß sind nur Ableitungs-Buchstaben und Sylben im Magyarischen, wodurch viele Wörter entstehen, z. B. halvány, ein stillestehendes, todtes Wasser, (stagnum) das ehemals lebend, d. h. fließend war, vom *hal* sterben; vetemény die Saat, vom *vet* säen; koros alt, betagt, vom kor Zeit, Alter. Manchmal werden die Buchstaben versezt, als פלגש feleség; שכר részeg etc. Dieses geschieht in mehrern Magyarischen Wörtern, z. B. gör oder rög gleba; köpni oder pökni speichen; egyelitni oder elegyitni mischen, vermengen; kalán oder kanál Löffel; tzomb oder bontz Schenkel; fatsarni oder tsafarni auspressen; tsekély oder ketsély seicht, nicht tief; talál oder tanál finden; ibrik oder bögre Krug; kebel oder keleb Schooß; tselán, tsenál oder tsenár die Nessel; zsáktsa oder zsatskó Beutel, (dohány-zsatskó Tobaks-Beutel); fekete oder feteke schwarz; tereh oder teher Last; gyarapodik oder gyaporodik wachsen, fortkommen; hegedü oder hedegü Geige; tenyér oder tereny die flache Hand, (palma); Püspök anstatt Püsköp Bischof, von *επισκεπος* etc. Auch in andern orientalischen Sprachen ist diese Buchstabenversezung, nebst der Abkürzung und Vermehrung der Wörter, gewöhnlich; z. B. daab דאב oder adab

ארב cruciavit; lakach לקח, Arab. lahak لحق prehendit; illeg עִלֵּג, Syrisch liag ܠܥܓ balbutivit; kebes כֶּבֶשׂ oder keſeb כֶּשֶׂב agnus; laaph לַעַף oder alaph עלף ſtillavit. Im Chaldäiſchen: chelek חֵלֶק oder chakal חֲקַל ager; ſchaar שַׁעַר oder thera תְּרַע (das *ſch* wird ins *t* verwandelt) porta: rik רִיק oder ſerik סְרִיק inane; kiſſe כִּסֵּא oder korſe כָּרְסֵא ſolium; achad אֶחָד oder chad חָד unus; enoſch אֱנוֹשׁ oder naſch נָשׁ homo; beth בֵּית oder be בֵּי domus; ſcheba שֶׁבַע oder ſchab שַׁב ſeptem. Im Magyariſchen tányér oder tángyér Teller, átal oder át über, her- oder hinüber: tudom oder tom ich weiß; kellene oder kéne es wäre nöthig, man ſollte ꝛc. bizony oder biz' gewiß (certe, ſane); talán oder tán vielleicht; töke oder tönkő Stamm; gyermek oder gyerek Kind; leány, lány oder lyány Mädchen; póltura oder pótra eine Art Münze von $1\frac{1}{2}$ Kreuzer; ón oder ólom Zinn; megyek oder mek ich gehe.

§. 3.

Chaldäiſch.	Ausſprache.	Deutſch.	Magyariſch.
חֵלֶם	chelem,	Traum,	álom.
שַׂגִּיא	ſagia,	viel,	ſok.
דוּרָא	dura,	Laſt,	terch.
צְלִי	tzali oder ſali,	Braten,	ſült.
אֲלָה	alla (ala),	Getreide, Korn,	élet.
גּוּר	ghur,	huren,	kurva (meretrix).
גּוּטָה	guta,	Gicht, Schlag,	guta.
עִדָּן	iddan,	Zeit, Alter,	idö, ez idénn heuer.
עִקַּר	ikkar,	Wurzel,	gyökér.
אפא	apha,	kochen,	fő es kocht(Intranſ.)
אוֹצַר	otzar,	Scheuer,	tsűr.
גּוּס	gus,	kochend, ſiedend,	gőz (vapor).
גזא	gaza,	abſchneiden, mähen,	kaſzál.
מִיגַזְיָא	migazija,	Senſe,	kaſza.
גּוּז	guz,	hinübergehen (vadare),	gázol.
בּוּר	bur,	unhöflich, grob,	burnyaſz.
צִמְחָא	tzimcha,	Zweig, Sprößling,	tſemete (frutex).
קְטַר	ketar,	binden,	köt; (kötel funis).
אֲזַל	azal,	weggehen (diſparere),	oſzol.
אָן	on,	wo?	hon? hol?

אמר

Chaldäisch.	Aussprache.	Deutsch.	Magyarisch.
אֲמַר	amar,	messen, abmessen,	mér.
אֲפַר	epher,	Staub,	por.
אֲפַרְסֵק	apharsak,	Pfirsich,	baratzk.
אקד	akad,	stecken bleiben(haerere)	akad.
סוֹרֶג, סְרִיג	serig, soreg,	Gitter,	sarogja (crates ex viminibus plexa).
סְרַג	serag,	Sattel,	nyereg.
עֲדָא	ada,	eins,	edj.
פַּלָטִין	pallatin,	Pallast, Schloß,	palota.
פָּרוּץ, פְּרוּצָה	parutz, parutza,	geil, Hure,	parázna (moechus)
צרד	tzarad,	trocknen, dörren,	szárad (siccatur).
צְרִיד	tzerid,	trocken, dürrr,	száraz.
חָלוּט	chalut,	Kuchen,	kaláts (torta).
תְּרַע	thera,	brechen,	tör (frangere).
תַּרְיָק	tharjâk,	Theriak,	terjék (theriaca).
שְׂעַר	sear,	Haar,	szőr.
שׁוּרָה	schura,	Reihe,	sor (ordo series).
רַשִׁיעָא	raschschia,	schlecht, arg,	roszsz.
קַשׁ	kasch,	das Kehricht ꝛc.	gaz.
קצב	katzab,	hauen,	kaszabol.
מְרַז	maraz,	auflösen, zertheilen,	morzsol, (friare etc.)
מְתַל	metal,	in Parabeln reden,	mesél.
קְפַל	kapal,	hacken,	kapál (fodere terram ligone).
קַסְיָה	kaschjá,	Handschuhe,	kesztyü(q.s.keszjü)
אֲנַק	anak,	weinen, seufzen,	nyög (gemere).
דִּלְמָא, דלם	dalam, dilma,	vielleicht,	talám, talán.
שְׂרַף	saraph,	schlürfen,	szörböl.
דַּנָּא	donna,	Tonne,	tonna.
כּוּבַע	koba,	Deckel,	kupak.
מדה	marra,	messen,	mér.
תְּנָא	thena,	lehren, lernen,	tanit, tanul.
תָּנֵי	tane,	Lehrer,	tanitó.
טוּל	tul,	spatzieren,	setál.
אֲלוּ	alu,	siehe, siehe da,	alú (tale quid est).

Anmerk.

Anmerk. 1. Die Anmerkung des vorigen §. welche zu wiederholen überflüßig seyn würde, findet auch hier Statt.

Anmerk. 2. Unter diesen Wörtern kommen auch manche Rabbinische vor. Die Identität der Wörter zweyer Sprachen ist, wie Hr. Hezel sagt, entweder ganz sichtbar und so handgreiflich, daß sie jedem, auch demjenigen, der kein Sprachphilosoph ist, sogleich beym ersten Blick in die Augen fällt, oder sie muß erst durch eine bald leichte, bald mühsame Reduction [der versezten oder veränderten Radikal-Buchstaben] dargethan werden. Diese leztere Art von Identität ist an sich selbst so überzeugend, als die erstere, aber sie ist es nicht für jedermann, sondern nur für den Sprachphilosophen. Sprachen, in denen die charakteristischen Wörter, d. i. aus deren Identität man auf die Verwandtschaft der Sprachen sicher schließen kann, entweder zur Hälfte, oder allenfalls bis zum dritten Theil identisch sind, können für verwandte Sprachen gehalten werden ꝛc. Siehe Hezel „über die Griechenlands älteste Geschichte und Sprache.“ Weisenfels und Leipzig 1795. S. 200, 204. folg.

§. 4.

Syrisch.	Aussprache.	Deutsch.	Magyarisch.
ܐܒܐ	abo,	Vater,	apa, apó.
ܡܪܘܚܐ	marocho,	kühn,	merö, vak-merö.
ܒܪܚܐ	barcho,	Ziege, Bock,	birka (ovis species).
(* ܒܒܘܫܐ	babuscho,	Unmündiger,	bábó (infans, Pupilla).
ܒܐܒ	bab,	Decke, kl. Mädchen	báb.
ܣܓܝ	sagi,	viel,	sok.
ܥܢܐ	one,	Heerde,	nyáj (grex ovium etc.)
ܩܒܘܪܐ	kaburo,	das Grab, Sarg,	koporsó.
ܝܩܕ	iked,	es brennt,	éget.
ܣܩ	sak,	Sack,	zsák.
ܚܡܪܐ	chemoro,	Esel,	szamár.

*) Man vergl. Joan. D. Michaelis Grammat. Syriac. S. 149.

Syrisch.	Aussprache.	Deutsch.	Magyarisch.
ܐܙܠ	ezal,	weggehen, verschwinden,	oszol.
ܪܓܙ	regez,	zürnen,	haragszik.
ܐܒܐܫ	abesch,	plagen,	busit (molestias creare).
ܐܗܐ	ehe,	Ha!	ehe! particula irridendi.

Anmerk. Die Umstände lassen mir es nicht zu, die Anzahl der in diesem und im folgenden §. enthaltenen Wörter zu vermehren.

§. 5.

Aethiopisch.	Aussprache.	Deutsch.	Magyarisch.
አበ	abe,	Vater,	apa.
አረጋዊ	aragawi,	alt,	öreg.
ሐወዘ	chuz,	schön, angenehm,	kies.
ሐሰወ	chaschu,	lügen,	hazud.
ሐሳዊ	chaschwe,	ein Lügner,	hazug.
ግበርት	geberte,	das Grab, Sarg,	koporsó.
ዜና	zena,	Nachricht, Meldung,	izenet (izen nunciare).
አረረ	arar,	erndten,	arat.
ጸወዐ	tschawa,	schreyen,	tseveg.
አኘገ	anig,	ja! freylich,	igen (sane, utique).
ጼው	tzewe oder tsewe,	Salz,	só.

Anmerk. Dieses lezte Wort kommt im Magyarischen, wie man sieht, mit dem Unterschiede vor, daß das *Wau* hier quiescirt, als *so* شو, kommt aber das Suffixum der dritten Person hinzu; so wird auch das Wau darin mobil, z. B. sava شوه sein Salz; so wie im *hó* هو Schnee, Frist, Monath ꝛc.; hava هوه sein Schnee ꝛc. Daher *Scent Mihály Hava* Herbst-

 Monat

Monat — September — eigentlich Frist oder Monath des heil. Michaelis; *Pünköst Hava* der Maj (Majus); *Szent György Hava* der April ꝛc. eigentl. Pfingst-Monath; des heil. Georgius Monath u. s. w.

§. 6.

Arabisch.	Aussprache.	Deutsch.	Magyarisch.
أَبٌ	ab,	Vater,	apa.
قَلَم	kalam,	Feder,	kalamáris. atramentarium, calamarium.
دَارٌ	dâr,	Haus, Kammer,	tár.
خَابَ	hhaba,	freveln,	kába Frevler.
حَفَرَ	hhaphar,	graben,	kapar.
شَكٌّ	ſok,	riechend, Geruch,	ſzag.
جَهَنَ	dſchahan,	sich nähern, kommen,	gyön, jön.
حَمَلَ	hhamal,	tragen,	emel.
نَارَنْج	narandſch,	Pomeranze,	narants.
سَبَّ	ſabba,	schneiden,	ſzab (*ſeb* vulnus!).
دِيكٌ	dik,	Hahn, Henne,	tik, tyúk.
كَامُون	kamon,	Kümmel,	kömén, kemén.
كَبْش	kabſch,	Bock,	kos (aries).
شَعر	ſchear,	Haar,	ſzőr.
بَلِجة	belidſch,	Licht,	vilag.

بلج

Arabisch.	Aussprache.	Deutsch.	Magyarisch.
بَلَجَ	baladscha,	leuchten, glänzen,	vilagit.
قَهْوَة	kawe,	Kaffee,	kávé.
إِبْرِيق	ibrik,	Kaffeetopf,	ibrik.
إِبْرِيج	ibridsch,	Topf,	bögre, begre.
بَقَرَة	bakar,	Ochs, Stier,	ökör, bika.
سَفَرَ	saphar,	kehren,	seper (verrere).
حَرَزَ	hharaz,	hüten,	öriz.
شطر	schathar,	melken,	zsétár, zsajtár (mulctra).
رَكَزَ	rakaz,	beben,	rezeg oder rezek.
عَارٌ	arun,	Schaam,	érem oder szem-érem.
إِرْث	irth oder irts,	Wurzel,	irt (eradicare).
بَرِي	bara,	Staub,	por.
جُدُور	dschodor,	Grube,	gödör.
مِسْكِين	miskin,	arm,	szegény.
نَزْر	nazar,	bedürftig, arm,	mazur.
سِكِّير	sekir,	besoffen, betrunken,	részeg.
ابرون	abron oder aberwen,	Epheu,	börvén, borostyán (semper-vivum silvestre).

النبك

Arabiſch.	Ausſprache.	Deutſch.	Magyariſch.
ألأنبيك	alenbik,	eine Retorte,	lombik (vas deſtillatorium, ſeu pars ejus ſuperior).
قوصرة	kuſar,	Korb,	koſár.
سكندر	ſakander,	Alexander,	ſándor.
ندي	nedi,	der Thau, die Näſſe	*nedö* humor, mador obſol. daher *nedves* madidus.
سكّ	ſakka oder ſekke,	taub werden,	ſiket, ſurdus.
بلاد	balad,	Dorf,	falu, falud, als kis - falud, Klein-Dorf; *Palád* nomen Pagi.
ثواب	tſiwab,	Kleid, Oberkleid,	ſuba.
جأل	adſchal,	ſich ſammeln,	gyűl, Intranſit. colligit ſe; gyüt Tranſit. colligit.
جول	dſchul,	die Heerde,	gulya armentum boum.
جال	dſchala,	gehen, herumgehen	gyalog einer der zu Fuß geher; daher gyalogol zu Fuß gehen; gyalog katona ein Soldat zu Fuß.
أجّ	edſchdſcha,	brennen,	ég.
بور	baur,	Brachacker,	parlag, ugar (vervactum).
دفّ	doph,	Trommel,	dob.
فنّ	phinn,	gut, vortreflich, fein	fáin; fájin.
عذار	idzar,	der Backen, das Geſicht,	ortza.
دلاح	dilah,	dick, fett,	deli.
روي	rawaj,	weinen,	rij.

شوي

Arabisch.	Aussprache.	Deutsch.	Magyarisch.
شَوَي	schawaj,	braten,	süt.
زَيَب	zajab,	saugen, trinken,	szopni, sugere.
بَلاطْ	balath,	Pallast, Schloß,	palota.
بُر	bur,	Waizen,	búza.
بَلَت	balat (secuit).	hacken,	balta, securis.
بَنْدْ	band (coetus militaris).	Soldaten-Corps.	banda, banderiom.

Anmerk. Manche Consonanten werden im Semitischen — wie in andern Sprachen, mit einander verwechselt. Dieses findet vorzüglich alsdann Statt, wenn Wörter in andere Sprachen übergehen; z. B. zahab זָהָב; Syrisch dahbo ܕܗܒܐ; Arab. dzahab ذَهَبْ; Chald. dehab דְּהַב Gold. eretz אֶרֶץ; Syr. arao ܐܪܥܐ; Arab. artsa أَرْض; Chald. arka אַרְקָא oder ara אֲרַע Erde; tur טור; Chald. dur דור; Magyarisch sor Reihe (series ordo) schor שׁוֹר; Syrisch tauro ܬܘܪܐ; Magyarisch söre, Ochs, Stier. scheleg שֶׁלֶג Chald. telag תְּלַג Schnee. Vergl. §. 1. die Anmerkung.

§. 7.

Persisch.	Aussprache.	Deutsch.	Magyarisch.
وَالِهْ	vali,	Narr,	bolond.
زِيبا	ziba,	schön,	szép.
رِيهِيدَنْ	rihidan,	faul werden,	rohadni, rothadni.
رِيغْ	rigga,	Haß, Rache,	ránkor, harag.
جِهَتْ	dschihat,	also,	tehát.

Persisch.	Aussprache.	Deutsch.	Magyarisch.
جُهُود	dschohod,	ein Jude,	zsidó.
پايگاه	pajga,	Vorhof, Stallung,	pajta.
باره	bara,	geil, venerisch,	buja.
زنباره	zanbara,	Ehebrecher,	parázna (moechus, adulter).
بارو، وار	baru, war,	Schloß, Festung,	vár.
وريا	weria,	Hammer,	verő.
سوك	szok,	Bart.	szakál.
كه	kih,	klein, wenig,	kis.
كچه	kitsche,	ein wenig, winzig,	kitsi, kitsiny.
كلاه	kola,	Huth,	kalap.
غور	gaur,	Grube,	gödör.
غلث	galat,	Klöße,	galatsér.
ارز	arz,	Werth,	ár, árr (pretium valor).
قلبه	kalaba,	Pflug,	kabola (aratri vehiculum).
كش	kosch,	Widder, Schafbock	kos.
چشيدن	dschasidan,	kosten (gustare),	kóstolni.
اروند	arwend,	Zins, Miethgeld,	árenda.
زن	tschan,	garstig,	tsúnya.

حرامي

Perſiſch.	Ausſprache.	Deutſch.	Magyariſch.
حرامی	hharami.	Räuber, Straßenräuber,	haramia.
درحالمتی	darhhalamti,	beym Schlaf,	álom (ſomnus).
هوز	hoz,	der Mond,	hód, hóld.
هو	hew,	Eiter,	év.
خیم	khim,	Schmerz,	kín.
انکرو	ankaraw,	Zaun für die Schafe	káràm, kárán.
استون	oſtom,	Pfahl,	öſztön (hegyes öſztön).
آش	aſch,	Speiſe,	eſzem (edo).
آشام	aſcham,	trink; 2. Säufer,	iſzom (bibo) 2. Bibo-onis.
بیات	bajat,	Sorge, Kummer,	baj.
دف	daph,	Trommel,	dob.
نی	naj,	das Rohr,	nád.
پارنک	parank,	Pfirſche,	baratzk.
پک	pek,	Froſch,	béka.
کرده	kardah,	Schwerdt, Säbel,	kard.
گدا	gada,	Bettler,	kódus, kóldus.
بزرکان	bozorkan,	die Weiſen, Magi,	boſzorkány (ſaga).
آوردن	awordan,	tragen,	hordani.

Persisch.	Aussprache.	Deutsch.	Magyarisch.
اُولَه	ola *),	Thier (animal),	álat, állat.
آسَا	asa,	gähnen,	ásít.
سَنْ	sen,	Farbe; 2. heilig.	szín, 2. szent.
تَرَا	tara,	hohe Mauer, Thurm,	torony.
سِكْ	sik,	Essig,	szék - só (sal acidum).
پَرَسْتَارْ	parastar,	Sklav, Knecht, Bauer,	paraszt.
دُنْدْ	dond.	einfältig,	dundi.
تُوغْ	tog,	Stamm eines Baums,	tőke, tönkö.
آبْ	ab *),	Wasser, die Woge,	hab.
بَرَنْ	beren,	Egge (occa),	berena, borona.
وَادِي	wadi,	das Thal,	vőldj, vőldj, völgy.
آلْوَه	alwe,	Habicht,	ölv, ölyv, ölyü.
تُورَه	torah,	Gesetz,	törvény.
خَرَمْ	charam,	Freude, freudige Nachricht,	öröm.
تَاكِي	taki,	Weinstock,	tőke, szölö - töke.
تَلَه	telah,	Biegeleisen,	téglázó, téglázó - vas.

سر

*) Gothisch: *ala* gebähren, Magyarisch *elleni*: wird aber nur von Kühen, Stutten, Hirschkuhen rc. gebraucht.

**) Daher *avatni*, *beavatni*, heißt im Magyar eigentlich: immergere in aquam, pannum etc.

Arabisch.	Aussprache.	Deutsch.	Magyarisch.
سَرَه	sara,	Schuhe, Stiefel,	saru.
سَلُو	salu,	eine Art Schuhe,	sólya, zsólya.
سُر	sor,	Bier,	ser, sör.
شُور	schor,	salzig, gesalzt.	sós.
سَر	ser,	die Liebe,	szerelem.
سَرَادَار	saradar,	Weinschenke, Wirth,	tsárdás.
آل	al,	das Lauren, Betrug ꝛc.	ál *).
مُسْطَار	mustar,	Most (mustum).	must.
مِسْكِين	miskin,	arm,	szegény.
مَز	mez,	Geschmack,	íz (méz, mel).
أشَا	ascha,	gleich (similis),	hasonló.
رُوش	rosch,	arg, schlecht, übel,	roszsz.
رِند	rind,	faul, Faulenzer,	ronda.
يَال	jal,	Arm, Ellenbogen,	öl.
أغَل	agal,	Schafstall,	akol.
فَرْقُور	farfur,	Wachtel,	fürj.

N 3 اكسر

*) Dieses Wort wird nur in Zusammensetzung mit andern Wörtern gebraucht, z. B. ál-lynk cuniculus subterraneus; ál-ortza, persona, larva; ál-pénz pecunia illigitimo modo congesta; álnok dolosus etc.

Persisch.	Aussprache.	Deutsch.	Magyarisch.
اُکَر	akar,	entweder (oder),	akár.
غُوچ	guhh,	Schaaf,	juh.
کَند	kend,	der Hanf,	kender.
زَوار	zawar,	Riegel, Hüter,	závár, zár.
گُناه	gona,	das Verbrechen ꝛc.	gonoſz (impius, ſceleſtus, improbus).
تُوز	tuz,	die Wärme, Hitze,	tűz (ignis, adfectus).
زار	zar,	weinen,	ſír.
تَریاق	teriak,	eine Art Arzney (theriaca),	terjék.
بُویه	buja,	Liebe, Wollust.	búja (venereus, luxurioſus)
شَیَن	ſchejen,	Scham, Schande,	ſzégyen (pudor).
مَر	mer,	Maaß,	mérő.
مَري	meri,	verwegen, kühn,	merő, vak-merő.
کَدَك	gadak,	klein (von Statur),	kutak.
خَب	chab,		tſap, jég-tſap.
جاش	dſchaſch,	das Kehricht ꝛc.	gaz.
دیك	dik,	geſtern,	teg-nap, tennap (nap, dies).
دُوزیدن	duzidan,	zuſammennehen,	tűzni, tüdzeni.
جُوکان	tſchaugan,	Keule,	tſikány.

یوغ

Perſiſch.	Ausſprache.	Deutſch.	Madſchariſch.
يُوغ	jug,	Joch,	iga.
يُو	ju,	das nehmliche,	járom.
تَارَكِ	tarak,	das Hintertheil des Hauptes,	tarok, tarkó.
خِذْرَه	chidzra,	Funken,	tzikra, ſzikra.
خُرّ	char,	Koth,	ſár.
خَاصَه	chaſa,	wahr, Wahrheit,	igaz.
كُوشِ	kuſch,	Fleiſch,	hus.
زَنَكَ	zanka,	Weibchen,	aſzſzonka.
صَغَالّ	ſikal,	Glatteiſen, Holz,	fikáló, ſikárló.
عَزَبْ	azab, azaw,	Wittwe,	özvegy.
لُبَادْ	lobad,	Tuch, Bettuch.	lepedő.
فِلِيُوَانْ	philiwan,	Prieſter,	pelebanus.
فَصِيلْ	phaſil,	Bohne,	paſzuly, fiſzuly.
قَيْسِي	kajſi,	die Abricoſe,	kajſzi, kajſzin-baratzk.
دَيْ	dej,	Winter,	tél.
كَلْبَه	golba,	Hütte (caſa),	kaliba, kalyiba.
گَلَه	gala,	Ochſen-Heerde,	gula, gulya.
قَلّه	kolla,	Spitze eines Berges ꝛc.	kellő-teteje.

كُوجِ

Persisch.	Aussprache.	Deutsch.	Magyarisch.
کلاج	koladſch,	Kuchen, Lebkuchen,	kaláts (mezes).
طرنه	torna,	Kranich,	daru.
کشانه	kaſchana,	Hüttchen, Häuschen,	koſornyo.
عید	id,	Feyertag,	innep (für id-nap).
شنج	ſchendſch,	Arſch (nates),	ſegg (für ſeng).
خورد	churd,	kurz,	kurta.
تاول	taul,	ein junger Ochs,	tulok.
تاون	taun,	idem fere,	tino.
ناساز	naſaz,	nicht ſalzig, = geſalzt	nem ſós.
سارغ	ſareg,	Staar,	ſeregély.
مرج	maradſch,	die hohle Hand (vola),	marok.
مروه	marwah,	Marmor,	márvány.
پایزن	pajazan,	ausſchweifend ꝛc.	pajzán.
یوز	juz, iuz,	der Luchs,	hiuz.
آواره	aware,	nachläſſig, faul,	heverő.
از	az, as,	Herbſt,	öſz.
صابون	ſabon,	die Seife,	ſzapan, ſzappan.
طبله	tabla,	Tafel,	tábla.

Persisch.	Aussprache.	Deutsch.	Magyarisch.
اوز oder آز	oz, as,	vernünftig, Vernunft,	eszes; ész.
برادر	borader,	Freund,	barát.
قبا	kaba,	weiblicher Oberrock	kabát.
قغ od. بغا	phag oder baga	Liebchen, (amasia),	bog (in Transilv. usit.)
انجره	andschora,	die Nessel,	tsonár, tsonál, tsolán etc.
دهقان	dihkan,	Zuchtherr, Vorsteher rc.	Dékány,
کلیدان	kalidan *),	Kerker (catasta),	kaloda.
ارداو	ardaw,	Teufel rc.	ördög,
ایچ	itsch,	hier, allhier.	itt.
چرنده	tsaranda,	Kühe-Heerde,	tsorda.
ارش	arisch,	die Spanne,	arasz.
کیله	kila,	Getraide-Maaß,	kila.
آستی	asti,	Kornhaufen,	asztag.
خول	chul,	eine Art Vogel (merops)	külö.
خایه	chaja,	die Hoden,	gojó, kojó.
یارابه	jaraba,	Riebe,	répa.
ویر	wir,	Freund, Verwandter,	vér, vir. ویرونکه

*) Lignum carceris, quo plures incarcerati, seu eorum pedes concluduntur. Castell.

Persisch.	Aussprache.	Deutsch.	Magyarisch.
ویرونکه	wironika,	Veronika,	véronika.
وای	waj,	ach! (vae),	jaj.
باز	baz,	Eisen, Schwerdt,	vas.
بازار	bazar,	Markt, Jahrmarkt,	vásár.
جان	dschan,	die Seele, davon	gyónni, beichten, und *gyanitni* denken, merken.
خانه	chana,	Haus, Hütte,	kunyó, kunyhó.
تو	tau,	der Teich, See,	tó.
تود	tud,	die Spitze von etwas,	tető.
تور	tur,	Milchrahm, Käse,	turo.
دوثه	dutsah,	Knoten an einem Baum,	duts.
لوش	lusch,	Faulenzer, müßig, garstig,	lusta.
باغ	bag,	Frosch,	béka.
پوپك	pobak,	der Wiedhopf,	babuk.
بوبش	bobasch,	idem,	bóbás (madár).
كوب	kub,	Kanne,	kupa.
پاپوش	papusch,	Pantoffel,	paputs.
بابا	baba,	Vater,	papa.
مجیدن	madschidan,	sich waschen,	mosdani.

باج

Persisch.	Aussprache.	Deutsch.	Magyarisch.
يخ	jech,	das Eis.	jég.
چام	tschem,	Gran, Korn,	szem.
خفتان	chaphtan,	eine Art Kleid,	kastány.
تات	teet,	dein,	tiéd für teéd.
تاش	tasch,	Mitgesell,	társ, táss.
ايّه	ejje,	Habicht, Geyer,	öjjü, héjja.
غوشنك	guschank,	eine beugsame Ruthe,	husang.
جغور	tschogur,	ein junges Huhn, Küchlein,	tsirke.
زيو	ziju,	Motte,	szu.
زيودن	zijudan,	schlummern,	szunyadni, szunnyadni.
برشن	barschan,	der Epheu,	borostyán.
انز o. دانچه	enz, oder dentsche,	die Linse,	lentse.
ره	reh,	Uebergang über einen Fluß.	rév, réh.
دايكي	daiki,	die Amme,	dajka.
بره	barah,	das Lamm,	bárány.
روج	ruch,	die Krätze,	rüh.
سكّر	sukker,	Zucker,	tzukor.
كبوش	kajos,	ein wenig krumm,	kajáts.

Persisch.	Aussprache.	Deutsch.	Magyarisch.
چوب	tſchob,	Stamm eines abgehauenen Baums,	tſobak.
سکلیدن	ſaklidan,	ſchluchzen,	tſuklani.
انه	ana,	Mutter,	anya.
کنده	kende,	Hand- o. Schnupftuch,	kendő.
کز	gez,	Ellenbogen, Hand,	kéz.
فرستر	firiſt,	hübſch,	firiſs, friſs.
مول	mul,	Verzug,	mulat verziehen.
ویس	wis oder bis,	Quitte, Quittenapfel,	bis-alma (malum Cydonium).
یاس	jas oder ijes,	Furcht,	ijeſzt (terre facere).
شرم	ſcherem,	die Schaam,	ſzemérem (ingven).
طه	teh,	Thee,	tea, teja.
طنبور	tanbur,	Leyer, muſik. Inſtr.	tambura.
طرخون	tarchun,	eine Art Gartengemüſe.	tárkony.
ابرشین	abarſchin,	Seidenzeug, Purpur.	bárſony.
ابریق	ibrik,	Krug, ein kleiner Krug,	ibrik, bögre.
سک	ſok,	Geruch, angenehm riechend,	ſzag.
سکر	ſikr,	das Beil,	ſzekertze (ſecuris).
سرو	ſoru,	das Horn,	ſzaru.

چتر

Persisch.	Aussprache.	Deutsch.	Magyarisch.
چتر	tschatir,	das Zelt, Gezelt.	sátor.
پاره	patsa,	der Stock,	pátza, páltza.
باس	bas oder was,	die Scheuche,	váz.
چال	tschal.	Schlinge,	tsal (tsalt vetni).
دار	dar,	Haus, Pallast,	tár (tár-ház).
انبار	anbar,	Magazin (granarium),	hanbár.
شكر	schaker,	Zucker,	tzukor.
يزدان	jezdan oder izdan,	Gott,	Isten.
درا	dere,	eine Zurufungspartikel; komm!	djere, gyere!
كه	kih,	wer?	ki,
خزر	hhazar,	ein Krieger, Hußar	huszár.
مسخره	maschara,	eine Larve, Maske,	maskara.
چنك	tschonk,	Kahn, Nachen,	tsónak.
ارغنون	arganon,	die Orgel,	orgona.
وام	wam,	die Schuld, der Zoll	vám.
هال	hal,	Ruhe,	hál, übernachten.
بربر	barber,	Barbier, Balbier,	borbély.
برز	borez,	Ring, goldn. Ring,	peretz, arany peretz.

Persisch.	Aussprache.	Deutsch.	Magyarisch.
چوبين	tschobin,	ein hölzernes Gefäß	tsobán, tsobojó.
ربون	rabon,	ein Gefangener,	rab.
زبين	sobjin,	ein kurzes Gewehr,	szabja, szablya.
چشم	tschesm,	das Auge,	szem.
نارنج	narindsch,	Pomeranze,	narants.
يارا	jara, oder jere,	Kraft,	erő.
كنج	kendsch,	Schatz (thesaurus),	kints.
كمر	kamar,	die Kammer, Gewölbe 2c.	kamara.
كيز	kiz,	Messer,	kés.
آتش	atesch,	Feuer,	tűz.
آتشي	ateschi,	von Feuer (igneus)	tüzi.
غنج	gandsch,	das Winken mit Augen,	katsintás.
چراسنيا	tscheresje,	die Kirsche,	tseresznye, tseresnye.
قرمزي	kirmizi,	Scharlak, Carmesin,	karmasin.
چرخ	tscherch,	was rund ist, Rad,	kerek.
آلوي	aluwi oder alwi,	die Pflaume,	szilva.
كما	koma,	ein Erdschwamm, Pilz,	gomba.
هفت	heft,	sieben,	hét.

Persisch.	Aussprache.	Deutsch.	Magyarisch.
صَد	sad,	hundert,	száz.
هَزار	hezar,	tausend,	ezer.
گُوِد	gowed,	reden,	követ (Orator, Legatus)
گاوْدُوش	gau - dusch,	Melkfaß,	fejő - déʼsa.
اَسْتَر	aster,	Maulesel,	öszvér.
عارِضْ	aarza,	die Wange, Backen,	ortza.
لُکْتار	lektar,	eine Art Leckerbissen von Obst zubereitet,	liktariom.
شَنْبَه	schambah *),	Samstag,	szombat.
زُکان	zukan,	das Murmeln, Gemurmel,	zúgás, zugolódás.
زُکُور	sukor,	geizig,	sugori, zsugori.
پالين	palin,	Kopfkissen,	párna.
بالُودَه	paludah,	das Beil, die Axt,	balta.
شين	schein,	die Schande,	szégyen.
قُرْدْمان	kordman,	eine Art Unterkleid,	ködmön.

Anmerk.

*) Im Kurdischen: schambi; Arabisch: سبت sabat, und karschat قرست (im Magyarischen Csötörtök) Donnerstag. Außer dem fangen noch manche Tage der Woche, mit den nehmlichen Buchstaben im Magyar., als im Arabischen an. Z. B. hhatai حطي, (Magyar. hét-fö.) Montag; kelmen كلمن (Mag. kedd) Dienstag, und saafas سعفص (Mag. szereda) Mittwoche. Vergl. Michaelis Orient. Biblioth. 6. Theil. S. 169 folg. und die Arab. Grammatik desselben. Götting. 1781. S. 3.

Anmerk. Viele der hier verglichenen Wörter scheinen zwar wenig Aehnliches mit einander zu haben, da nicht nur manche Persische Consonanten verändert, sondern auch mehrere Wörter mit neuen Consonanten, ja sogar Sylben, vermehrt; manche hingegen abgekürzt, im Magyarischen vorkommen. Das wird aber niemand befremden, wer nur weis und bedenkt, daß selbst im Persischen recht viele Wörter dergleichen Veränderungen unterworfen sind, z. B. ab آب, oder aw آو Wasser, Woge; bistan بستان, oder pistan پستان die Brust; polpol پلپل, folfol فلفل der Pfeffer; baga بغا, — fag بغ das Liebchen; fam فام wam وام der Zoll, Schulden; balgam بلغم, — baldscham بلجم palgam پلغم zähe Feuchtigkeit im Körper, Roß; dschanidan جنیدن — tschanidan چنیدن warnen; kendsch کنج — gendsch گنج — gendschinah گنجینه der Schatz; dschuwar جوار — tschuwar چوار Erlaubniß; sarikin سرکین — sarigin سرگین der Mist, Koth; tshatir چتر — tschadir چدر das Zelt; nar نار, — narindsch نارنج — parandsch پارنج — parank پارنگ — narank نارنگ Pomeranze; bar بار — war وار Schloß, Festung; derjan دریان — derban دربان Pförtner, Thürwächter; borader برادر — boradzer برادز — borazer برازر Freund, Bruder; hau هو — hor هور — hoz هوز der Mond, die Sonne, hawari هواری — hawazi هوازی — hawatsi هوازی ein Narr; tausch توش

تُوش — tuz تُوز Wärme, Hitze, Feuer; ju يُو — jug يُوغ — tschug چُوغ das Joch; sara سَرا — saza سَزا Speisesaal; satil سَطِل — satir سَطِر eine Art Geschirr; alor اُلُر — alot اُلُت der Hintere; lawid لَوِيد — lawiz لَوِيز ein Kessel, kupfern Gefäß: Parss پارس — fars فارس Persien; iklid اِقْلِيد — kilid كِلِيد Schlüssel; alalah اَلالَه — lalah لالَه die Tulpe; adar آذَر — adzar آذَر — azar آزَر Blitz, Donner, Feuer; atesch آتَش — adzisch آذِيش Feuer; badban بادْبان — badbar بادْبار — badbaz بادْباز der Fächer; tschik چِه — kih كِه wer; pira zal پِيرَه زال pira zan پِيرَه زَن ein altes Weib; tschereh چَرخ — dscherch جَرخ Zirkel, Rad; enz اَنز — dentsche دانْچَه die Linse; daaja دايَه daiki دايِكي die Amme; zugur زُگُور — sugur زُگُور geizig; balin بالِين — palin پالِين — balisch بالِش — balischt بالِشت das Kopfküssen, Pfühl; baluda بالُودَه — paluda پالُودَه das Beil, die Axt; baso باسُو — patsa پاتْزَه Stock u. dergl. So verschieden werden manche Wörter selbst im Persischen — in Ansehung der Orthographie — geschrieben! Was Wunder denn also, daß manche Buchstaben versezt, manche verändert, manche hinzugethan oder eingeschaltet, manche hingegen weggelassen, daß manche Wörter mit neuen Sylben, — die größtentheils Ableitungs-Sylben sind — vermehrt, und endlich manche abgekürzt worden sind, je nachdem solche aus dem Persischen ins Magyarische (oder umgekehrt) übergegangen sind? denn je weniger ausgebildet eine Sprache ist, die ein Volk mit in ein anderes Clima, sogar

P einen

einen andern Weltheil, bringt, desto größern Veränderungen ist sie hier unterworfen; destomehr verläugnet sie endlich zum Theil sogar ihren ursprünglichen Genius. Die Sprache, die so ein Volk in ein fremdes Clima verpflanzt hatte, hält nun in dem Mutterlande des Volks gleichen Schritt in der Ausbildung: es nimmt nun auch diese Sprach-Veränderungen an, und in einem Jahrtausend, was werden beyde seyn? Stiefschwestern von schwer zu findenden Aehnlichkeit! Vergl. Wahls allgemein. Geschichte der morgenländ. Sprachen u. Litteratur. Leipzig 1784. S. 621. und „W. F. Hezel über Griechenlands älteste Geschichte und Sprache“ Weißenfels u. Leipzig 1795. S. 198.

§. 8.

Türkisch.	Aussprache.	Deutsch.	Magyarisch.
ارپه	arpa,	die Gerste,	árpa.
اسلان	arslan,	Löw,	oroszlán.
الما	alma,	Apfel,	alma.
انا	ana,	Mutter,	anya.
آتا	ata,	Vater,	atya.
انده	onda,	da, dahin,	oda.
اوكز	öküz,	Ochs,	ökör.
ايو	ejü,	gut,	jó.
بوغا	bugha,	Stier,	bika.
بوزدغان	buzdoghan,	die Keule,	buzogány.
چادر	tschadir,	das Zelt,	sátor.
چوق	tschok,	viel,	sok.
دكيز	deniz oder dengiz,	Meer,	tenger.
چپه	tschepe,	die Hacke,	kapa.
صوبه	soba,	Stube, Zimmer,	szoba.
طابور	tabur,	Lager, Feldzug,	tábor.

طاوق

Türkisch.	Aussprache.	Deutsch.	Magyarisch.
طاوق	tauk,	Henne,	tik. tyúk.
طولمان	tulman,	das Unterkleid,	dolmány.
قپو	kapu,	das Thor, die Thür,	kapu.
قوجي	kutschi,	Kutsche,	kotsi.
ياي	jai,	der Bogen,	ij, iv.
دايه	daje,	die Amme,	dajka.
قايق	kajik,	ein Fahrzeug,	tsajka, sajka.
قلپق	kalpak,	eine Art Mütze,	kalpag.
چزمه	tschizme,	Stiefel, Schuh,	tsizma.
شكر	scheker,	Zucker,	tzukor.
سلوطه	salota,	Sallat,	saláta.
مايمون	majmon.	der Affe,	majom.
طورنه	turna,	Kranich,	daru.
دوه	dewe,	das Kameel,	teve.
كچي	ketschi,	die Ziege,	ketske.
سكك	sinek,	die Mücke,	szúnyog.
بلسان	balsan,	Balsam,	balzsam.
يمش	jemisch,	das Obst,	gyümölts, gyümöts.
كراس	kires,	die Kirsche,	tseresnye.
جوز	dschuz,	die Nuß,	dio, djio.
كيسي	kajsi,	Abrikose,	kajszi - baratzk.
كستانه	kestene,	Kastanien,	gesztenye.
توتن	totan,	Rauch-Tobak,	dohány.
قز	kiz oder kis,	Jungfer, Fräulein,	kis - aszszony.

Türkisch.	Ausſprache.	Deutſch.	Magyariſch.
آتش	ateſch,	Feuer,	tűz,
قلم	kalem,	Feder,	kalamáris (atramentarium)
قوروم	kurum,	der Ruß,	korom.
پاپوچ	paputſch,	Pantoffel,	paputs.
جيب	dſchib,	die Taſſe, der Sack,	zseb.
قونطوش	kuntuſch,	eine Art Oberrock, von Frauenzimmern,	kantus (köntös Kleid),
شالوار	ſchalawar,	eine Art Hoſen,	ſalavár, ſalavári.
بييق	bijik,	Schnurbart,	bajuſz.
صقال	ſakal,	der Bart,	ſzakál.
ال	el,	die Hand, Schooß,	öl.
ديز	diz,	das Knie,	térd.
بل	bel,	die Niere,	bél (der Darm),
ابريق	ibrik,	der Krug,	ibrik, bögre.
بچاق	bitſchak,	Schlag-Meſſer,	bitſak, bitska.
چناق	tſchanak,	Geſchirr, Napf,	tſanak.
بازار	bazar,	Markt, Jahrmarkt,	váſár.
صاري	ſari.	gelb,	ſárga, ſárig (den Seklern),
بربر	berber,	Barbier,	borbély.
كچ	ketſche,	ſpät,	késö.
دون	dün,	geſtern,	ten-nap (nap, Tag),
كولمك	küelmek,	gehen,	kélni (jár kél, it redit).
قاپمك	kapmak,	ergreifen, ſchnell an ſich nehmen,	kapni.
يورمك	jürmek,	gehen, eſſ,	járni.

يوريش

Türkisch.	Aussprache.	Deutsch.	Magyarisch.
یوریش	jürisch,	das Gehen, Ost-gehen,	járás.
سویلمک	söilemek,	sprechen, reden,	szólni.
سویلیش	söilisch,	das Sprechen,	szólás.
سوپورمک	süpürmek,	kehren mit dem Besen,	seperni.
بالته	balta,	das Beil,	balta.
تپسی	tepsi,	eine Art Schüssel, Pfanne,	tepsi.
ایچه‌یم	itscheim,	ich trinke,	iszom.
وزیر	wezir,	Anführer, ein Chef,	vezér.
هوا	hawa,	Zeit, Frist,	hó, hava *).
کولمک	gülmek,	kommen, sich sammeln.	gyülni.
قوصمق	kusmak,	brechen, auswerfen,	kuszni **).
بچوق	butschuk,	Werth,	böts, bets, betsi.
میل	mil,	Meile,	mél-föd, mély-föld.
اوقومق	okumak,	lesen, lernen,	okni.
هایده	hajde,	laßt uns gehen,	hajde.
پشتول	pischtol,	das Pistol,	pistoly.
اورمق	urmak,	schlagen,	verni.
اوردم	ürdüm,	ich habe geschlagen,	vertem.
بیغوس	bajgus,	die Eule,	bagoj.

*) Eine Frist von 28 Tagen, die man im Deutschen Monat nennt, heißt im Mag. *honap*, oder *hó* هو, z. B. Pünköst hava (mit einem Wau mobil) der Pfingst-Monath rc. Sz. Mihály hava, September.

**) Wenn einem Kind beym Essen etwas in der Kehle stecken bleibt; so sagt man zu ihm: kusz, kusz; oder kusz ki, kusz ki! d. i. wirf aus, wirf aus.

Türkisch.	Aussprache.	Deutsch.	Magyarisch.
بشيق	beſchik,	die Wiege,	bötſö, böltſö.
بز	bez oder wez,	das Gewebe, Leinwand,	váſzon.
بوردور	burdur,	öffentl. Hurenhaus,	bordély-ház.
كسنه‌دار	kaſnedar,	Schatz-Haushofmeister,	kaſznár.
كپنك	kepeneg,	Regen-Mantel,	köpenyeg.
قموقا	kamuka,	eine Art Zeug, Kleid,	kamuka.
قوپچه	kopdſche,	das Heftel,	kapots.
دنجيق	dandſchik,	der Rath (conſilium),	tanáts.
دري	dari,	der Hirſen, die Graupen, Grütze,	dara.
هفته	haute,	die Woche,	hét.
حرمي	harami,	ein Räuber,	haramia.
ابّه	ebbe,	Hebamme,	bába.
هرتي	harti,	die Haut, das Häutchen,	hártya.
هس	has,	der Bauch,	has.
يلينغ	jaling,	die Flamme,	láng.
يل	jel,	der Wind,	ſzél.
يزيل	jezil,	grün,	zöld, ző̈d.
نجي	indſchi,	die Perle,	gyöngy.
باغا	baga,	Froſch,	béka.
نارنج	narintſch,	Pomeranze,	narants.
اوقا	oka,	eine Art Maaß,	oka.
پمبوق	pambuk,	Baumwolle,	pamuk. pamut.

ـغران

Türkisch.	Aussprache.	Deutsch.	Magyarisch.
سغران	safran,	Safran,	sáfrány.
سندر	sander,	Alexander,	Sándor,
سرکه	sirke,	die Nisse in Haaren,	serke,
سوس	sos,	die Stimme, das Wort,	szó.
چنکی	tscheng,	die Klingel, Schelle	tsengő, tsengetyü.
چوکا	tschauka,	die Dohle,	tsóka.
چوبا	tschuba,	eine Art Kleid,	suba.
چوفله	tuphla,	Ziegel, Backstein,	tégla.
اورکه	urke,	Spinnrocken,	rokka.
اوسون	usun,	lang,	hoszszu.
زارمن	zarman od. sarman,	das Stroh,	szalma.
اوقو	oku,	Ochs,	ökör.
اوسپول	uspol,	Mespil,	noszpolya.
تونا	tuna,	die Donau.	Duna.
بازار کون	bazar kün,	Sonntag,	Vasárnap.
صقتچه	soktsche,	oft,	sokszor,
دك	dek oder deg,	bis dato, bisher.	eddig, statt: ez-dig.

Anmerk. 1. Die Wörter vom Anfange an bis zum Wort ürdüm اوردم, habe ich nach ihrer Aussprache und Orthographie, Theils aus einer Abhandlung über die Schicksale der Orientalischen Sprachen (de fatis LL. OO. Arabicae nimirum, Persicae et Turcicae Commentatio Vienn. 1780. pag. 76.); Theils aus einer in Constantinopel gedruckten Türk. Sprachlehre (Grammaire Turque à Constantinople 1730.); von da an bis zum Ende aber, aus den *Institutionibus Linguae Turcicae Hieron. Megiseri* ohne Druckort, 1612. wo solche bloß mit lateinischen Buchstaben gedruckt sind, hergenommen. Es kann daher seyn, daß ich hier und da wider die Orthographie

thographie gefehlt habe, indem ich die leztern Worte auch mit Türkischen Lettern ausdrückte. Allein der geneigte Leser wird mir das, wie ich hoffe, vergeben, und lieber und eher mich deswegen unterrichten als tadeln. Hätte ich das Glück gehabt, das Türkische Wörterbuch von Franz von Mesgnien Meninski, oder wenigstens von Clodius benutzen zu können: so wäre wahrscheinlich dieses Wortverzeichniß um ein Beträchtliches größer geworden seyn: Allein, leider! keines von beyden habe ich hier bekommen können.

Anmerk. 2. Auch manche Städte, Länder und Nationen bezeichnen die Türken und Magyaren mit den nehmlichen Namen, z. B. betsch بچ Magyarisch Béts, Wien; erdel اردل, Magyarisch Erdély, Siebenbürgen; nemtsche نمچه, Mag. Német, ein Deutscher; leh له, M. Lengyel, ein Polak ꝛc.; daher: nemtsche wilajeti نمچه ولاتي, Mag. Német-Orszag, Deutschland; leh wilajeti, Mag. Lengyel-Ország, Pohlen; tsch wilajeti چه ولاتي Mag. Tseh-Ország, Böhmen; erdel wilajeti, Mag. Erdély-Ország, Siebenbürgen; magyar wilajeti مجار ولاتي, ungrisch, Magyar-Ország, Hungarn; chorwat memleketi خروات مملكتي, Magyar. Horvát-Ország, Croatien; rus memleketi, — — — روس, Mag. Orosz-Ország, Rußland u. s. w.

Anmerk. 3. Die im Wörterverzeichniß vorkommenden Zeitwörter habe ich größtentheils, sowohl im Türkischen, als auch im Magyarischen im Infinitivus gesezt, dessen Endung in jenem *mak* oder *mek*, und in diesem *ni* ist, wie oben schon gesagt, z. B. kapmak قپمق, jürmek يورمك, Magyarisch: kapni, járni etc. läßt man aber die Endungen weg, so sind die Stammwörter oder Wurzeln in beyden Sprachen die nehmlichen.

§. 9.

Kurdisch.	Deutsch.	Magyarisch.
au oder o.	er,	ö.
ma — mi,	wir,	mi.
awi,	seiner,	övé.
tu (Zendisch *te*),	du,	te.
ke oder ki,	wer, welcher,	ki.

hab,

Kurdisch.	Deutsch.	Magyarisch.
bab,	Vater,	apa, papa.
kani,	Haus, Hütte,	kunyo, kunyho.
na,	nein, nicht,	ne, nem.
chiwa,	wo, wohin,	hova.
daik,	die Amme,	dajka.
ſchambi,	Samſtag,	ſzombat.
piciuk,	klein, wenig,	pitzi, pitzike.
bezium,	ich rede, ſpreche,	beſzélem.
au bezit,	er redet,	ö-beſzél.
aſt,	ſieben,	hét.
ſad,	hundert,	ſzáz.
ahzar,	tauſend,	ezer.
reſch,	ſchlimm, ſchlecht,	roſzſz.
ſpei.	ſchön,	ſzép.
denk,	Schall,	dongás, kongás, hang.

Anmerk. Auch dieſe mit dem Perſiſchen ſo nahe verwandte Sprache pflegt die Partikeln, welche man gewöhnlich Präpoſitionen nennet, hinter die Nennwörter zu ſetzen; mithin hat ſie auch, nebſt dem Türkiſchen, Magyariſchen, Gruſiniſchen und Zend, ihre Poſtpoſitionen, z. B. av ſcioghol méran, d. i. Italiäniſch: queſta e opera da uomo, az b, cium päzán, io vado a pecore ſelvatiche. Man vergleiche hierüber Wahl's „Magazin für alte, beſonders morgenländiſche und bibliſche Litteratur, 3te Lieferung. Halle 1790. S. 150. folg. Joh. David Michaelis neue Orient. und Exeg. Bibliothek, Götting. 1789. 6. Theil, S. 153. folg. oder die Quelle ſelbſt: Grammatica e Vocabulario della lingua Curda, compoſte dal P. Maurizio Garzoni, de' predicatori Ex-miſſionario Apoſtolico Rom. 1787. Zend-Aveſta. Riga 1776. 2ter Theil, S. 65. Wahls allgem. Geſchichte der morgenl. Sprachen und Litteratur. Leipz. 1784. S. 214.

§. 10.

Zendiſch.	Deutſch.	Magyariſch.
te,	du,	te.
ko.	wer,	ki.
vareſtché.	Stadt,	város.
hed, hedé (ched, chedé)	zwey,	két, kettő.

Q oſchta,

Zendiſch.	Deutſch.	Magyariſch.
oſchta,	rein,	tiſzta.
oné,	er,	ö.
oté,	ihr,	ti.
â,	dieſer,	a', az, e' ez.
apém,	Waſſer,	hab (unda).
zâoûeré,	Kraft,	erő.
makhſche,	Fliege,	muska.
vedeſch,	der ein wachſames Auge hat,	vidjáſz, vigyáſz oder vigyázó.
viûede,	einſichtsvoll, klug, geſcheid,	üdjes oder ügyes.
vohu (בוהו),	leer,	bohó, leer vom Verſtand, einfältig.
huere; or,	die Sonne; das Vorzüglichſte, Höchſte,	úr (dominus).
beandao,	Bindung, Fuge,	pánt.
beantao,	krank,	beteg.
dâtô,	gegeben; geſchaffen,	adta.
eſcheonô,	heilig,	ſzent.
freûeſch,	Blüte, Friſchheit, Lebenskraft,	fris, firis, geſund, lebhaft, munter ꝛc.

Anmerk. Dieſe Wörter habe ich aus dem Zend-Wörterbuche, welches uns Anquetil du Perron im Zend-Aveſta 3. Theil, S. 141. und folg. geliefert hat, ausgehoben. Vergl. J. Fr. Kleuker's Anhang zum Zend-Aveſta, 2ten Bandes, 2ter Theil, S. 12 ꝛc.

§. 11.

Pehlwiſch.	Deutſch.	Magyariſch.
ab,	Vater,	apa.
aſounatam (Perſ. pazam),	ich koche,	ſözöm.
bala,	oben, über,	fel.
aſchta,	rein,	tiſzta.
var,	Stadt, Schloß,	vár.
ateſch,	Feuer,	tűz.

agas,

Pehlwiſch.	Deutſch.	Magyariſch.
agas,	klug,	okos.
apra,	Staub,	por.
arboudjina,	Melone,	dinye, dinnye,
alka,	Bart, Kinn,	ſzakál; ál.
avam,	Ausgaben, Einnahme, Schuld,	vám.
agh,	wer, welcher,	ki.
bân,	in, in dieſem,	ban.
tota,	Körper,	teſt.
touna,	Stier, Rind,	tinó.
datoubar,	Richter,	biró.
repha, repia,	Sklav,	rab.
rejat,	beneʒt,	rij (weinen).
ſchakman (ſchagman),	der Hintere,	ſeg, ſegg.
ſchopka,	Decke,	ſipka, ſapka (Kappe, Mütze).
band,	Bindung, Fuge,	pánt.
raz,	hundert,	ſzáz.
vanda,	Güter, Hausgeräthe,	vadjon, vagyon.
dad,	gegeben, geſchaffen,	ad, ád, geben, ſchaffen,
gandjo *),	Schatz,	kints, kénts.

Anmerk. 1. Auch in denen mehrentheils zuſammengeſezten Namen, mit welchen Zerduſt oder Zoroaſter, der heilige Prophet der Perſer, ſowohl die Amſchaſpands, d. i. nach ſeinem Syſtem, die ſieben erſten himmliſchen Geiſter, die den höchſten Rang der Geiſterordnung haben; als auch die Izeds, d. i. die guten himmliſchen Geiſter der zweiten Ordnung bezeichnete, finde ich manche deutliche Spuren der Magyariſchen Sprache. Z. B. 1. *Chardad*, ſechſter Amſchaſpand, iſt Oberhaupt der Jahre, Monathe, Tage, Zeiten; *kor* heißt aber im Magyariſchen: Zeit, Alter, ſo wie im Perſiſchen das khur خُور Sonne; Tag, Zeit. 2. *Aban* Ized des Waſſers; im Magyar. *hab* Waſſer, Woge. 3. *Anahid*, weib-licher

*) Siehe das vom Anquetil gelieferte Pehlvi-Wörterbuch im Zend-Aveſta, 3. Th. S. 168. und folg.

licher Ized Bewahrerin des Saamens, Zoroasters Venus (einerley mit der astronomischen Venus); im Magyarischen *Anya* Mutter. 4. Ard Ized der Weisheit und Wissenschaft etc. schenkt solche den Menschen: im Magyarischen: *ért* verstehen, wissen, und davon *értelem* Weisheit, Einsicht, Kenntniß. 5. Goschorun Ized der Heerden; im Magyar. *kos* Widder. 6. *Rameschne-kharom* Ized des Wohlseyns und der Freude etc.; im Magyarischen *öröm* Freude. Siehe Zend-Avesta I. Th. S. 15-18.

Anmerk. 2. Der Sinn bestimmt den Unterschied (im Pehlvi-Alphabet) zwischen *a* und *h*, *n* und *v*, *v* und *o* und *u*, *l* und *r*, *p* und *ph*, *z*, *i*; *d* und *t*, *h* und *s* und *sch* und *k*. Punkte unterscheiden das kurze *a* vom *kh*, das *b* vom *d*, das *d* und *dj* vom harten *g* und *y* etc. Das *l* ist vom *r* durch einen diesem leztern Buchstaben angehängten Zug unterschieden; zwey *r*, die eine Linie verbindet, gelten noch *l*; in Schriften hat dieser Buchstabe gewöhnlich nur die Form des *r*. Mit Grund hat dieser Charakter den doppelten Laut des *l* und *r*, weil, fürnehmlich im Orient, die Aussprache des *l* nur ein geschwächter Laut, oder eine fehlerhafte Auflösung des *r* ist. Die Indianer mischen in die Aussprache des *l* allezeit etwas vom *r*; daher wundern sich die Europäer, daß von den Arabern und Persern *Ceylan Seran* ausgesprochen wird. Das *n* ist auch oft eine unvollkommene Aussprache des *r*; z. B. *kand* er hat gemacht, im Pehlvi, entspricht *kard*, aus *kerete*, im Zend, derselben Bedeutung; und die Geisternamen: *Amerdad*, *Khordad*, *Meher* und *Ader* (aus dem Zendischen: Emeretato, Herouctato, Methré, Athro) heißen in Pehlvi: Amandad, Khondad, Matun und Atun; aber die Aussprache des *l* für *r* ist noch gemeiner, und den weichen Organen verschiedener Völker Asiens analog. Die Kinder überhaupt, besonders die Magyarischen sprechen gewöhnlich — nachdem sie angefangen haben zu sprechen — lange, für das *r* ein sehr weiches und gelindes ly, welches fast wie das j im: jeder, Jahr etc. lautet, oder ein *l* aus; ja! manche Magyaren sind in ihrem hohen Alter nicht im Stande das *r* richtig auszusprechen, sondern sie stammeln, wie die Kinder, immer und immer bis zu ihrem Tode fort; daher sagt man den lallenden Kindern solche Worte vor, worinnen das *r* häufig zum Vorschein kommt, z. B. répa, retek, mogyoró etc. die sie aber: lyépa, lyetek, modolyo etc. (denn statt des gy, oder dj sprechen sie auch bloß d als dönd für gyöngy Perle) nachlallen. Uebrigens werden diese Buchstaben — l und r — vielleicht in allen Sprachen der Welt oft mit einander verwechselt, im Deuschen

Deutschen Hader oder Händel, z. B. Barbir oder Balbir; im Latein. *lemuria* oder *remuria* silva, Neapolitanisch *serva*, Wald; Isländisch und Schwedisch *lest*, Magyarisch *rest* faul; Türkisch und Tatarisch *kara*, Zigeunerisch *kalo*, schwarz; *sal*, Wallachisch *sar*; Slavisch *kolo*, Zigeunerisch *kalo*, Tatarisch *kara*, Magyarisch *karó*, Phal; Kurdisch *pere*, Persisch *pal*, Magyarisch *pely*, Tatarisch *pero* Pflaumfeder; Anglo-Sächsisch *sal*, Tatar. *sar*, Hebr. *schar* Hof; Panzer, Magyar. *pantzél*; Spanisch *blanko*, Portugisisch *branko* weiß; *stella*, Teuton. *sterro* Stern; Haar, Magyar. *haly* oder *haj*; Romanisch *sal*, Magyar. *sár* Koth, Sebel, Magyarisch *szablya*, Französisch *sabre*, aratrum, Romanisch *ἀλέτρι*. Im Wallachischen, wenigstens, ist diese Verwechselung sehr gewöhnlich, z. B. *sáre* sal, *soáre* sol, *kuru* culus, *subtzére* subtilis, búréte boletus, *moare* mola, skarkinu kalpo; tzéru coelum, páru palus, perumbu palumbes, doru dolor, skendure scandula, skára scala, puritze pulex, sturu ςυλος Säule, *meru*, vom Albanischen *mola*, oder Romanischen *μῆλον*, Apfel, Melone, oder wohl überhaupt *pomum*; *turtur* Albanisch: *turtul*, Deutsch Turteltaube, Türkisch und Magyarisch árpa, Albanisch *elp* die Gerste etc. Daher sagt Ovid: (Fast. V.)

> Aspera mutata est in lenem tempore longo
> Littera etc.

Man vergleiche, was ich oben schon, gleich nach dem Anfang, in der Einleitung über den Namen: *Magyar* oder *Madjar*, gesagt habe; so auch das Zend-Avesta, 2ter Theil, S. 69 folg.

§. 12.

Kalmückisch-Mungalisch.	Deutsch.	Magyarisch.
eme (אם),	Weib, Weibchen,	eme (eme disznó, sus femina).
acha (אח),	Bruder,	öcs, öcse oder öts, ötse.
arbabuda,	die Gerste,	árpa, árpa-buza.
aci,	ein Verwandter, Bruder,	ötse.
alema,	Apfel,	alma.
artschi,	murren, knorren,	harsog.
arslan,	Löwe,	oroszlán.
apocha,	sich betrüben,	búsúl.

amedo,

Kalmückisch = Mungalisch.	Deutsch.	Magyarisch.
amedo,	bleiben,	marad.
arul,	die Spindel,	orsó.
arabai,	Gerstengrütze,	árpa - kása.
bu oder boh,	eine Flinte,	puska.
burtza oder burtzak,	Erbse, Erbsen,	borsó, borsók.
chaara, khaara,	fluchen,	káromol, káromkodik.
choebnech,	Regen = Mantel,	köpenyeg.
cha,	wo?	há, hová.
dohla,	singen,	dalol, danol.
dzaio,	Handschrift, Contrakt, Unterpfand,	zálog.
dodadghi,	widerrufen, läugnen,	tagadni.
garduguku,	Wasserkanne,	kárt.
gerky,	der Leuchter,	gyertya, ein Licht.
ire,	komm her,	jere, jer, djere, djer, gyere.
irrene,	gehen,	járni, (iramodni).
kudsa,	bellen,	kutya, Hund.
kihr,	suchen, hervorsuchen,	keres.
kuszur,	der Hobel,	köszörü, womit man etwas schleift.
kumaelak,	der Hopfen,	komló, Plural. komlók.
kindschur,	der Hanf,	kender.
nochvi buda,	Roggen, Korn,	buza, Weizen.
nevra,	nennen, heißen, Namen geben,	nevez, (név Name).
nuuhr,	wachsen,	nö, nöl.
ossou,	trinken,	inni für iszni, v. iszom, ich trinke.
schara,	gelb,	sárig, sárga.
ssu,	der Sitz,	szék.
schara, schere,	das Bier,	ser.
sachal, tzakall, zakall,	der Bart,	szakál.
scharr oder saar,	ein Ochs,	söre.
salki,	Wind,	szél, Dim. szélke, szeletske.
schikis oder zikis,	Zucker,	tzukor.

satican,

Kalmückisch-Mungalisch.	Deutsch.	Magyarisch.
satican,	Korduanleder,	szatján.
sorga,	lernen,	szorgalom, Fleiß.
solodi,	laufen,	szalad.
schida,	die Pique, langer Spieß,	dzsida.
taka,	Huhn, Henne,	tik, tyuk.
tzakuhr (takur),	bunt,	tarka *).
tschi,	du,	te.
tzara matschin,	Meer-Katze,	tengeri-matska.
uker oder une,	Rind; Kuh,	ökör, ünö.
uwan oder wan,	Fürst,	Bán.
urula,	Amboß,	üllö.
urun,	Bohrer,	fúro.
uschina,	die Vesper-Zeit, Jausen,	ozsonna.
zuracha,	ein Hecht,	tsuka.
abu, babai,	Vater,	apa, papa.
tschira,	Antliz,	ortza.
uge,	Wort,	ige.
zula,	Stern,	tsillag.
tengis,	das Meer,	tenger.
ebesin,	Kraut, Gras,	pásint, pásit.
chara-modun, oder tschara-su.	die Eiche,	tser-fa.
dzsisinis,	Frucht, Obst,	djümőts, gyümölts.
chutscha,	Widder, Hammel,	kos.
ideku,	die Speise,	étek.
dodolchu,	singen,	dudolni.
atza,	gieb, gieb her,	atztza, adsza.
kogol-dzsirgina,	Taube, junge Taube,	galamb-tsirke.
wedre,	Maaß, eine Art Maaß,	veder.
tergeny,	die Fuhre, Fracht, ꝛc.	tergenye.
dogarna,	der Donner,	dörgés.
dunlachu,	singen,	danolni.

baina,

*) Solche Buchstabenversetzung kommt im Deutschen und Griechischen vor, z. B. morgen moring, Binder-Bitner; Rachen, Nachen; Niere aus dem Lateinischen ren; Erbse, vom Magyarischen borsó; κρατος κυρτος Kraft, μορφη, Latein. forma.

Kalmückisch-Mungalisch.	Deutsch.	Magyarisch.
baina,	ist, es ist,	van. vagyon.
ende,	hier, hieher,	ide.
ta,	ihr,	ti.
uendür,	ein Riese,	tündér.
schalbuuri,	Hosen von groben Tuch,	salavari.
güün,	die Stutte,	kantza.
motschagi,	Schilfbusen,	motsár.
chuduk,	Wassergräben o. Brunnen,	kút, Plural. kutak.
oros,	Roggen,	rozs.
zoktui.	ein Ueberläufer,	szökött.
oorga,	eine Schlinge,	hurok.

Anmerk. Die Mungalische oder Mogolische und Kalmückische Sprachen sind — wie es sich nur aus diesen wenigen Wörtern abnehmen läßt — zwey sehr nahe mit einander verwandte Mundarten. Siehe das *Vocabularium Calmucko-Mungalicum* im: „Nord- und östliche Theil von Europa und Asia von Phil. Joh. von Strahlenberg, Stockholm 1730. S. 137-156." Vergleiche damit das „Srawnitelnye Slowari etc. d. i. *Linguarum totius Orbis Vocabularia comparativa*, Augustissimae cura collecta. Petropoli 1786. 1ter und 2ter Theil, unter den Nummern 135 und 137. So auch „Sammlungen historischer Nachrichten über die Mongolischen Völkerschaften durch P. S. Pallas, 1ter Theil. St. Petersburg 1776. woraus ich die leztern der hier angeführten Wörter genommen habe.

§. 13.

Zigeunerisch.	Deutsch.	Magyarisch.
kuny,	Ellenbogen,	könyök.
si, süi,	Herz,	szü, sziv.
sung,	Geruch,	szag.
nav,	Name,	név.
krugos,	Kreiß,	kerek, kerekség.
tschergen (tschelgen),	Stern,	tsillag.
iw, jiwe,	Schnee,	hó, hava (هُو).
jako,	das Eis,	jég.
hedjo,	Berg,	hedj, hegy.

parra,

Zigeunerisch.	Deutsch.	Magyarisch.
parra,	Ufer,	part.
dombo.	Hügel,	domb.
paros,	Dampf, Duft,	pára.
wermo,	Grube,	verem.
kilo,	Pfahl,	karó.
arpa,	Getreide, Korn,	árpa.
rozo,	Roggen,	rozs.
guru,	Ochs,	ökör.
bakro,	Hammel, Widder,	bak, (birke eine Art Schaafe).
matſchka,	Kater, Katze,	matska.
por,	Feder, Pflaumfeder,	par - talu, pely.
hirtza,	Ente,	rétze, rutza.
golumbos,	Taube,	galamb.
brona,	Egge,	borona.
miſdja,	Grenze,	meſdje.
podwura,	Hof,	udvar.
phorjos,	Stadt,	város.
tſchor,	Dieb.	or (Latein. fur.)
kutunaskro,	Soldat, Krieger,	katona; katonáskodó.
tſchetogás,	Donner,	tſattogás.
ſchukar,	hübſch, ſchön gewachſen,	ſugar.
tu, te,	du,	te.
ów, o.	er,	ö (أو).
ame,	wir,	mi.
tume,	ihr,	tü, ti.
adai,	hier,	ide, itt.
odói,	da, dort.	oda, ott.
talo,	unter,	alatt.
deſch,	zehn,	tiz.
nane,	nicht, nein,	nem, ne.

Anmerk. 1. Die Zigeuneriſchen Wörter habe ich aus dem in der Anmerkung des vorhergehenden §. angeführten und in Petersburg gedruckten ſogenannten Srawnitelnye Slowari etc. herausgeſchrieben, wo ſolche mit Ruſ-

sischen Buchstaben — wie alle die übrigen — gedruckt, unter dem No. 166. sich befinden.

Anmerk. 2. Das Persische zeng زنك ist der Name Aethiopiens, oder einer Gegend daselbst, und zengi زنكي, mit jod am Ende, woher das Türkische tschingan, das Magyarische Tzigány, das Deutsche Zigeuner, und das Lateinische Zingarus entstanden sind, heißt soviel als einer aus Aethiopien oder aus dem Lande Zeng, (Aethiopius, Zengiensis), ein Aethiopäer. Die Zigeuner stammen also nicht aus Aegypten, wie man gemeiniglich meynt, und Hager auch in seiner oben schon angeführten Abhandlung S. 48. behauptet, sondern vielmehr wie Grellmann will, aus Ostindien: ihr Name und ihre Sprache zeugen gewiß dafür. Sie werden also unrichtig, wie mich dünkt, von den Engländern *Gipsies*, d. i. Aegypter genennet.

§. 14.

Auch in Ansehung der Art, auf welche die Nenn- und Zeitwörter gebogen und abgeändert werden, gleicht die Zigeunerische Sprache der Magyarischen. Denn 1) die Artikel werden hier auch — im Zigeunerischen — nur in dem Falle declinirt, wenn sie allein, außer der Verbindung mit irgend einem Substantivum, da stehen, z. B.

Singul.	N.	kádá der,	kede die,	kodo das
	G.	kadaleszkiri,	kádálákiri,	koleszkiri.
	D.	kadáleszké,	kálláké,	kolleszke.
	A.	kadalesz,	kollá,	kollesz.
	A.	kadalesztár,	kallatár,	kollesztár.
Plural.	N.	kádállá,	kakállá,	kállá.
	G.	kádálengiri,	kallangiri,	kollengiri etc.

Stehen sie aber 2) in Verbindung, oder kommen sie vor den Substantiven zu stehen, die declinirt werden, so werden ihnen die Endungen im Genitiv. und in den übrigen Casus genommen, und denen Substantiven, mit welchen sie in Verbindung stehen, am Ende beygefügt, woraus dann die ganze Declination im Zigeunerischen — wie im Magyarischen — besteht, z. B.

Singularis.

Singularis.	Pluralis.
N. kádá manus, der Mensch (Mann)	N. kádálé manusa.
G. kádálé manuseszkiri.	G. kádálé manusengiri.
D. kádálé manuseszké.	D. kádálé manusengé.
A. kádálé manusesz.	A. kádálé od. lé manusin.
V. o manus.	V. o manusa.
A. kádálé manuseszták.	A. kádálé manusendár.

Endlich 3) den Stammwörtern wird das Verbum Substantivum, oder die Endungen in allen Temporibus und Personis, wie es im Türkischen, Persischen und Magyarischen auch geschieht — angehängt, und das macht die ganze Conjugation, oder richtiger zu sagen, die Inflexion der Zeitwörter aus. Z. B.

Indicat. Praes. 1. suklohom ich werde sauer; 2. suklohál; 3. suklohin; Plur. 1. suklehamen; 2. suklehantumen; suklehinon etc.

Die Endungen *hom*, *hál*, *hin* etc. sind hier wahrscheinlich weiter nichts als das Verbum Substantivum im Zigeunerischen, wie es sich aus folgenden Redensarten abnehmen läßt: *piuno* manus *hin*, kádá, d. h. ein Trinker oder Säufer ist der Mensch; von Wort zu Wort: ebriosus (potor) homo *est* hic (phiuno gleicht dem Griechischen πινω etc.) kade hin tiri oder tri daj, d. h. deine Mutter ist hier; Wort zu Wort: hic est tua mater. Pásé mande *hin* gadzi, oder tiri-gadzi, meine Frau ist bei oder neben mir. Latski godji *hin* tut, guten Verstand hast du, eigentlich: bona mens est tibi, oder tua etc. Die Motion ist, daß ich hier für die Sprachforscher amerken will, tsoro ein Armer, tsori eine Arme, tsoro ein Armes; tzino ein Kleiner (Magyarisch pitzinyó) tzinyi eine Kleine, tzino ein Kleines. Die persönlichen Fürwörter: mé ich, te du, ov, o er. Die Zahlwörter sind bey den Zigeunern fast die nehmlichen als bey den Persern, z. B.

Zigeunerisch.	Persisch.	Deutsch.
1. jek.	jekh يك	eins.
2. duj. (latein. duo)	du دو	zwey.
3. trin (latein. tres).	sih سه	drey.
4. star.	dschahar چهار	vier.

5. pants

	Zigeunerisch.	Persisch.	Deutsch.
5.	pánts (Griech. πεντε).	pandsch پنج	fünf.
6.	sóú.	schesch شش	sechs.
7.	esta (Griech. ἑπτα).	heft هفت	sieben.
8.	ohato (latein. octo).	hascht هشت	acht.
9.	enia, ennya (Gr. ἐννεα)	noh نه	neun.
10.	des.	deh ده	zehn.
20.	bis.	bist بيست	zwanzig.
100.	sél, szél.	sad, sed صد	hundert.
1000.	milya, eketzeros.	hezar هزار	tausend.

Ferner rikono Hund, rikonyi Hündin; grászo Pferd oder Hengst, grásznyi Stutte, churo Füllen; megarisz Esel; mál Feld; szikado Meister; pundro Fuß; perr Bauch; tsiká Haar; hártyász Schmied; tsiriklo Sperling; meripo Tod; its gestern; bahro groß; barúno foros Stadt, große Stadt; pányi Wasser, anta (anda) jek-tzino pányi mange, d. h. gieb ein wenig Wasser; von Wort zu Wort: da unam parvam aquam mihi; kámár ich liebe; kámész du liebst; kámél er liebt (dies weicht von der obigen Inflexion des Verbi suklohom — ich weiß nicht warum — ab.) ma kamjon trá rákja, oder kamlyon trá ráklya, ich liebe deine Tochter.

Anmerk. Die — hier nach Magyarischer Orthographie — angeführten Zigeunerischen Wörter und Redensarten, habe ich einem meiner Gönner, Herrn Pap von Szathmár, Professor zu Clausenburg in Siebenbürgen zu verdanken. Der gedachte Gelehrte hat die Güte gehabt, mir solche aus dem kleinen lateinisch-Zigeunerischen Wörterbuche mitzutheilen, das er vor einigen Jahren durch Michael Farkas, einen gebohrnen Zigeuner, der daselbst bis zur Philosophie studirte, hat verfertigen lassen.

§. 15.

§. 15.

Hindostanisch.	Deutsch.	Magyarisch.
beno,	Schwester,	néne.
baba,	Kind, Unmündiger,	bábó.
kuni,	Ellenbogen,	könyök.
huz, hus,	Fleisch,	hús.
ſunga,	Geruch,	ſzag, ſzaga.
naun,	Name,	név.
gol, goly,	Kugel, Ball,	goló, golyó, golyóbis.
juk,	Eis,	jég.
aag,	Feuer,	ég, es brennt.
gatch,	Kraut, Unkraut,	gaz.
laka (kalo),	Pfahl,	karó.
kutta,	Hund,	kutya.
tſchirge,	Vogel,	tſirke, junges Huhn, Küchlein.
purra, pur,	Feder, Pflaumfeder,	pár - talu, pely, pehely.
por (wor),	Stadt, Schloß,	vár, város.
ſcherab,	Wein (Albanisch wer),	bor.
tſchor,	Dieb,	or.
pat,	Boden,	padimentom.
bure (ure),	alt,	öreg.
kotſchuk,	klein,	kitſi, kitſike.
djes,	spitzig,	hedjes, hegyes.
chub,	schön,	ſzép.
ſuné,	schlafen, schlummern,	ſzunyadni.
da.	gieb, geben,	ád, adj.
nei,	nicht, nein,	ne, nem.
tu, tuam,	du,	te.
ue,	er,	ö.
ammi,	wir,	mi.
tum,	ihr,	tü, ti.
ka, ki,	wer,	ki,
khawun,	wo?	hova.

§. 16.

Indiſch.	Deutſch.	Magyariſch.
gegi,	Kehle,	gége.
kat (kas),	Hand,	kéz.
khand (khat),	Rücken,	hát.
na,	Name,	név.
aram (ara),	Macht, Kraft,	erő (erőm).
tübe (tumb),	Hügel,	domb.
kii, kali,	Pfahl,	karó.
dſchaw (dſchab),	Haber,	zab.
kuta,	Hund,	kutya.
kokar,	Hahn,	kokas, kakas.
tſchor,	Dieb,	or,
tziknoro,	klein,	tzikra, tzikornya.
ſomon,	ſchlafen, ſchlummern,	ſzunnyadni, ſzunnyadni.
dé,	gieb, geben,	adj, ad.
tu, tüo, tem,	du,	te.
tuſa,	ihr,	tü, ti.

Japeniſch.	Deutſch.	Magyariſch.
fa, ſo,	Zahn,	fog.
na,	Name,	név.
tſchikara,	Macht, Kraft,	ki tſikarni.
ſchiwo,	Salz,	ſó (شُو) ſava.
ſchak,	Maaß,	zsák,
oke,	Faß, Kübel,	akó; oka, eine Art Maaß.
obi (owi).	Gürtel,	öv.
joka,	gut, gütig,	jóka, jótska.
ima,	jezt, nun,	imé, már, moſt.

Mandſchuriſch.	Deutſch.	Magyariſch.
öne, oene,	Mutter,	anya.
aeun,	Schweſter,	néne.
oforo,	die Naſe,	orr.
ſalu,	Bart,	ſzakál.
manga,	Mühe, Arbeit,	munka.

tuſchan.

Mandſchuriſch.	Deutſch.	Magyariſch.
tuſchan,	Gewalt,	tus obſol. daher tuſakodni ringen.
muture,	Wuchs.	termet,
buraki,	Staub,	por, Plur. porok.
tua,	Feuer,	tüz.
arſa, arpha,	Haber,	árpa (Gerſte).
ſingeri,	Maus,	eger.
tſchoko,	Henne,	tik, tyuk, tſirke.

Malabariſch.	Deutſch.	Magyariſch.
baba,	Vater,	apa, papa.
hoſcht.	Fleiſch,	hús.
ſung.	Geruch,	ſzag.
ag,	Feuer,	ég, es brennt.
gaſch,	Kraut, Unkraut,	gaz.
kutha,	Hund,	kutya.
tſchiri,	Vogel,	tſirke, junges Huhn.
tubbuter,	Taube,	tuba.
tſchur,	Dieb,	or.
gard,	Soldat,	garda. gardiſta (ſatelles Regis).
des,	zehn,	tiz.
ſao,	hundert,	ſzáz.
hazar,	tauſend,	ezer.

Tanguitiſch.	Deutſch.	Magyariſch.
pa,	Vater,	apa, papa.
ma,	Mutter,	mama, anya.
ſe,	Sohn,	ſi, ſiu.

§. 17.

Tatariſch.	Deutſch.	Magyariſch.
atai,	Vater,	atya.
ana,	Mutter,	anya.
kis,	Mädchen, Jungfer,	kis-aſzſzony, Fräulein,

oguj,

Tatarisch.	Deutsch.	Magyarisch.
ogej, agi, agim,	Schwester,	húg, húgom (mit Suffix.)
ir, er,	Mann, Ehemann,	fér-fi, férj.
ſakal,	Bart,	ſzakál.
khuſch,	Fleiſch,	hús.
irik,	Gewalt,	erő, Plural. erők.
ulem,	Schlaf, Tod,	álom.
gil, el, dſchil,	Wind,	ſzél.
dengiz,	Meer,	tenger.
khum,	Sand,	homok.
tag, tok,	Berg,	Tok-aly, Tokaly *).
tuba,	Hügel,	domb.
öſſe,	Hitze,	hőſég, hévſég.
uzun,	lang, Länge,	hoſzſzú.
ſon,	Salz,	ſó.
tſchuda,	Wunder,	tſuda.
arpa,	Getreide, Korn,	árpa, Gerſte,
ugiz, boga, buka,	Ochs, Rind,	ökör, bika.
kotſch, toke,	Widder, Hammel,	kos, tokjó, tok-ju.
tuj, tulla,	Feder,	taju, talu, toll.
lo, lu,	Pferd,	lo, lu.
miſchik,	Katze, Kater,	matska.
gida,	Hund,	kutya.
meno, monn,	Ey,	mony, tyuk mony,
öne,	Kuh,	ünö,
wer, wir,	Blut,	vér, vir.
ile,	Leben,	élet.
wed, weſſi, wüt, wezi,	Waſſer,	viz,
tül, tut, tud,	Feuer,	tűz,
pu, fua,	Baum, Holz,	fa.

margili,

*) Demnach wäre alſo *Tokaly* ein aus dem Tatariſchen *Tok* Berg, und Magyariſchen *al, aly* unter, zuſammengeſetztes Wort, und hieße ſoviel als Berg-Fuß. Soviel iſt gewiß, daß die am Fuße der um Tokey herumliegenden ſchönen Weinberge angelegten Städte oder Marktflecke überhaupt, wo, wie bekannt, der edle Wein wächſt, noch heut zu Tage κατ' ἐξοχην im Magyariſchen *Hegy-alja* oder *Hegy-allya*, d. i. Gegend am Berg-Fuße (regio ſubmontana) heißen.

Tatarisch.	Deutsch.	Magyarisch.
margili, salikh,	Pfahl,	mereglye, tżulák.
telli,	Winter,	tél.
mel,	tief,	mély
ku, kiw,	Stein,	kö.
purk,	Staub,	por.
arisch, rosch,	Roggen,	rozs.
khul, khal,	Fisch,	hal.
tschibe, tauk,	Henne,	tsibe, tik, tyuk,
sem,	Auge,	szem.
pel,	Ohr,	fűl, fil,
penk, pek,	Zahn,	fog.
tur,	Kehle,	torok.
kessi, ked, kát, kezi,	Hand,	kéz.
luj,	Finger,	uj.
suj,	Stimme,	szó.
olim,	Schlaf,	álom.
robitta,	Arbeit,	rabota.
khalol,	Tod,	halál.
itik,	kalt, Kälte,	hideg.
jenk,	Eis,	jég.
towi,	Frühling,	tavasz.
naj,	Sonne,	nap (nyár Sommer).
suro,	Horn,	szaru.
kapu,	Thor, Thür,	kapu.
bur, ura, oro,	Dieb,	or.
bala,	Elend, Noth,	baly, baj.
batir,	Krieger,	bátor, kühn, dreust, herzhaft,
ösen, isen,	grau,	ősz,
altschak,	niedrig,	alatsony.
kitschi, kitschik,	klein,	kitsi, kitsike.
küba (küwa).	wenig,	keves.
perk,	Wurm,	féreg.
lonta, lunt,	Gans,	lúd.
kunna,	leicht,	könyü, könnyü.
buj, wuj,	Kopf,	fö, fej.

Tatarisch.	Deutsch.	Magyarisch.
balta,	Beil, Axt,	balta.
oral, uroul,	Wacht,	ör - álló.
koscha, kodscha,	Ente,	katsa.

Anmerk. Man vergleiche das „*Srawintelnye Slowari etc.* oder: „Linguarum totius Orbis Vocabularia comparativa, Augustissimae cura collecta. Pars *prior* et *posterior*. Petropoli 1786 und 1789. und die darin vorkommenden verschiednen Mundarten der Tatarischen Sprache, die ich hier überhaupt mit einem Wort Tatarisch genennet habe.

§. 18.

Allgemeine Anmerkung über die bisher verglichenen Wörter.

Dies sind die Wörter, die ich aus verschiedenen Sprachen des Morgenlandes — Asiens — um die Verwandtschaft der Magyarischen Sprache mit denselben zu beweisen, anführen wollte; mir scheinen sie dafür zu zeugen. Es giebt freylich manche darunter, die mit dem Magyarischen, wenigstens dem ersten Anblick nach, wenig Aehnlichkeit haben: allein dies darf niemanden — besonders keinen Philologen und Sprachphilosophen — befremden. Man bedenke nur, daß manche Consonanten selbst in der nehmlichen Sprache oft mit einander verwechselt werden, wie es schon aus den oben (§. 6. Anmerk.) gegebenen Beyspielen erhellet. Nicht nur Consonanten werden aber mit einander vertauscht, wenn Wörter aus irgend einer Sprache in eine andere übergehen, sondern die Wörter selbst werden vielmals ganz entstellt, verstümmelt, mit neuen Consonanten, auch wohl ganzen Sylben vermehrt; und durch Weglassung gewisser Buchstaben oder Sylben vermindert; oft die Buchstaben darin versezt, u. dergl. Denn jede Sprache, ja! jeder Dialekt oder Mundart, hat ihr Eigenthümliches: die Sprachwerkzeuge jeder Nation sind nach Beschaffenheit des Klima's, welches sie bewohnt; nach dem Genius der Sprache, welche sie spricht; und endlich nach dem Grade der Kultur, den sie erreicht hat, verschieden. Daher ist die Verschiedenheit der Aussprache und der Schreibart der nehmlichen Wörter in verschiedenen Sprachen und verschiedenen Mundarten der nehmlichen Muttersprache; die erstaunliche Entstellung, die sonderbare Verstümmelung oder Vermehrung, kurz die auffallende Umschaffung und Veränderung mancher aus fremden Sprachen entlehnten Wörter, indem jede Nation solche nach ihren Sprachorganen auszusprechen, und nach dem Genius ihrer eigenen Sprache und ihres

Dialekts

Dialekts umzuformen sucht, und wirklich also ausspricht, und umformt. Dies alles werden einige Beyspiele ins helle Licht setzen. Das Hebräische gadar גָּדַר z. B. das soviel heißt als verzäunen, mit einem Zaun oder Mauer umgeben (sepivit, maceriam, murum vel parietem struxit), daher gader גָּדֵר Mauer, Zaun (murus, maceria, septum) eines Garten, Weingarten oder Schaafstalls (gederoth גְּדֵרוֹת septa, caulae septae); *Gades* oder *Gadira* eine Insel in Spanien, *Gadir* eine Stadt, welche die Phönikier daselbst gebaut und also genennet haben, — denn einen von allen Seiten her umgebenen Ort (locum undique septum) heißen sie *gadir* — ist im Chaldäischen auch gadar גדר, und heißt das nehmliche, daher gadera גְּדֵירָא — im Magyarischen mit Vorsetzung der Buchstaben *garád*, oder *garádja* — Zaun, Gartenwall; im Arabischen ebenfalls dschadir جَدْر, daher dschodor جُدُور oder dschatir جطير Zaun; Magyarisch *gátor*, Lateinisch *clathrum*, Deutsch Gitter; Ferner: Persisch *gird* گِرْد Umfang, Kreis, Peripherie; *ghard* غَرْد Sommerhaus; Gothisch *gards* Haus (ui faraith us garda in gard, d. i. ihr sollt nicht von einem Haus zum andern gehen. Siehe Ulfilas Uebersetzung Luk. 10, 7.) Schwedisch *aurtigard*, *gärda* mit Zaun umgeben, *gärd* ein mit Zaun umgebener Ort, Magyarisch *kert* hortus; *kerit* umgeben mit etwas, *kertel* verzäunen; Deutsch Garten (vielleicht auch das Wort Gürtel); Griechisch *χεϱτες* septum; Lateinisch *hortus;* Italiänisch *giardino;* Spanisch *gardini;* Französisch *gardin* (vermuthlich auch das *Garde*); Dänisch *gaard;* Holländisch *gaerde;* Englisch *garden;* Punisch *kartha* locus septus, wie im *Chartago* zu sehen ist; Russisch *gorod;* Slavisch *grad* oder *gard* Burg, als novogorod; Belgrad, Tsongrad, Nograd, Wischegrad, Stargard, Belgard etc. in Pommern. Das Persische *bairah* بيره terebra, Deutsch Bohrer, Magyarisch *fúro* vom *fúr* bohren, durchbohren, Lateinisch *foro*, perforo. Das Arabische *felek* فَلَكْ, Magyar. *felleg*, Griechisch *νεφελη*, Deutsch Wolke (Nebel) Latein. nebula, nubes. Das Hebr. *ben* בֵּן, Arab. *ibn* ابن, Maltisch *bin*, Chald. *bar* בַּר, Syrisch *bar* ܒܪ Persisch *barna* برنا oder پرنا *parna*, Gothisch *barna*, Isländisch *börn*, Schwedisch *barn*, Anglo-Sächsisch *bearn*, Albanisch *biir*, Tatarisch *bala*, *pi*, Tangutisch *fe*, Wallachisch *fitschor*, Magyar. *fi*, *fiu*, Romanisch *fiae*, *fiu*, Französisch *fils*, Lateinisch *filius*, Portugiesisch *filhio*, Griechisch *υιος*. Das Russische oder Slavische *woda*, Celtisch *od*, Litauisch *wunduo*, Dakisch *wand*, Lettisch *udens*,

udens, Mokschanisch wed, Magyar. víz, Tatarisch vezi, vessi, va, bi, it, vit, vit, schiva, schiu, su etc. Gothisch wat, Isländ. und Schwed. watn, Anglo-Sächsisch Englisch und Holländisch water, Teutonisch wuazar, Cimbrisch wazer, Friesisch wadzer, Deutsch Wasser. Das Tatarische horda, Magyarisch tsorda, Gothisch hairda, Isländisch und Schwedisch hiord, Deutsch Heerde. Das Türkische ata اتا, Tatar. ata, Magyar. atya, Russisch oder Slavisch otetz, Wendisch otza, Caschubisch und Klein-Russisch tata, tato, Celtisch at, Zigeunerisch dad, Britannisch tat, Waskonisch aita, Irländisch ater, Griech. πατηρ, Latein. pater, Italiänisch padre, Neapolitanisch patre, Portugiesisch pai, Französisch pere, Gothisch atta, Cimbrisch watar, Isländisch, Schwedisch und Holländisch fader, Deutsch Vater, Schottländisch ather, Altpersisch fedre, Neupersisch peder, Bucharesisch paedaer, atu, Ostiakisch adscha, Hebräisch ab אב, Syrisch abo ܐܒܐ, Türkisch. baba بابا, Magyar. apa, Tangutisch pa, Neapolitan. papa, Malaisch pappa oder bappa, Arinisch ipa. Das Lateinische altare, Deutsch Altar, Magyar. óltár, Französ. autel. Bubalus, Magyarisch bial, bival, bivaly, Franz. bufle, Deutsch Büffel. Das Griechische ἔλαιον, Magyar. olaj, Slav. oleg, Deutsch Oel, Franz. huile. Das Chaldäische saraph סרף, Latein. sorbere, Magyar. szörböl, Deutsch schlürfen. Das Gothische tvalif oder tvalib, Schwed. tolf, Belgisch tuelf, Deutsch zwölf. Das Slavische chlaeb, Gothisch hlaibs oder hlaifs, Schwed. leef, lefwa, lepa oder limpa, Anglo-Sächsisch hlaf, hläf oder laf, Englisch loafe, Alemannisch leib, leip, Isländ. hlaif, Teuton. leef, Finnisch leipa, Lapponisch leabe, Wandalisch klieb, Griechisch κολλιφία, Deutsch Laib, Persisch labak لابك, Latein. libum. Das Hebr. em אם, Chald. imu, Malaisch, Celtisch und Indisch ma, Malabarisch amme, Tonkinisch me, Citaisch mu, Pehlvisch madee, Markesanisch maduo, Duqorisch made, Persisch mader, Gothisch moder, Englisch mother, Anglo-Sächsisch meder, Holländ. muder, Russisch mat, Polnisch und Böhmisch matka, maté, Irländ. mahaer, Schottländ. mather, Latein. mater, Griech. μητηρ, Ital. und Spanisch madre, Portugiesisch mai, Wallachisch maika, Franz. mere, Tamulisch mata, Bucharesisch madaer, Deutsch Mutter ꝛc. Das Griechische πȣς, Deutsch Fuß, Gothisch fotus, Englisch und Holländisch fut, Cimbrisch futz, Schwedisch fot (Deutsch Pfote), Armenisch wot, Buchar. pai, put, Latein. pes, Ital. piede, Neapolitan. pede, Span. pierna (Latein. perna Schenkel), Portugiesisch pe, Franz. pied, Persisch pai, paa, Altpersisch pazém, padé, Indisch per, Zigeunerisch pir, Arinisch pil, Cereinisch pael, Magyarisch láb, Wogulisch lál, Ostiakisch top, tobol, Semojedisch tapo (daher im Magyar. tombol

turpitripudiare, tapod, tapot oder tapos pedibus conculcare, mit Füßen treten, zertreten). Das Griechische *γονυ*, Latein. *genu*, Ital. *ginocchio*, Neapolit. *denucgio*, Franz *genou*, Gothisch *kniu*, Anglo-Sächsisch *kneow*, Teutonisch *kniaw*, Deutsch Knie, Russisch rc. *kolena*. Das *ονομα*, Latein. *nomen*, Ital. *nome*, Neapolit. *nomme*, Span. *nombre*, Franz. *nom*, Gothisch *namo*, Dakisch *nawn*, Magyar. *név*, Isländ. *nafn*, Russisch und Slav. *ima*, Böhmisch *gmeno*, Wendisch *ime*, *meno*, Celtisch *aenwn*, Bretannisch *hano*, Schottländisch *anim*, Wogulisch *nammi*, Ostiäkisch *nem*, *nemit*, Pers. *nam*, *nom*, Semojedisch *nim*, *nem*, Zigeunerisch *nao*, Indostan. *naun*, *naam*, Malabarisch *nom*, Deutsch Name. Das Celtische *pel*, Bretannisch *bul*, *bolod*, Baskonisch oder Waskonisch *bola*, *pella*, Neapol. *palla*, Deutsch Ball, Oestländisch *pail*, *lot*, Magyar. *labda*, *lapda*, Französ. *boule*. Das Magyarische *só*, Illyrisch *soo*, Russisch, Slavisch, Polnisch rc. *sol*, Böhmisch *sul*, Latein. *sal*, Ital. und Neapolitan. *sale*, Romanisch *sau*, Franz. *sel*, Permäkisch *sol*, Wogulisch und Ostiäk *sol*, *sot*, *salla*, Wallachisch *sare*, Irländisch *sallaw*, Semojedisch *sirro*, *si*, *ser* etc. Gothisch und Englisch *salt*, Deutsch Salz. Holländ. *zout*, Celtisch *halen*, Tangutisch *tza* oder *tsa*, Kurdisch *chu*, Japonisch *schiwo*, Aethiopisch *schew*. Das Russische *boroda*, Slav. *brada*, Anglo-Sächsisch *beard*, Engl. *beard*, Olonesisch *pardu*, Teuton. *part*, Deutsch und Cimbrisch Bart, Holländ. *baard*, Latein. Ital. Neapolit. Span. und Portug. *barba*, Celt. Bretann. und Roman. *barv*, Wallach. *barbi*, Franz. *barbe*. Das Russische *gorlo*, Böhm. *hrdlo*, Bretann. *gargaden*, Griech. λαρυγξ, Latein. *gula*, guttur, Span. *garganta*, Portug. *guaella*, Roman. *gul*, jogul (Latein. *jugulum*) Teuton. *chela*, Deutsch Kehle, Gurgel, Lithauisch *giaerkle*, *gurklis*, Tschememiisch *logar*, Tschuwanisch *karlanga*, Zigeunerisch *kirlo*, Indost. *golá*, *gulla*, Indisch *gegi*, (Magyar. *gége*,) Ostiäk. *tur*, Magyar. *torok*. Das Latein. *cor*, Italiän. *core*, Span. *corasson*, Franz. *coeur*, Griech. *καρδια* oder *κραδια*, Irländ. *kroide*, Russ. und Slav. *serdce*, Böhm. *sidce*, Goth. *hairta*, Engl. *hart*, Deutsch und Holländ. *hert*, *hart*, Deutsch Herz. Das Russ. *moloko*, Slav. *mleko*, Anglo-Sächs. *meolk*, Teuton. *milu*, Deutsch Milch, Holländ. *melk*, Griech. *γαλα*, Latein. *lac*, Ital. *latte*, Span. *lecc (letsche)*, Portug. *leite*, Franz. *lait*, Wallach. *lapte*, Zigeunerisch *tud*, Indisch *lud*, Roman. *la*, *lac*, *lat*, Magyar. *tely* oder *tej*. Das Celtische *ser*, *seren*, Bretann. *stereden*, Pers. *sitar*, *stara*, Indost. *sitara*, Buchar. *stara*, Deutsch Stern, Engl. und Holländ. *star*, Teuton. *sterro*, Latein. *stella*, Magyar. *tsillagi*, Zigeuner. *tschergani*, Griech. *αστερ*. Das Arabische *adzar* عذار, Persisch *aratz* عارض, Magyar. *ortza*, facies gena.

 Das

Das Persische *kilid* كليد, Griech. *κλεις*, Latein. *clavis*, Slav. *klnc*, Magyarisch *kults*, Deutsch — mit einer kleinen Veränderung — Schlüssel, gleichsam sklüssel, wie es ein Friesländer vielleicht aussprechen würde. Das Magyarische *motsár*, Deutsch Morast. Das *bot*, Französ. *báton*, Deutsch Stab. Das Deutsche Feuer, Holländ. *für*, Griech. *πυρ*. Roman. *δοκάρι*, Magyar. *gerenda*, Balke. *Pectus* Wallach. *keptu* Brust. Magyar. *ökör*, Semöjedisch *khora* Ochs. Hebr. *betz*, Assyrisch *bita*, Magyar. *pete* Ey. Das Slav. *wetr*, Läppisch *wesch*, Fries. *wan*, Franz. *vent*, Ital. *vento*, Span. *viento*, Teuton. *wint*, Goth. *winds*, Isländ. *windar*, Deutsch Wind, Ostiák. *wot*, Tungus. *osdin*, Magindanisch *undu*, Malab. *batas*, Indostan. *bottos*, Jud. *wa*, Citaisch *phen*, Wogul. *woata*. Das Hebr. *kad* כד, Russ. *kad*, Illyr. *scheber*, Böhm. und Wendisch vanne, vane, *kad*, Poln. *kadz*, *kadlub*, Klein-Russ. *descha*, faska, Celt. *kad*, *kow*, Griech. *κάδος*, Latein. *cadus*, cupa, vas. Span. *kuwa*, Franz. *cuve*, Goth. *kas*, *fat*, Holländ. *kup*, Fries. *taun*, Wallach. *putina*, Deutsch Faß, Kufe, Kübel, Kalmück. *wedre*, Magyar. *kád*, *tseber*, *vanna*, *tonna*, *kupa*, *veder*, *köböl*, *dészа*, *putton*. Das Slavische *liste*, Engl. *lives*, Ostiák. *libet*, *liwat*, *luwat*, *liwort*, Magyar. *level*, Cimbrisch und Deutsch Lob, Laub, Gothisch *lauf*, Französ. *feuille* (mit Versetzung des *f.*) Latein. *folium*, Griech. *Φυλλα*, Ital. *foglie*, Roman. *fescho*, *foaele*, *fukle*. Das Pers. *band* بند (vinculum, ligamentum, cingulum, corrigia), Deutsch Band, Magyarisch *pand*, ligamentum ferreum, *pintli* frontale (wie von Gläslein *klasli*, so auch pintli von Bändlein), *pantlika* (Diminut.) taenia. Das Latein. *vidua*, Wallach. *vadua*, Deutsch Witwe, wo das *t* aus dem *d*, und das *w* aus dem *u* des *vidua* entstanden ist. Das Magyar. *szekrény*, Latein. *scrinium*, Deutsch Schrein — *görbe*, Lateinisch *curvus*, Deutsch krumm, wie das *corvus*, im Französ. *corbeau*, und im Deutschen abgekürzt Rabe. Das Latein. *magister*, Deutsch Meister, Magyar. *mester*, Franz. *maitre*. Das Griechische *κυριακον*, Deutsch Kirche, Schweizerisch *kilche*, Slav. *Cyrkew*, Magyar. *tzerkó*. (templum Ruthenorum). Das Latein. *aqua vitae*, Magyar. *akovita* — *cepa*, Deutsch Zwiebel pomum Aurantium, Deutsch Pomeranze. Das Chaldäische *gadischa* גדישא, Magyar. (rückwärts) *asztag*, (acervus, cumulus frumenti nondum triturati) Getreide-Haufen. Das Griech. und Latein. *scheda*, *schedula*, Magyar. *tzédula*, Deutsch Zettel. Das Latein. *vervex*, Magyar. *berbéts*. Das Persische *lab* لب, Latein. *labium*, Deutsch Lippe und Lefze. Das Deutsche Frauenzimmer, Magyar. *frajtzimer*. Die Schachtel, Magyarisch *iskatulya* — Grund-

— Grundbirn, kolompér, klompér, krompér. Das Frühstück, Magyar. *fölöstök*, *fröstök*. Der Hofmeister, Mag. *hopmester*. Der Vorreuter, Mag. *fellajtár*. Der Zapfenstreich, Magyr. *tzapistra*. Der Urlaub oder Verlaub, Mag. *felláb*. Der Corporal, Magyar. *káplár*, *káprál*. Das latein. *processio*, Magyar. *poroßontzio*. Das Griech. und latein. *episcopus*, Magyar. *Püspök*, — Pentecoste, *Pünköst*. — Archiepiscopus, *Ersek* — haereticus, *eretnek*. (Arab. *eretikj* إِرَاتيغي) — Sanctorum Reliquiae, *szent Ereklyék*. — Apotheca, *patika*. — Capitulum, *káptalan*. — Zingiber, *gyömbér*. — Incarnatio (Christi); *karácson*. — Armarium, *almarium*. Das Griech. ὗς, Latein. *sus*; — ἄλφος, albus; — ἔαρ, *ver*; δῶρον, donum etc. Das Magyarische *puszta*, Deutsch Wüste. Das latein. *pinus*, Mag. *fenyö*, Deutsch Fichte. Das Mag. *nyak*, Deutsch Nacken 2c.

Diese Veränderung oder Umschaffung der Wörter ist in den sogenannten Nominibus propriis und Appellativis — wenn solche in andere Sprachen übergehen — noch auffallender. Z. B. der Persische Name *Zerduscht* زردشت lautet im Griechischen Ζωροάστης; *Ardschir* اردشير ἀρταξερξες; *Roschena* روشنا — Darius Tochter und Gemahlin Alexanders — ρωξανη. Der Slavische Name *Swajtopolk* Σφενδοπλοκος; *Swjatoslaw* Σφενδοσθλαβος. Das *Togrul-beg* Ταγγρολιπηξ; das *Valachus* βλαχȣς, βλαγχȣς oder βλαγκȣς, Arabisch *aphlak* افلاق, Magyar. *Oláh*. Der berühmte Arabische Arzt *Ibn Sina*, heißt in Europäischen Sprachen: *Avicenna*: hingegen *Alexander* im Arabischen *Eskender* اسكندر, und im Mag. *Sándor* (das *al* im Alexander scheint der Arab. Artikel ال zu seyn). Das Arab. *muslim* (Pluralis *muslimin* d. i. *Unitarii*, Diener des einzigen Gottes, oder auch Muhammedaner) haben die Deutschen in Muselmänner; das *Emir Almumenin* (der Herr der Gläubigen), das in der Spanischen Geschichte vorkommt, die Geschichtschreiber in *Miralmamolin*; das *Abdarrachman* oder *Abdalrachman* (عبد الرحمان) die Franzosen ins *Abderame*; das *Aras* (Name eines Flusses in Persien) die Griechen in ἀραξης, Schirusji (Name eines eines Pers. Kriegers im Schanamah) oder Schirscha, Cersa Schah (der letzte der Pischdadier, — Regenten in Persien — in ξερξες, das Gustasp in ὑςασπης; — Hystaspes — das *Tschin* die Lateiner in *China*; das Dschihon oder Dsjihon (Gihon der Franzosen); die Engländer in *faihun*; und endlich das *Kong-fu-ze* die Lateiner in Confucius verwandelt oder vielmehr verdreht. Die lateinischen Namen: Alexius,

Alexius, Ambrosius, Antonius, Augustinus, Balthasar, Bartholomaeus, Benedictus, Colomannus, Clemens, Dionysius, Egidius, Elisabeta, Emericus, Georgius, Gregorius, Gervasius, Helena, Ladislaus, Lucas, Ludovicus, Matthaeus, Matthias, Mjchael, Nicolaus, Paulus, Philippus, Sebastianus, Sigismundus, Stephanus, Valentinus etc. heißen im Magyarischen: Elek, Amrus, Antal, Ágoston, Boldisár, Borbála, Bertalan, Benedek, Kálmány, Kelemen, Dihenes oder Dienes, Egyed, Ersébet, Imre, György, Gergely, Gyárfás, Ilona, László, Lukáts, Lajos, Máté, Mátyás, Mihály, Miklós, Pál, Filep, Sebestyén, Sigmond, Istvân oder Estván, Bálint. Das lateinische Vilhelmus ist im Deutschen Wilhelm, im Englischen William, im Französischen Guillaume, *Italus*, Magyar. Olasz (vielleicht ist dieß aus Völscus corrumpirt) Armenus, Örmény; Saracenus, Szeretseny, Russus, Orosz; Slavus *Tót* (vielleicht von Teutonus). Das Pers. *chosrau* خُسرَو *), Arab. *kasari* كسرى, Griech. καισαρος, latein. *Caesar*, Deutsch Kaiser, Magyarisch *Tsászár*, Slav. *Cisar*, Ruff. *Tzár*, Französ. *Cesar*.

Diese Verwechslung und Versetzung der Buchstaben geschieht aber nicht nur alsdann, wenn Wörter aus dieser oder jener Sprache in irgend eine andere übergehen; sondern in einzelnen Sprachen und Dialekten selbst, findet solche Statt, (Siehe oben Abschnitt 2. §. 1 und 6. Anmerk.) z. B. im Hebräischen adab אָדַב oder daab דָאַב doluit, moestus fuit; simlah שִׂמְלָה oder silmah שַׂלְמָה vestis. — Chald. saar שְׂעַר oder teraa תְּרַע porta. — Griechisch καρδια oder κραδια, θρατος oder θαρτος; ἀτραπὸς oder ἀταρπος. — Deutsch Binder Büttner, Kahn oder Nachen. Im Magyarischen paszuly oder faszuly, fiszuly (Pers. phasil فصيل, latein. faseolus) Bohne; pánk oder fánk, eine Art Gebacke-

*) Der Name *Chosrau*, — auch Dara دارا, Δαρειος — war ein allgemeiner Name der Regenten von Persien, wie das *Pharao* bey den Egyptiern, und heißt so viel als Augustus, late imperans. Es kommt auch mit dem *kei*, als *kei Chosru* كيخسرو — Name eines alten Königs von Iran in Persien aus der zweyten Dynastie der Ceanier oder Cajaniden, die den Vornamen *ke* oder *k i* führten — vor. Daher ist vielleicht Caesar, Cajus Caesar, Καισαρος gemacht worden. Das Tsászár mag aber wohl auch aus dem Sinesischen *tschu* Herr, und Pers. *sar* سَر groß, mächtig, majestätisch, zusammen gesezt seyn, so hieße es: magnus, oder summus Dominus. Vergl. Sir W. Jones Abhandlung über die Geschichte ꝛc. Asiens. Riga 1795. 1ter Bd. S. 87 und 90. Anmerk.

Gebackenes; fátyol oder patyolat Flor (peplum); szivos oder szíjos beugsam, zäh; bűvös-bűjös Zauberer; orozba oder orozva verstohlnerweise, unvermerkt; tsonka, bonka, bonta, benna oder bintus (latein. mancus, manca, mancum) verstümmelt; lebeg oder leveg flattern, sich schwingen; ugorka oder iborka (so wie im Griechischen βλεφρα oder γλεφρα, Augenwimper — cilium) Gurke; József oder Józsep (Josephus); tévelyeg oder tébolyog irren; tegnap oder tennap gestern; irogál oder irkál oft schreiben; meritget oder meringet, oft schöpfen — Wasser ꝛc.; ürönget oder üritget wegräumen, wegthun; laitorja, létra oder rétoja Leiter; melegedik oder melegszik warm werden; szévedez oder tévedez herum irren; állongatni oder álligatni aufsetzen — die Kegel ꝛc.; öblitgetni oder öblöngetni ausspülen; esküdni oder esküinni schwören; aludni oder alunni schlafen ꝛc. Ferner: rög oder gör Erdkloß, Erdscholle; tsekély-ketsély seicht, gering; bögre-ibrik Krug, Caffeetopf; zatskó-zaktsó Beutel; kalán-kanál Löffel; köpni-pökni speyen; gyarapodni-gyaporodni zunehmen, wachsen; találni-tanálni finden, erfinden; tzomb-bontz (daher bontzolni zergliedern) Schenkel; fekete-feteke schwarz; tenyér-tereny die flache Hand; teher tereh Last; marojana-majorana; familia-falamia; kebel-keleb der Schoss; fatsarni-tsafarni auspressen das Wasser ꝛc. aus Wäschen; egyelitni-elegyitni mischen, mengen; hegedű-hedegű Geige; tsónar (vom Persischen andschur انجره urtica), tsorán, tsolán, tsonál oder tsilyán die Nessel. Im Deutschen Haber oder Hafer; Barbier-Balbier; halbe-(halbte) Hälfte; Löw-Löb; Brod-Prod; Deutsch-Teutsch ꝛc.; Kahn, Nachen; Binder; Im Latein. fervui-ferbui; gnarus-narus; gnatus-natus; gnavus-navus.

§. 19.

Ich könnte diese allgemeine Bemerkung sehr vermehren: doch wozu diese Weitläufigkeit, da blos die Gegeneinandersetzung der lateinischen Wörter mit den Französischen und Wallachischen (der Deutschen und Englischen nicht zu gedenken) hinreichend ist, einen aufmerksamen Leser von der Sache völlig zu überzeugen: denn die Veränderung und Umschaffung der Wörter ist vielleicht nirgends als hier — besonders im Französischen — auffallender, z. B. lateinisch salvus, Französisch sauf; gubernator — gouverneur; calidus — chaud; frigus, frigidus — froid; calefacere — chauffer; acuere — aiguiser; aperire — ouvrir; jungere — joindre; crescere — croitre; colligere — cueillir; errare — egarer; fides — foi; coclear — cuiller; furca — fourchette; clavis — clef; ca put (Deutſch Kopf, Griech. κεφαλη, Magyar. fö) — chef; canis — chien; ſcribere — ecrire; ſcintilla — etincelle; ſanctus — ſaint; tractare — traiter; velle — vouloir; habere — avoir; Aprilis — Avril; Auguſtus — Aout &c.

Was die Wallachiſche Sprache anbelangt, ſo wird es, glaube ich, den Leſern nicht ganz unangenehm ſeyn, wenn ich hier nicht nur Wörter, ſondern auch manche Redensarten und Sentenzen derſelben, mit denen der Lateiniſchen Sprache vergleiche, und ihnen, wie folgt, (nach der Magyariſchen Orthographie) vor Augen ſtelle. —

Wallachiſch.	Lateiniſch.	Wallachiſch.	Lateiniſch.
prunye,	prunum,	kinye,	canis.
pere,	pirum,	porcs,	porcus.
perſecs,	perſicum (malum),	vom,	homo.
vin,	vinum,	umer,	humerus.
carnye,	caro,	muna,	manus.
ptycle,	pellis,	palm,	palma, palmus.
capu,	caput,	djezset,	digitus.
frontye,	frons,	ungyelo,	ungues.
uretye,	auris,	tyept,	pectus.
nare,	naſus, nares.	coſt,	coſta.
limba,	lingua.	ſintſe,	ſanguis.
djintz,	dens.	fcraſt,	feneſtra.
lacrim,	lacryma.	carbuny,	carbo.
barba,	barba.	fum,	fumus.
frig, fruj,	frigus.	cſenus,	cinis.
cald,	calor, calidum.	ſecure,	ſecuris.
purets,	pulex,	forſecs,	forſex,
paduty,	pediculus.	cas,	caſeus.
vov,	ovum.	laptye, lapnye,	lac.
galyina,	gallina.	uſere,	uber.
car, carr,	carrut,	ápa,	aqua.
funtina,	currus.	peſtye,	piſces.
muntye,	fons, fontes.	nyagre,	niger.
hulpe,	montes,	alb,	albus.
jepuri, lyepori,	lepores.	frakſinus,	fraxinus.
paſere,	paſſeres.	ulmus,	ulmus.

orn,

Wallachisch.	Lateinisch.	Wallachisch.	Lateinisch.
orn,	ornus.	Lunye,	Lunae (dies).
palumb,	palumbes.	Martz	Martis (dies).
corbdji,	cornix.	Mnyerkur,	Mercurii (dies).
vermc,	vermis.	Isoj,	Jovis (dies).
muſtyi,	muſca.	Vinyer,	Veneris (dies).
vultur,	vultur.	Simbat,	Sabbathum..
traſe,	trahere.	urſu,	urſus.
audje,	audere,	alege, alezſe,	eligere.
fuge, fuzſe,	fugere.	prindje,	prehendere.
umblare,	ambulare.	facſe,	facere.
ſomni,	ſomniare.	pretſep,	praecipere.
zſuramentum,	juramentum.	ſta,	ſtare.
tſundere,	tundere.	dormnye,	dormire.
ridje,	ridere.	zſuvare,	juvare.
ploje,	pluit.	vedje,	videre.
ninzſe,	ningit.	maſure,	menſurare.
domnyike,	dominica.	fulzſere,	fulgurat.

Redensarten:

Wallachisch.	Lateinisch.
Sti Rumunyaſtye? Nuſtiu.	Scis Vallachice? Neſcio.
Nuſtiu cſe femely purtat lá noj chireſz, ſi io ám cumparat ku nov Krejtzar, ſi am ſeturat binye.	Neſcio quae femina portavit apud nos ceraſa, et ego comparavi cum novem Crucigeris, et ſaturavi me bene. (i. e. ſatur. ſum.)
Hel mulyer erá nu Rumuna ſe Unguroj, ſi erá vaduva.	Illa mulier erat non Vallacha, ſed Hungara, et erat vidua.
Auz fratye! du boj, vaca, ſi caprele la Kimp, ſi paſtye.	Audi frater! duc bovem vaccam, et capras ad campum, et paſce.
Domnu! vinit lupu, ſi muncat doj jedu: ſi la vaca mordjit ſerpe la uſere, ſi vitſelus nu pot puſe; ma tyem, ke a peri.	Domine! venit lupus, et manducavit duos haedos: et vaccae momordit ſerpens uber, et vitulus non poteſt ſugere; me timeo, quod pereat. (i. e. timeo, vereor — ich fürchte mich — ne pereat.

So verhält es sich mit der Wallachischen Sprache in Siebenbürgen — wahrscheinlich auch mit der, in der eigentlichen Wallachey. — Nur aus diesen wenigen Beyspielen läßt sich wohl auch abnehmen, daß die gedachte wallachische Sprache eine wahre, obgleich verdorbene lateinische Sprache sey: und die Wallachen nennen sich in ihrer Muttersprache nicht Wallachen, sondern *Rumun*, *Rumunye*, d. h. Römer, und zwar, wie mir dünkt, mit Recht. Denn sie sind Nachkommenschaft derjenigen Römischen Colonie, welche Kaiser Trojan aus Italien in Siebenbürgen überpflanzte. Ex ungue leonem: Gentem ex lingua.

Anmerk. Ich habe neulich hier in Erlangen einen gewissen Officianten gesprochen, der von der K. Königl. Armee aus Italien kam, und er hat mich versichert, daß diejenigen Soldaten bei der Kaiserl. Italiänischen Armee, die Wallachisch sprechen, mit ihrer Sprache überall in Italien fortkommen, und sich mit den Italiänern unterhalten können.

§. 20.

Die Magyarische Sprache hat mit keiner der Europäischen Sprachen irgend eine Verwandschaft *). Zwar manche Wörter hat sie fast mit allen derselben, als unter andern mit der Lateinischen, Französischen, Deutschen, Albanischen, Romanischen, Wallachischen, Slavischen rc., und am meisten mit dieser letzten gemein. Allein blos die Aehnlichkeit mancher Wörter macht noch lange nicht eine Sprachverwandschaft aus. Ob es gleich nicht eigentlich meine Absicht ist, die Magyarische Sprache mit der Slavischen und Böhmischen, und andern erst gedachten Europäischen Sprachen auf irgend eine Weise — da es nach dem im Anfang dieses §. angegebenen Grunde, unnöthig und überflüßig ist — zu vergleichen: demohnerachtet werden mir es meine Leser vielleicht nicht übel nehmen, wenn ich bei Gelegenheit, wider meine Absicht, durch irrige Meinung eines gelehrten Magyarn **) dazu veranlaßt, es, wie folgt, thun werde:

Böhmisch.

*) Unrichtig ist es, was Bochart (Phaleg & Chanaan Libro I. Cap. 15.) in Ansehung der Magyarischen Sprache behauptet; als wäre sie, die Magyarische Sprache, aus der Slavischen entstanden, indem er sagt: Præterea ut ut linguarum numerus hodie multum excedat harum plerasque certum est, non esse primigenias. Ex Germanica quis nescit natam esse Belgicam, Anglicam, Danicam, Norvegicam &c. E Slavonica Polonicam, Hungaricam, Bohemicam, Dalmaticam, Croaticam. Ex Latina Gallicam, Italicam, Hispanicam? Et Latina ipsa magna sui parte facta est ex Aeolica Græciæ Dialecto.

**) Herr Benkö sagt in seinem Buch, betitelt: „*Transilvania* Tom. I. S. 383. „Nulla nobis gens æque ac Germanica tot „suggessit vocabula.“

Böhmisch.	Deutsch.	Magyarisch.
andel (andjel),	Engel,	angyal.
apoſtol,	Apoſtel,	Apoſtol.
peklo,	die Hölle,	pokol.
kreſt,	Taufe,	kereſztſég.
pohan,	der Heide,	pogány.
Zid,	Jud,	Zſidó.
mraz,	Reif, Froſt,	Zuzmoráz.
ſtreda,	Mittwochen,	Szereda, Szerda.
čtwrtek,	Donnerſtag,	Tſötörtök, Tſetertek.
pátek,	Freytag,	Péntek.
ſobota,	Samſtag,	Szombat.
Pout,	Wallfahrt,	bútſú.
Kragina,	ein Land,	Kranya.
mez,	die Gränze,	mesdje.
krag,	ein Kreiß,	karaj, karéj (kenyér)
puſta,	Wüſte, Wildniß,	puſzta,
brazda,	Furche,	barázda,
vhor,	Brachfeld,	ugar.
hon,	ein Joch Feldes,	hód.
worba,	Ackerbau,	urbáriom (vielleicht davon)
prach,	Staub,	por.
krčma,	Herberge, Wirthshaus,	kortſoma, kortſma.
lep,	Leim, Vogelleim,	lép.
mlegn,	Mühle,	malom.
lopata,	Schaufel,	lapat.
ſekera,	Beil, Holzhacke,	ſzekertze.
kbel,	Kübel,	köböl.
kad,	Wanne, Kufe,	kád.
koſa,	Senſe,	kaſza.
mozdýr,	Mörſer,	mozsár.
koſs,	ein Korb,	kas, koſar.
britwa,	Scheermeſſer,	beretva.
motadlo,	Haſpel,	motóla.
kuzel,	der Rocken,	guzsaly.
pazderi,	Flachsſtängel-Trümmer,	pozdorja.
len,	Flachs (Lein),	len.

Böhmisch.	Deutsch.	Magyarisch.
cyrkew,	Kirche,	tzerkó.
oltár,	Altar,	óltár.
krjž,	Kreuz,	kereſzt.
chalupa,	Hütte,	kalyiba, kaliba.
puda,	der Dachboden,	pad,
komora,	Kammer,	kamora.
ſyň,	das Vorhaus,	ſzin, ſzén.
komin,	Rauchfang,	kémény.
tabule,	Tafel,	tábla.
ſkrjňe,	Schrein, Kaſten,	ſzekrény.
obraz,	Bild (Abriß),	ábrázat (ábrázolat).
perina,	Kopfküſſen,	párna.
kalamář,	Dintenfaß,	kalamáris.
arch,	ein Bogen,	árkus.
lywnik,	Trichter,	lévo, lívo, lijo.
wjdle,	Gabel,	villa, vella.
ſtřep,	Scherbe,	tſerep.
pára,	Dunſt, Dampf,	pára.
piwnice,	Keller,	pintze.
wedro,	Eimer,	veder.
obruč,	Reif,	abronts.
čep,	Zapfen,	tſap, cſap.
ſlama,	das Stroh,	ſzalma.
klas,	die Aehre,	kaláſz.
plewy,	Spreu,	pelyva, polyva.
obrok,	das Futter,	abrak.
ſeno,	Heu,	ſzéna.
geſle,	die Krippe,	jáſzol.
podkowa,	Hufeiſen,	patkó.
karabáč,	Peitſche,	korbáts.
retez,	Kette,	reteſz (obex).
kočar,	Kaleſche, Kutſche,	kotſi.
kolo,	Rad,	kerek; külo, küvő (radius rotae).
kolomaz,	Wagenſchmier,	kulimáz.
oběd,	Mittagsmahl,	ebéd.

weečere.

Böhmisch.	Deutsch.	Magyarisch.
wečeře,	Nachtmahl,	vatsora.
ſtul,	Tisch,	aſztal.
vbrus,	Tischtuch,	abroſz.
widlički,	die Gabel,	villa, villátſka.
regže,	der Reiß,	ris, ris-káſa.
petržel,	Petersilge,	petrezselyem.
repa,	Rübe,	répa.
pečeńe,	Braten,	petſenye.
rak,	Krebs,	rák.
ſlanina,	Speck,	ſzalonna.
med,	Honig,	méz.
oleg,	Oel,	olaj.
ocet,	Essig,	etzet.
porucjm,	Befehlen,	parantſolni.
krčmař,	Gastwirth,	kortſomáros.
kaťe,	Unterhosen,	gatya.
koláč,	Kuchen,	kaláts.
roucho,	Kleid,	ruha.
klobuk,	Huth,	kalap.
kabat,	Rock (weibl.)	kabát.
plaſť,	Mantel,	paláſt.
ċuba,	langer Pelz, Wildschur,	ſuba.
pentle,	Stirnband,	pintli.
ſukńe,	Rock (weibl.)	ſzoknya,
ſlad,	das Malz,	ſzalad.
chmel,	Hopfen,	komló,
ciſta,	rein,	tiſzta.
droúr,	Hof,	udvar,
komornje,	Cammerherr,	komornyik.
hegduk,	Heiduk,	hajdu.
ſled,	Gefolg,	tſeléd.
paſtyř,	ein Hirt,	păſztor.
deſky,	das Brett,	deſzka.
vlice,	die Gasse, Straße,	utza, uttza.
kord,	Degen,	kard.
opat,	Abt,	Apat-Ur.

cyſař,

Böhmisch.	Deutsch.	Magyarisch.
cysař,	Kaiser,	Császár.
král,	König,	király.
husar,	Husar,	huszár.
vřadnik, vředlnik,	Amtmann,	uradalnok.
vro-syn,	ein Edelknabe,	Ur-fi.
kowač,	Schmid,	kováts.
bednář,	Binder,	bodnár.
mlynář,	Müller,	mólnár.
otec,	Vater,	atya.
wnuk,	der Enkel,	unoka, onoka.
zub,	Zahn,	zap-fog (dens molaris.)
nedwěd,	der Bär,	medve.
begk,	der Stier,	bika.
straka,	die Aelster,	szarka.
kawka,	Dohle,	tsóka.
sogka,	Nußhacker,	szajkó.
kačer,	Enterich,	kátsér, gátsér.
kachna,	die Ente,	katsa.
kapoun,	Capaun	kappan.
paw,	Pfau,	páva.
holub,	Taube,	galamb.
pawouk,	die Spinne,	pók.
mol,	die Schabe,	moly.
chwrček,	die Grille,	prüttsök, tüttsök.
rog,	Bienenschwarm,	raj.
potok,	der Bach,	patak.
skála,	Fels,	szikla, kö-szikla.
loďka,	der Kahn,	ladik.
štika,	der Hecht,	tsuka.
wizyna,	Hausen,	viza.
sak,	Werkzeug, womit man Fische fängt,	szák.
chybiti,	fehlen,	hibítni, hibázni.
kasstan,	Castanien,	gesztenye.
jawor,	Ahornbaum,	javor oder juhar-fa.
buk,	Buche,	bükk, bük-bikfa.

topol,

Böhmiſch.	Deutſch.	Magyariſch.
topol,	Pappelbaum,	topolya-ſa.
tis,	Eibenbaum (taxus),	tiſza-fa.
ruže,	Roſe,	rózſa.
tulypan,	Tulpe,	tulipány.
cytron,	Citrone, Limonie,	czitrom.
kroupy,	Heidekorn,	kruppa.
kukruc,	Türkiſcher Waizen,	kukuritza.
ſlýwa,	Pflaume, Zwetſchgen,	ſzilva.
ſtřeſſňe,	Kirſchen,	tſereſnye.
broſkew,	Pfirſchich,	baratzk, baraſzk.
okurki,	Gurken,	ugorka.
dyňe,	Melonen,	dinnye.
tykew,	Kürbis,	tök,
nyſſpule,	Miſpel,	noſzpolya.
bob,	Bohne,	bab.
mrkew.	gelbe Rübe,	murck, murkó, murok, répa.
kapuſta,	Kohl, Kraut,	kapoſzta.
koukol,	Unkraut,	konkoly.
kow,	Metall,	kö, értz-kö.
ocel,	Stahl,	atzél.
olow,	Bley,	ólom, ón.
penjz,	Geld, Pfenning,	pénz.
patak,	ein 5 Pfenniger,	peták, ein Siebner.
poiturák,	Sechspfenniger,	póltura, pótra.
púl,	halb, halbe,	fél.
pinta,	eine Maaß,	pint.
mjle,	Meile,	mél oder mély-föld.
lot,	ein Loth,	lat, lót.
nemý,	ſtumm,	néma,
ſſeplawy,	liſpelnd,	ſelyp, pelyp.
prčka,	Naſenſtüber,	fritſka.
brát,	Bruder, Freund,	barát.
bol,	Schmerz, Kummer,	baly, baj.
robota,	Arbeit,	rabota.
oſen,	Herbſt,	öſz.

Böhmisch,	Deutsch,	Magyarisch.
pael,	Staub,	por.
baereg,	Ufer,	part.
kol,	Pfahl,	karó,
golub,	Taube,	galamb,
bik,	Stier,	bika.
ċuda,	Wunder,	tſuda.
roż,	Roggen,	rozs.
borona,	Egge,	borona.
rob,	Sklav,	rab.
meżc,	Gränze,	mezsdje,
mera,	Maaß,	mérö.
ſtoroż,	Wacht,	ſtrazsa.
igo,	Joch,	iga.
kit,	Wallfiſch,	tzet-hal.
zeleno,	grün,	zöld.
blag,	seelig,	bóldog.
ty,	du,	te.
my,	wir,	mi.
debell,	dick,	debella.
blag,	seelig,	bóldog.

Anmerk. 1. Diejenigen Buchstaben, worüber im Böhmischen ein Pünctchen steht, werden weicher, wie sonst, ausgesprochen. Das ď entspricht also dem dj, oder gy; das ň dem ny; das č dem cs; das ť dem ty; das ż dem zs, oder 's im Magyarischen. Das g aber lautet wie das j, als rog, sprich roj, das oleg etc. olej aus.

Anmerk. 2. Auffallend und merkwürdig ist es, daß die Wörter, welche wir Magyarn mit den Böhmen und andern Europäischen Nationen gemein haben, größtentheils *Nomina Substantiva* sind; es giebt darunter äusserst wenige *Adjectiva*.

Anmerk. 3. Manche der hier verglichenen Wörter sind keine ächte Böhmische oder Slavische Wörter, und eben deswegen kommen solche, ausser dem Magyarischen, auch in andern Sprachen vor. Ob die übrigen aber die Magyarn von Slaven, oder umgekehrt, die Slaven von Magyarn entlehnt haben, ist eine Frage, die sich schwerlich beantworten läßt. Wer übrigens be-

haupten

haupten wollte, daß bloß die Magyarn Wörter von Slaven und andern Nationen, und diese hingegen keine von den Magyarn geborgt haben, der würde sehr irren, und seine Ungewandheit in Sprachen verrathen.

Anmerk. 4. Die 21 letzten Wörter, welche Russisch sind, habe ich aus dem schon oft erwähnten „Srawnitelnye Slowari etc." die übrigen aber aus dem „Sl'ownik Reci česke" genommen. Siehe „die Böhmische Sprachkunst von Joh. Wenzel Pohl, Wien 1776. S. 255 - 430.

§. 21.

Deutsch.	Magyarisch.	Deutsch.	Magyarisch.
die Butte,	putton.	speichen,	pökni,
der Büttner,	bodnár.	zirpen,	thiripolni.
der Binder,	pintér.	Schelm,	selma, selyma.
Bleyweiß,	plajbász.	Schurk,	lurkó.
Buche,	bükk, bik-fa.	Frauenzimmer,	frajtzimer.
Fackel,	faklya.	Almosen,	alamisna.
Leiter,	létra, lajtorja.	Tanz,	tántz.
Schinke,	sonka.	tanzen,	tántzolni.
Scheuer,	csür, tsür.	Pistol,	pistoly.
Zettel,	tzédula.	Haus,	ház.
Erbse,	borsó.	Hering,	hering.
Linse,	lentse.	Engel,	angyal.
Latscher,	latsuha, lassú.	Lacken,	lokaj.
Schrot,	serét, srét.	Vorreiter,	fellajtár.
Ziegel,	tégely.	fein,	fáin.
Zapf,	tsap.	Barbier,	borbély.
Werbung,	verbunk.	Kohlrübe,	karalábé.
Säbel,	szablya.	Presse,	prés.
Stall,	istálló.	Dolmetscher,	tolmáts.
Klystier,	kristély.	Bürste,	borosta.
Most,	must.	Loch,	lik, lyuk.
Lein,	len.	Ziel,	tzél.
Zellery,	zelier.	Scherbe,	tserep.
Mühe,	mü, mir.	Lade,	láda.
Butt,	buta, bonta.	lauschen,	lesni.

 Nacken,

Deutsch.	Magyariſch.	Deutsch.	Magyariſch.
Nacken,	nyak.	Paß,	paſſus.
Lärm,	lárma.	Taback,	tobák.
Dinkel,	tenkely.	Weinſuppe,	bor-ſuſa.
Schanze,	ſántz.	Fuhre,	fuvar.
Thurm,	torony.	Wachs,	viaſz.
Viertel,	fertály, ſertom.	Wermuth,	üröm.
Wächter,	bakter.	Abſatz,	obſes.
Schleppe,	ſzalup.	Artiſchocke,	ártitſóka.
Schindel,	zſindely.	Ahle,	ár.
Peterſilge,	petrezselyem.	Mode,	módi.
Mühle,	malom.	Quentchen,	könting.
müchſen,	motztzanni.	Schöps,	tzap.
Kies,	követs.	Bock,	bak.
Schande,	ſundaság.	Mörſer,	mozsár.
Laub,	level.	Latte,	létz.
Grundbirn,	kolompér.	Safran,	ſáfrány.
Muſik,	muſika.	Rocke,	rokka.
Zucker,	tzukor.	Abriß,	ábrázolat.
Flinte,	flinta.	reiſſen,	rajzolni.
Stube,	ſzoba	Dinte,	tenta.
Caffee,	kávé.	Röſte,	roſtély.
Uhr,	óra.	röſten,	röſtölni.
Paſtete,	páſtétom.	Karbatſche,	korbáts.
Frühſtück,	fölöſtök.	Rettig,	retek.
Heerde,	tſorda.	Rübe,	répa.
Loth,	lat, lót.	Bräme,	prém.
Nöſel,	meſzely.	Plunder,	pundra.
Drath,	dorót, drót.	Buſch,	bósa.
Gläslein,	kláſli.	Jäger,	jáger.
Garten,	kert.	Pallaſt,	pallos.
Pfund,	font.	Spital,	iſpotály.
Geld,	zſóld.	Käufer, Käuferin,	kufár, kuſſanto, kofa.
Schnur,	ſinór.		
Schlacke,	ſalak.	Lager,	Loger,
grob,	goromba oder góbián.	Pettſchaft,	petſét-nyomó.
		ſchlimm,	ſchlimſchlám.

Miſch-

Deutsch.	Magyarisch.	Deutsch.	Magyarisch.
Mischmasch,	mismás.	Lanze,	lántsa.
Zitze,	tsets.	Graf,	gróf.
Diamant,	djémánt.	Herr,	úr.
Winzer,	Vintzlér.	Post,	posta.
Gurke,	ugorka.	Kost,	koszt.
wählen,	választani.	Abschied,	obsit.
Schwager,	Sógor.	Wälsch,	olasz.
Glöt,	glét.	Meister,	mester.
Schachtel,	iskatulya.	Kegel,	kugli.
Gränze,	granitz.	Ziffer,	tzifra.
Nachen,	tsónak.	Rost,	rozsda.
Bretzel,	peretz.	Herzog,	Hertzeg.
Stock,	töke.	Reiß,	ris-kása.
Schraube,	seróf, sróf.	Strang,	istrang.
Ingwer,	gyömbér.	es muß seyn,	muszáj.
Erz,	értz.	packen,	pakolni.
Zinn,	tzin.	Packet,	pakét
Blech,	pléh.	Chor,	kar.
Grünspan,	grispán.	Schildwache,	silbak.
frisch,	friss.	Stab,	istáp.
Kutsche,	kotsi.	Tasche,	táska.
Mode,	módi.	Trabant,	drabánt.
Rahme,	ráma.	Gitter, Gatter,	gátor.
Rang,	rang.	galopiren,	kalapérozni.
Hundsvogt, Hundsfutt,	huntzfut.	Rasttag,	rostok.
		Panzer,	pántzél.
Muster,	mustra.	Lauge,	lúg.
Beere,	eper.	schürgen,	sürgetni.
Interesse,	interes.	Trompete,	trombita.
Cavalier,	gavallér.	Friede,	fridj, frigy.
Caserne,	kaszárnya.	Vorhang,	firhang.
Zwirn,	tzérna.	Runzel,	rántz.
braun,	barna.	runzeln,	rántzolni.
ich esse,	eszem.	Firniß,	firnátz.

Anmerk. Jetzt fallen mir nicht mehrere Wörter ein: auch diese Anzahl ist aber schon beträchtlich. Allein wer siehet nicht, daß es nicht alle ächt-deut-

 sche

sche, sondern aus dem Lateinischen, Französischen, Slavischen, ja, sogar Magyarischen entlehnte Wörter sind? Das Wort Buche z. B. Erbse, Linse, Zapf, Lein, Speiche, Loch, Scherbe, Nacken, Lärm, Stube, Heerde, Garten, Zitze, Kutsche, Runzel, Lauge, braun rc. sind eher, wie mir dünkt, aus den Magyarischen bükk, borsó, lentse, tsap, len, pök, lik oder lyuk, cserep, nyak, lárma, szoba, csorda, kert oder garád, tsets, kotsi, rantz, lúg, bárna etc. als umgekehrt, entstanden. Siehe die Anmerk. des vorhergehenden §., die auch hier angewandt werden kann.

§. 22.

Lateinisch.	Magyarisch.	Lateinisch.	Magyarisch.
Biblia,	Biblia.	cantor.	kántor.
evangelium,	évangyeliom.	psalterium,	zsóltár.
Episcopus,	Püspök.	versus,	vers.
Archiepiscopus,	Ersek.	organista,	organyista.
Abbas,	Apát-úr.	reliquiae,	ereklye.
Abbatissa,	Apátza (Nonne)	turris,	torony.
christianus,	keresztyén.	caemeterium,	tzinterem.
crux,	kereszt.	notarius,	notárius.
haereticus,	eretnek.	paganus,	pogány,
Ecclesia,	Eklésia.	elemosyna,	alamizsna.
capellanus,	káplány.	Sacramentum,	Sakramentom.
templum,	templom.	cruce signare,	keresztelni (taufen)
chorus,	kar.	eremita,	remete.
cathedra,	katédra,	angelus,	angyal.
altare,	óltár.	Pentecoste,	Pünköst.
hostia,	ostya.	incarnatio (Christi)	karátsony.
calix,	kehely.	claustrum,	klastrom.
missa,	mise,	capitulum,	káptalan.
praedicator,	prédikator.	gradus,	grádits, garádits.
praedicatio,	predikátzio.	proba,	proba.
praedicare,	prédikálni.	probare,	probálni.
magister,	mester	pavo,	páva.
schola,	oskola.	lampas,	lámpás.
rector,	rektor.	planca,	palánk.
praeceptor,	prétzeptor.	columba,	galamb.

malva,

Lateiniſch.	Magyariſch.
malva,	mályva.
lappa,	lapu.
muſika,	muzsika.
muſicus,	muzsikás.
fundamentum,	fundamentom.
pavimentum,	pádimentom.
teſtamentum,	teſtamentom.
apotheca,	patika.
emplaſtrum,	ſlaſtrom.
philomela,	filemile.
globus,	golyóbis.
ſtella,	tſillag.
muſca,	muska.
bubalus,	bivaly, bial.
hora,	óra.
cerimonia,	tzeremónia.
dis,	dus.
ſchedula,	tzédula.
ſcindula,	zſindely.
armarium,	almáriom.
taberna,	taberna.
roſa,	rózsa.
caſtanea,	geſztenye.
meſpilum,	noſzpolya.
vervex,	berbéts.
elegia,	alagya.
circus,	kerek.
circulus,	karika.
raucus,	rekett.
ceraſum,	tſereſnye.
meraſum,	medj.
buxus,	puſzpang.
theca,	tok.
lectio,	letzke.
camera,	kamara.
ſcrinium,	ſzekrény.

Lateiniſch.	Magyariſch.
capo,	kappan.
ſapo,	ſzappan.
creta,	kréta.
larva,	lárva.
mola,	malom.
molitor,	mólnár.
muſtum,	muſt.
decima,	dézma.
zingiber,	gyömbér.
circinus,	tzirkalom.
guſtare,	kóſtolni.
palatium,	palota.
palla, pallium,	paláſt.
caminus,	kémény.
cuminum.	kömén, kemén.
arcus (Bogen),	árkus.
rapa,	répa.
clavis,	kults.
gyrus,	gyűrű (Ring).
obluere,	öbliteni.
peſtis,	peſtis.
pariare,	párjálni.
proteſtari,	proteſtálni.
porrum,	pár-hagyma.
procurator,	Prokátor.
placenta,	palatſinta.
limitare,	limitálni.
pratum,	rét.
corona,	korona.
coronare,	koronázni.
reſtantia,	reſtantzia.
uſura,	uzſora.
papyrus,	papiros.
lens, -tis,	lentſe.
cifra, (zero)	tzifra.
polire.	palérozni.

Lateinisch.	Magyarisch.	Lateinisch.	Magyarisch.
forma,	forma.	mordere,	marni.
summa,	summa.	sorbere,	szörbölni.
lavendula,	levendula.	tractare,	traktálni.
minutum,	minuta.	dictare,	diktálni.
strigonium,	Esztergom.	lancea,	lántsa.
claudiopolis,	kolosvár.	charta picta,	kártya.
tavernicus,	tárnok.	cupa,	kupa.
penna,	penna.	materia,	matéria.
lilium,	liliom.	par,	pár.
arca (Noë)	bárka.	castellum,	kastély.
linum,	len.	statio,	estatzio, statzio.
lora,	lőre.	regimen,	regement.
stabulum,	istálló.	laterna,	lantorna.
ciconia,	tzakó.	pompa,	pompa.
sors,	sors.	manca,	tsonka.
truncus,	töke, tönkő.	Cremnicium,	körmötz,
stupa,	tsepü.	Schemnicium,	Selmetz.
cacare,	kakálni.	calamarium,	kalamáris.
curtus,	kurta.	forare,	fúrni.
pondo,	font.	cisterna,	tsatorna.
curvus,	görbe.	quis, qui,	ki.
vigil (videns),	vigyázó.	fascolus,	faszuly, paszuly.
vigilare (videre),	vigyázni.	securis,	szekertze.
strangulum,	istráng.	theriaca,	terjék.
modus,	mód.	amygdalum,	mandola.
familia,	familia, falamia.	pedum,	bot.
terminus,	terminus.	cadus,	kád.
jus,	jussis.	congius,	kondér.
pixis,	pikssis,	fundare,	fundálni.
aurum,	arany.	cicer,	csicser-borsó.
praeda,	préda.	punctum.	punktom.

Anmerk. Auch nach anhaltendem Nachdenken darüber, fallen mir gegenwärtig nicht mehr bei, und es ist wahrhaftig zu bewundern, daß die lateinischen Wörter sich im Magyarischen so sparsam einfinden, da diese Sprache in Ungarn seit so vielen Jahrhunderten (mit der christlichen Religion ist sie hier

hier öffentlich eingeführt) zu Hause ist, zum größten Nachtheil der Magyarischen Sprache bis zu dieser Zeit noch herrschet. Auf hohen sowohl als auf niedern Schulen wird alles lateinisch gelehrt und gelernet. Die Studenten werden — sie wurden wenigstens vor einiger Zeit — gestraft, wenn sie sich unterstanden haben, sich ihrer Muttersprache zu bedienen. Man ist also gleichsam genöthiget, auch das Wenige, was man bei seiner Amme oder Mutter im Magyarischen gelernet hat, zu verlernen.

§. 23.

Französisch.	Magyarisch.	Französisch.	Magyarisch.
berceau,	böltsö, bötsö.	coureur,	kurir.
poudre,	por,	couvert,	kóperta.
cuiller,	kalán.	cramoisi,	karmzsin.
moulen,	malom.	doux, douce,	édes.
laquais,	lokaj.	troupe,	trupp.
mascarade,	maskara.	bâton,	bot.
sabre,	szablya.	citron,	czitrom.
attaquer,	attakirozni.	or,	arany.
coq,	kokas.	billet,	baléta.
dame,	dáma.	bisse,	bársony.
parade,	paradé.	morceau,	morceau.
paquet,	pakét.	loquet,	lakat.
mille,	mély - föld.	pipe,	pípa.
fraich,	friss.	quittance,	kvétántzia.
pantoufle,	pántófel,	double,	dupla.
mouche,	muska,	boutique,	pantika.
doubler,	duplázni (dublik).	banqueroute,	pankrót.
arrêt,	áreſtom.	escadron,	ſvadrony.
cavalier,	gavallér.	compagnie,	kompánia.
intérêt,	interes.	mode,	módi.
galant,	galand.	passage,	passus.
bagatelle,	bakatella.	passement,	paszamánt.
chatoulle,	iskatulya.	bagage,	pagázsia.
vigne,	vinyike, venyike.	généreux,	gyönyörü.
ça,	no - sza.	huile,	olaj.
ingenieur,	inzsinér.	la mêch,	méts oder mécs.

 bastion,

Französisch.	Magyarisch.	Französisch.	Magyarisch.
baston,	bástya.	fin,	fáin.
moutarde,	mustár.	courte,	kurta.
salade,	saláta.	chapon,	kappan.
bouteille,	butellia, butella.	etudiant,	diák, deák.
cerise,	cseresnye.	dix,	tiz.
brunet,	barna.	trompette,	trombita.
parole,	parola.	bordel,	bordély - ház.
courage,	kurázsi.	pardon,	pardon.
trancher,	tráncsérozni.	orange,	narants.
diamant,	djémánt oder gyémant.	biscuit,	piskóta.
Capitaine,	kapitány.	paysan,	pajzán.

Anmerk. 1. Mehr fallen mir jezt nicht ein. Mit den Griechen haben wir — die Magyaren — wenig Wörter gemein, z. B. paripa, vom παρίππος, Pferd, ein verschnittenes Pferd; túró, vom τυρος, Käse; gyürü, vom γυρος, Ring; duló, vom δȣλος, ein lictor oder öffentlicher Diener der Obrigkeit; alamizsna, vom ἐλεημοσυνη; harag, Zorn, vom ὀργη; puja, Kind, Bube, vom παις; árva, Waise, vom ὀρφανος. Die zwey ersten können aber auch vom Persischen parepa پريپا celer, praestans pede etc. und tur تُور Kern, Milchrahm (flos lactis, et ex eo coctum pulmentum etc.) abgeleitet werden.

Anmerk. 2. Das Magyarische Wort Isten Gott, kommt außer dem Magyarischen bloß im Persischen, (jizden oder izden يزدان); das ember Mensch, Mann, bloß im Spanischen (ombre); das bor Wein, nur im Albanischen (ver oder ber); das kenyér Brod aber, in keiner Sprache der Welt, so viel ich weiß, vor.

§. 24.

Albanisch.	Aussprache.	Deutsch.	Magyarisch.
γκρεσστα,	greschtá,	Weintraube,	gerézd, szőlő - gerézd (acinus).
μακτζε,	matsche,	Katze,	matska.
καντάρ,	kanntahr,	die Halfter,	kantár.
κολυμπε,	kolübe,	Hütte,	kalyiba, kaliba.

καλαμάρ-

Albanisch.	Aussprache	Deutsch.	Magyarisch.
καλαμάρ,	kalamahr,	Dintenfaß.	kalamáris.
καμαρε,	kamaro,	Kammer,	kamara.
δέβε,	dewe,	Kameel,	teve.
καστεννια,	káschtenniá,	Kastanie,	gesztenye.
κάπον,	kahpen,	Kapaun,	kappan.
κȣπα,	kupá,	Pocal, ein hölzerner Becher,	kupa,
τιέγκȣλα oder τέ-λα,	tjehgula,	Ziegel,	tégla.
κιȣτζ,	kjudsch,	Schüssel,	kúts, kults.
πλιȣρ,	plljur,	Staub,	por.
σσιεσσα,	schjoscha,	Sieb,	szita,
βέρα,	werá oder berá,	Wein.	bor.
βάι,	waj, wáj,	Oel, Butter,	vaj, Butter.
μπιȣθα,	bjutschá,	das weibliche Glied	pitsa.
μαγκαζέ,	magáseh,	Magazin,	magazin.
ασλαν,	aslan,	Löw,	oroszlán.
μαιμȣν,	maimun,	Affe,	majom.
άρ,	ar,	Gold,	arany.
μαμα,	mámá,	Mutter,	mama.
μασκαρά,	maskaráh,	Maske (masque),	maskara.
μιεσάρ,	mjestár,	Handwerk. Künstler,	mester-ember (opifex).
σιȣ,	sju,	Auge,	szem.
κȣρβάρ.	kurwar,	ein Hurer, Hure,	kurva.
βιτζ,	widsch oder bidsch,	Kalb,	botzi.
μȣσστ,	muscht,	Most,	must.
μȣλλί,	mulli,	Mühle,	malom.
μπερμπέρ,	berbehr,	Barbier,	borbély.
ιβάρφαρ,	iwahrphár,	Waise,	árva (ὀρφανος).
παζάρ,	pasahr oder wasahr	Markt, Messe,	vásár.
παλατ,	palat,	Schloß, Pallast,	palota.
καπȣτζα,	kápudschá,	Schuhe, Socke,	kaptza, paputs.
άτ,	at,	Vater,	atya.
κιȣπ,	kjup,	ein hölzern. Gefäß,	kupa.
μπαγκάτζια,	bágadschá,	Habseligkeit,	bagázsia (bagage).

Albanisch.	Aussprache.	Deutsch.	Magyarisch.
ὀρίς,	oris,	Reis,	ris-kása.
σαλάτα,	salahtá,	Salat,	saláta.
σαπȣν,	sapun,	Seife,	szappan.
σπατα,	spatá,	ein Gewehr, Dolch,	spáde.
σϛȣπα,	schtupá,	Werg,	tsepű (stupa).
τζεκάν,	dshekahn,	Keule,	tsákány.
σκολί,	skoli,	Schule,	oskola.
τζανταρ,	dshadár,	Zelt,	sátor.
πεσσκα,	puschká,	Flinte,	puska.
τζιαπ,	dshjop,	Hahn, Zapfen,	tsap.
λιοπατα,	ljopatá,	Schaufel,	lapát.
κοπάτζ,	kewahdsh,	Schmied,	kováts.
κάρτα,	kahrtá,	Karte,	kártya.
σσιεντ,	schjed,	heilig,	szent.
σταπ,	stap,	Stab, Stock,	istap.
βεσσγια,	wesshgjá,	Niere,	vese.
ρȣς,	rus,	gelb,	sárga.
ποτκȣα,	potkua,	Hufeisen,	patkó.
σσαπκα,	schapká,	Mütze,	sapka.
ὀυδα,	uhdá,	Weg,	út.
στυψ,	stúps,	Alaun,	timsó.
ντιέ,	djeh,	gestern,	teg-nap, tennap.
ντερθ,	derth,	gießen,	tölt.

§. 25.

Romanisch.	Aussprache.	Deutsch.	Magyarisch.
ἄγκȣρι,	aguri,	Gurke,	ugorka.
ἀγȣρίδα,	agurida,	Weintraube,	szölö-gerézd.
ἄγριος,	agrios,	wild,	egres, wilde Taube.
ἀμή.	ami,	aber,	ám.
βαρκα,	barka,	Kahn, Schiff,	bárka.
ἔτζη,	edschi,	so, also,	igy oder idj.
καβαλλάρης,	kawalaris,	ein Ritter,	gavallér.
καλυβί,	kalúbi,	Hütte,	kalyiba.
καμάρα,	kamara,	Kammer,	kamara.

καλαμάρ.

Romanisch.	Aussprache.	Deutsch.	Magyarisch.
καλαμάρ,	kalamar,	Dintenfaß,	kalamáris.
κανατα,	kanata,	eine Art Gefäßes,	kanta (amphora).
καπόνι,	kaponi,	Kapaun,	kappan.
καςανον,	kastanon,	Kastanie,	gesztenye.
κερκελι,	kerkeli,	Cirkel,	tzirkalom.
κομβι,	kombi,	Knopf,	gomb.
κȣβαρι,	kubari,	ein Knauel,	gombalyag.
κȣκȣ βάγια,	kuku-bagia,	die Eule,	bagoj.
κȣρδȣβάνι.	kurduwani,	von Korduk,	kordovány (Leder).
μαγαζι,	magasi,	Magazin,	magazin.
μαϊμȣ,	maimu,	Affe,	majom.
μασκαρᾶς,	maskaras,	Maske,	maskara.
μάςορας,	mastoras,	Handwerk. Künstler,	mester-(ember).
μελισσα *),	melischta,	Biene,	mély oder méh.
μȣςος,	mustos,	junger Wein,	must.
μπαρμπέρης,	barberis,	Barbier,	borbély.
ξηρος,	ksiros,	dürr, trocken,	száraz.
ὀργη,	orgi,	Zorn,	harag.
παζάρι,	pasari,	Markt, Messe,	vásár.
παλατι,	palati,	Schloß, Pallast,	palota.
πανι,	pani oder wani,	Leinwand,	vászon.
πατῶ,	pato,	treten,	tapodni.
παιδι,	pajdi,	Kind, Bube,	puja (παις).
παιζω,	pajso,	spielen,	pajzánkodni.
παπȣτζι,	paputschi,	Pantoffel,	paputs.
πιτα,	pita,	eine Art Kuchen,	pite.
ῥιζι,	risi,	Reis,	ris-kása.
ῥοκα,	roka,	Sack,	rokka.
σακκι.	sacki,	Spinnrad, Rocken,	zsák.
σαλατα,	salata,	Salat,	saláta.
σαπȣνι,	sapuni,	Seife,	szappan.

*) So wie μελισσα Biene, von μελι Honig abgeleitet worden, so ist auch *méhész* Biener, vom *méh* Biene, und dies vom *méz* im Magyarischen entstanden.

Romanisch.	Aussprache.	Deutsch.	Magyarisch.
σαλιβάρι,	salibari,	Zaum,	zabola.
σανίδι,	sanidi,	Schindel,	zsindely,
στύψι,	stüpsi,	Alaun,	timsó.
σπαθί,	spathi,	ein Dolch,	spádé.
σπαργανον,	sparganon,	Bindfad., Schnur,	spárga.
σπιȣ̃νος,	spiunes,	Spion,	spion.
στȣππι (stupa),	stuppi,	Werg,	tsepű.
τȣ̃βλον,	tuwlon,	Ziegel,	tégla,
τζιμπλα,	dschibla,	Triefäugigkeit,	tsipa (lacuna).
τυρί,	türi,	Käse,	túró.
χαρτι,	kharti,	Spielkarte,	kártya.

§. 26.

Wallachisch.	Aussprache.	Deutsch.	Magyarisch.
αίτα,	aitá oder itá,	Zeit, Wetter,	idő.
γκορτζȣ,	gordshu,	Birne,	körté, körtvély,
κολλίȣ,	kollju,	Hoden,	golyó, gollyó.
τζιτζα,	dschidshá,	Brust, Zige,	tsets.
άȣσσȣ,	oschu,	alt, grau,	ősz.
τζȣντίε,	dsudje,	Wunder,	tsuda.
λαλαμάρȣ,	kálámahru,	Dintenfaß,	kalamáris.
λαλύβα,	kalüwá,	Hütte,	kalyiba.
κανάτα,	kánahtá,	eine Art Gefäßes,	kanta.
κάπόνȣ,	kapohnu,	Kapaun,	kappan.
γκαςαννε,	gástánne,	Kastanie,	gesztenye.
γκαρντήνα,	gárdiná,	Garten,	kert.
καρτελλιȣ,	kártellju,	Zirkel,	tzirkalom.
ρόσσιȣ,	roschju,	roth,	veres.
μολιτζα,	molidschá,	Schabe, Motte,	moly.
λȣπατα,	lupata,	Ruder, Schaufel,	lapát (evező).
κȣρδȣβανε,	kurduwane,	Kurduber (Leder),	kordovány.
άσλάνȣ,	aslahnu,	Löw,	oroszlan.
μακαζα,	mákásá,	Magazin,	magazin.
μαιμȣνȣ,	maimuhnu,	ein Affe,	majom.
μȣμα,	muhmá,	Mutter,	mama.

μαςκαρα

Wallachiſch.	Ausſprache.	Deutſch.	Magyariſch.
μαςκαρα,	måſkårå,	Maske,	maskara.
μαςορȣ,	maſtoru,	Handwerker,	meſter - ember.
κȣρβάρȣ,	kurwahru,	Hurer, Hure,	kurva.
μολυβε,	molúwe,	Bley, Zinn,	ólom, ón.
μȣςȣ,	muſtu,	Moſt,	muſt.
μπελμπέρȣ,	belbehru,	Barbier,	borbély.
πȣτζινȣ,	pudſchinu,	klein, winzig,	pitzinyó.
παζάρε,	påſahre,	Jahrmarkt,	váſár.
παλάτε,	pálahte,	Pallaſt,	palota.
παιντζα,	pándſchå,	Leinwand,	váſzon.
παπȣτζα,	påpudſchå,	Pantoffel,	paputs.
τάτα,	tahtå,	Vater,	atya.
κιȣπα,	kjupå,	eine Art Geſäßes,	kupa.
πίτα,	pitå,	eine Art Kuchen,	pite.
μπȣγκȣτζῆλλε,	bugudſchille,	Habſeligkeit,	bagázſia.
ὀρίζȣ,	oriſu,	Reis,	ris - káſa.
βεσστιȣ,	weſchtju,	Tuch,	poſztó.
σάκκȣ,	ſakku,	Sack,	zſák.
σαλάτα,	ſálahtå,	Sallat,	ſaláta.
σαπȣ͂νε,	ſapune,	Seife,	ſzappan.
κοάρντα,	koardå,	Schwerdt, Degen,	kard.
σπαργκανȣ,	ſpargånu,	Bindfad., Schnur	ſpárga.
σπιȣνȣ,	ſpjunu,	Spion,	ſpion.
τζȣπȣ,	dſchupu,	Werg,	tſepü.
προάσςε,	proaſte,	Schleuder,	parittya.
τζίκȣ,	dſcheku,	Keule,	tſákány.
σκολεῖε,	ſkolije,	Schule,	oskola.
στογκȣ,	ſtogu,	Getreide-Haufen,	aſztag.
τζάλπα,	dſchalpå,	Trieſäugigkeit,	tſipa (laema).
τȣβλα,	tuwlå,	Ziegel,	tégla (tegula).
τζάπȣ,	dſchapu,	Bock,	tzap.
λȣπάτα,	lupahtå,	Ruder, Schaufel,	lapát.
κάρτε,	kahrte,	Spielkarte,	kártya.
στυψε.	ſtúpſe,	Alaun,	timſó.
σαμτȣ,	ſåmtu,	heilig,	ſzent.
ούντȣ,.	untu, udu,	benetzen, begießen,	öntöz, ötöz.

μπȣτοάρε,

Wallachisch.	Aussprache.	Deutsch.	Magyarisch.
μπετσάρε,	butoare,	stinkend,	büdös.
σετα,	sutá,	hundert,	száz.
ρέτέ,	rusu,	gelb,	sárga, sárig.
μαλτζί,	máldschi,	Leber,	mály, máj.
λιντε,	linte,	Linse,	lentse.

Anmerk. 1. Das allen Sprach- und Geschichtforschern interessante Albanische und Romanisch-Wallachische Wörterbuch, woraus die in den drey obigen §§. enthaltenen Albanischen, Romanischen und Walachischen Wörter genommen worden sind, wurde in Venedig 1770 bei Antonio Bortoli gedruckt. Der Verfasser davon ist der Protopapas oder vornehmste Prediger in Moschopolis in Macedonien, Herr Theodor Kawalliotis. Er ist — wenn er sonst noch lebt — ein gelehrter Mann, der gelehrteste unter seinem Volke, der Sprachen, Philosophie, und Mathematik mit Nutzen studirt hat. Da er das Griechische, das Wallachische und Albanische als Muttersprachen versteht und redet, bewog ihn sein Landsmann Hr. Georg Trikupa, genannt Kosmiski, ein patriotischer Kaufmann, und ein Freund der Gelehrsamkeit dieses Buch — Protopeirie — zum Vortheile der Griechen zu schreiben (außer gedachtem Wörterbuch sind darin ein Griechisches und auch ein Lateinisches A B C-Buch, Sprüche ꝛc. für Kinder auf Griechisch, die gewöhnlichen Griechischen Kirchenlieder, die Neugriechischen Zahlwörter, Ziffern, und das Einmal Eins enthalten) und ließ solche darauf in Venedig auf seine Kosten drucken: der ganze Titel davon ist folgender: Πρωτοπειρία παρὰ τοῦ Σοφολογιωτάτου, και Αἰδεσιμωτάτου Διδασκάλου, Ἱεροκήρυκος, και πρωτοπαπᾶ Κυρίου ΘΕΟΔΩΡΟΥ ΑΝΑΣΤΑΣΙΟΥ ΚΑΒΑΛΛΙΩΤΟΥ του Μοσχοπολίτου ξυντεθεῖσα, και νῦν πρῶτον τύποις εκδοθεῖσα, δαπάνη τοῦ Ἐντιμοτάτου, και Χρησιμωτατου Κυρίου Γεωργίου Τρίκουπα, τοῦ και Κοσμήσκη επιλεγομένου ἐκ πατρίδος Μοσχοπόλεως. Εν-ετίησιν, αψό 1770. παρά Αντωνίω τῷ Βέρτολι. Superiorum permissu ac privilegio. Wer hiervon ein mehreres wissen will, lese Johann Thunmanns „Untersuchungen über die Geschichte der östlichen Europäischen Völker (—— die ich selbst auch benutzt habe —) Leipzig 1774. 1ter Theil. S. 176-181.

Anmerk. 2. Da in der Albanischen und Wallachischen Sprache verschiedene Töne sind, die nicht durch einzelne Griechische Buchstaben ausgedruckt werden können, so hat Herr Kawalliotis gesucht, diesem Mangel durch gewisse

gewisse Zeichen und Verdoppelung einiger Buchstaben abzuhelfen. Der Buchstabe α mit einem unterschriebenen Jota (ᾳ) wird fast wie ein Deutsches ä ausgesprochen; β wie ein w; aber μπ wie ein b; γ allein wie g in gerne; γγ im Anfang eines Worts, wie das Arabische Gain, so daß das n meistens verschluckt wird; mitten im Worte aber als ng; γκ wie g in Gott, oder im Französischen guerre; δ wie bey den Griechen, mit einem Zischen, doch nicht völlig so hart als das Englische th; ντ wird dagegen als ein Französisches oder lateinisches d ausgesprochen; ζ wie ein gelindes s; ζζ wie das Deutsche z; τζ fast wie das Arabische Gim, das Deutsche dsch; η wie ein i, θ wie das th; σσ wie das Deutsche sch; υ wie ü; wenn ι vor einem andern Vokal steht, wird es als ein Consonant ausgesprochen, z. B. γιαμ, nicht giam sondern gjam; αο ist bei den Walachen ein Diphthong, und ein Mittellaut zwischen a und o. Die wahren Töne der übrigen sind bekannter. Siehe das erst gedachte Buch von Thunmann, Seite 180. folg.

§. 27.

Manche meiner Leser werden sich vielleicht darüber wundern, daß ich die vermeinte Verwandtschaft des Magyarischen mit dem Finnischen oder Lappländischen mit keinem Wort bisher erwähnt habe, und das um so mehr, weil diese Verwandtschaft der eben gedachten Sprachen P. Sajnovits *) und I. Hager **) ausser allen Zweifel — wie es unter andern Herr von Murr glaubt ***) — gesetzt haben sollen. Allein weder die Abhandlung von Sajnovits, noch andere Hülfsmittel habe ich bisher in Ansehung der Lapponischen Sprache bekommen können: ich bin daher noch nicht im Stande, über diese Sache richtig urtheilen, für oder wider sie sprechen zu können, und will folglich lieber schweigen, als blindlings etwas behaupten oder entscheiden. Indessen wie diese behauptete, so oft und ausser allen Zweifel gesetzt seyn sollende Sprachverwandschaft beschaffen seyn mag, läßt sich aus

*) In einer Abhandlung unter der Aufschrift: Demonstratio idioma Hung. & Lappon. idem esse. Hafniæ 1770.

**) In seiner Schrift, betitelt: Neue Beweise der Verwandschaft der Hungarn mit den Lappländern. Wien 1794.

***) Dieser Gelehrte sagt in einem seiner Briefe an mich: Linguam Hungaricam ramum esse insignis trunci Finnici extra dubium positum est, & doleo te id nescire. Adfinitatem cum Lapponum dialecto Finnica evidenter monstravit P. Sajnovits, & nuperrime I. Hager. neue Beweise der Verwandschaft &c.

aus der merkwürdigen Thatsache abnehmen, die mir einer der ersten Gelehrten und Mäcenaten von Hungarn, Herr Graf Joseph Teleki von Szék, mitzutheilen die Güte gehabt hat, und die hier, ihrer Wichtigkeit wegen, verdient verdeutscht und eingerückt zu werden. „Ich erinnere mich, sagt der gedachte Graf in seinem mir „in aller Rücksicht sehr schätzbaren Briefe, daß der berühmte Geometer und Ma„thematiker Clairaut, mit dem ich, als ich mich in meiner Jugend in Paris auf„hielt, in genauer Freundschaft lebte, auch der Meinung war, daß die Magyari„sche Sprache mit der Finnischen und Lappischen verwandt sey. Hierüber wettei„ferten wir oft mit einander; endlich gieng die Sache dahin aus: er schrieb ohn„gefähr zweytausend der gemeinen Wörter französisch nieder, und bat mich, die „nehmlichen Wörter auf Magyarisch daneben zu setzen, ich that es, und zwar so, „daß ich auch die Synonymen oder gleichbedeutenden Wörter mit aufzeichnete. „Dies schickte er denn einem seiner Freunde nach Stockholm — einem gebohrnen „Finnen, mit dem er zur Zeit der Bestimmung der Mittagslinie Bekanntschaft „machte — mit der Bitte zu, er möchte ebenfalls auch die nemlichen Wörter auf „Finnisch herschreiben. Das that er auch; schickte es wieder zurück, und es kam „in Paris, ehe ich die Stadt verließ, an, und unter den 2000 Wörtern fanden „wir nicht mehr als ein einziges Finnisches Wort, das mit dem Magyarischen ei„nige — und zwar dieses auch nicht ins Auge fallende — Aehnlichkeit hatte. „Hierauf bekehrte sich Herr Clairaut, und gab seine vorige Meinung ganz auf." Aber gesetzt, die Magyarn haben mit den Finnen und Lappländern viele Wörter gemein, wie es auch Gregor Stiernhielm — ein Schwedischer Sprachforscher — in einem Magyarischen rc. Wörterbuch von Alb. Molnar *), seiner Behauptung nach, bemerkt haben soll **): so folgt doch noch daraus die Verwandtschaft beider Spra-

*) Dieser um die Magyarische Sprache sehr verdiente Landsmann von mir studirte vor ohngefähr zweyhundert Jahren hier in der Nachbarschaft auf der Universität zu Altorf, und gab in Nürnberg das allererste Lateinisch-Magyarische, und Magyarisch-Lateinische Wörterbuch in 2 Theilen, unter dem Titel, heraus: Dictionarium Latino-Ungaricum, und Dictionarium Ungarico-Latinum auctore Alberto Mólnár Szenciensi. Norimbergæ 1604. Daraus sehe ich — denn diese Original-Ausgabe habe ich neulich beym hiesigen Antiquarius gefunden und gekauft — was ich hier beyläufig anmerke, daß die Magyarische Ortographie, zu meinem Erstaunen, vor 200 Jahren fast die nehmliche war, welche sie noch heut zu Tage ist.

**) De linguis primariis & cardinalibus, sagt der gelehrte Schwede, nachdem er von den Semitischen Sprachen und deren Ursprung ausführlich gehandelt hatte, hæc dicta sufficiant. Ex his ut multæ aliæ sunt ortæ & mixtæ, ita innumeræ sunt nobis partim notæ, partim ignotæ, quarum origo plane incomperta est. Inter notas de duabus

Sprachen nicht; sonst wäre nichts leichter, als zu beweisen, daß die deutsche Sprache, unter andern mehrern, mit der Böhmischen, Russischen 2c. oder mit der Slavischen überhaupt, verwandt sey, welche doch himmelweit von einander unterschieden sind, ob sie gleich mehrere Wörter mit einander gemein haben, wie es aus der nachstehenden Tabelle erhellet:

Russisch.	Deutsch.	Russisch.	Deutsch.	Russisch.	Deutsch.
mater,	Mutter.	browi,	Augenbraune.	brucho,	Bauch.
syn,	Sohn.	lubow,	Liebe.	kolino,	Knie.
brat,	Bruder.	lubit,	lieben.	serdtze,	Herz.
sestra,	Schwester.	motsch,	Macht.	moloko,	Milch.
lude,	Leute.	kruj,	Kreis.	nogti,	Nägel.
solntze,	Sonne.	snej,	Schnee.	zrinie,	sehen.
notsch,	Nacht.	serebro,	Silber.	ime,	Name.
woda,	Wasser.	mucha,	Mücke.	witr,	Wind.
more,	Meer.	kot,	Kater, Katze.	sol,	Salz.
wolna,	Welle.	wino,	Wein.	zwir,	Thier.
pole,	Feld.	mys,	Maus.	seat,	säen.
swina,	Schwein.	stos,	stehe.	net,	nicht.
gus,	Gans.	rabota,	Arbeit.	ty,	du.
est,	ist.	dolina,	Thal.	wlast,	Gewalt,
duch,	Dust.	durno.	thöricht.		(Walt).
zlo,	schlimm.	gorlo,	Gurgel.	dwer,	Thür, Thor.
litzo,	Antlitz.	zub,	Zahn.	esli,	essen.
nos,	Nase.	boroda,	Bart.		

Böh-

duabus saltem Ungarica & Finnonica dicam, quarum originem nemo adhuc aperire potuit: nec enim ad Slavonicam, nec ad ullam aliam nobis notam referri possunt. Hoc, quod maxime miror, est, quod in Lexico Ungarico Molnari bene multa vocabula Ungarica invenerim Finnis communia, Nationibus toto cœlo dissitis. In Finnonica, incredibile quam multæ voces Græca reperiantur. Unde mihi orta suspicio gentem Finnonicam ex Gente aliqua Græcis coloniis mixta, jam olim multis ab hinc seculis, originem traxisse. Finnonicæ dialecti sunt, Esthonica & Lapponica. Siehe D. N. Jesu Christi SS. Evangelia ab Ulfila Gothorum in Moesia Episcopo circa annum a nato Christo CCCLX. ex Græco Gothice translata nunc cum parallelis versionibus Sveo-Gothica, Norræna seu Islandica, & vulgata Latina edita Stockholmiæ M. DC. LXXI. (von Stiernhielm) in der Vorrede (S. 38.)

Böhmisch.	Deutsch.	Böhmisch.	Deutsch.	Böhmisch.	Deutsch.
sńeh,	Schnee.	brada,	Bart.	kyris,	Küraß.
regže,	Reis.	čehás,	Zeit.	grub,	grob.
hrabe,	Graf.	swine,	Schwein.	wel-ryba,	Wall-Fisch.
kbel,	Kübel.	patzir,	Panzer.	bednar,	Büttner.
zybule,	Zwiebel.	puda,	Boden.	oko,	Auge.
rada,	Rath.	kranice,	Gränze.	kočka,	Katze.
loubi,	Laube.	vdowa,	Witwe.	kapr,	Karpfen.
opat,	Abt.	wule,	Wille.	gatzik,	Zunge.
host,	Gast.	osel,	Esel.	blesk,	Blitz.
lyde,	Leute.	hńezdo,	Nest.	breh,	Ufer.
tèta,	Taute.	bratr,	Bruder.	wino,	Wein.
lew,	Löw.	kragčck,	Kreis.	hadk,	Hader.
drak,	Drache.	wrch,	Berg.	dobro,	bieder
matč, oder matka,	Mutter.	pluh,	Pflug.	legki,	leicht.

Anmerk. 1. Die hier erwähnte Mittagslinie zogen bekanntlich auf Befehl Ludwigs des XV. gemeinschaftlich die Herren de Maupertuis, Clairaut, Camus, le Monnier, und Outhier im Jahre 1735-1737. Es gesellete sich zu diesen eben gedachten französischen Gelehrten, nachdem sie in Schweden ankamen, um den Anfang des aufgetragenen Geschäftes in Lappland zu machen — der damalige berühmte königliche Astronom zu Upsal, Herr Andreas Celsius, als Mitarbeiter, der vom König von Schweden dazu ernannt ward. (Wer hievon ein Mehreres wissen will, lese Maupertuis Buch: La Figure de la Terre determinée par les observations de Mrs. de Maupertuis, Clairaut, Camus &c. accompagnées de Mr. Celsius. par Mr. de Maupertuis à Amsterdam 1738.) Ihr Dolmetscher war (in Lappland) Herr Hellant, ebenfalls ein Mathematiker, wie aus folgenden klar ist: „Weil ich „mich, sagt Celsius, 1736. zu Torneå aufhielt, beobachtete ich daselbst genau „genug die Polhöhe 65 Graden 50 Minuten 50 Secunden mit einem astrono„mischen Viertheilskreise von 3 Fuß im Halbmesser, der von einem Instru„mentmacher Langlois in Paris verfertiget ist, und jetzo hier auf dem astro„nom. Gebäude zu Upsal gebraucht wird. Aber die Länge dieser Stadt „konnte ich nicht bestimmen, weil Jupiter mit seinen Begleitern damals sehr „niedrig über den Gesichtskreis von Torneå herauf kam, und also allezeit von „Wolken und Dünsten bedeckt war. In Ermangelung dessen beobachtete ich „wol

„wol eine Mondfinsterniß und verschiedene Bedeckungen der Fixsterne vom „Monde, aber ich konnte dazu keine zu gleicher Zeit angestellte Beobachtungen von andern Oertern erhalten. Herr Andreas Hellant, der unser Dol„metscher in der Finnischen Sprache, war, und unsern geometrischen und „astronomischen Beobachtungen beywohnte, hat nachgehends Gelegenheit ge„habt, an diesem seinem Geburtsorte verschiedene Beobachtungen, besonders „von Verfinsterungen der Jupitersbegleiter, anzustellen, die ich auch zum „Theil zugleich habe hier in Upsal halten können." Siehe der königl. Schwedischen Akademie der Wissenschaften Abhandlungen aus der Naturlehre ꝛc. auf das Jahr 1743. aus dem Schwedischen übersetzt von Abr. Gotthelf Kästner 5ten Band, Hamburg 1751. S. 113. Also dieser Hellant war es wahrscheinlich, von welchem Herr Clairaut, nach der in diesem §. erzählten Geschichte, die 2000 Wörter ins Finnische übersetzt, wieder bekommen hat.

Anmerk. 2. Von den Versetzungen, Veränderungen, Einschaltungen und Weglassungen mancher Buchstaben, wenn Wörter in eine andere Sprache übergehen, habe ich oben hier und da, besonders aber in der allgemeinen Anmerkung, ausführlich und weitläuftig genug gehandelt. Den da angeführten zahlreichen Beispielen will ich hier nur noch einige, wie folgt, hinzuthun; Das Slavische dobro, deutsch — versetzt — bieder; rabota — Arbeit; das Böhmisch pluh, Kleinrussisch und Wendisch plug, deutsch Pflug; das Slavische zwyr, Deutsch Thier, Griech. Θηρα, latein. fera; Das srebro, Wendisch sliebero, Deutsch Silber; Das Russische dolina, Slav. jodol, Wend. dol, Deutsch Thal; Das Wendische jajo, Illyrisch jaje oder je, Deutsch Ey; Die Slavischen: krypost, khlad, wolny, lepo und igo, Deutsch: Kraft, kalt, (Kälte), Wellen, lieb oder lieblich, und Joch; die Wendischen lost und stom, Deutsch Lust, Stamm; Das Illyrische wade — Wiese, wie das Slav. woda — Wasser; Das Griechische ἄγρος, latein. ager, Schwedisch oker, Gothisch akhre, Englisch aker und fild, (Magyarisch auch föld), Bretann. mos, (Magyar. mező), Deutsch Acker, Feld; Das φαλήνα, latein. balaena, Böhm. wel-ryba, Deutsch, Engl. ꝛc. Wallfisch, Persisch vál وال; Das Böhm. lys, latein. — rückwärts und vermehrt — sylva; Das Däkische orm, Deutsch Wurm, lat. vermis, Magyar. bogár, Polnisch — versetzt — robak; Das Persische doyter, Gothisch dauter, Dakisch dotter, Engl. dater, Holländ. dogter, Oloneisch tüter, Tscheremisch joder, Mordwisch tekhter, und endlich Deutsch Tochter.

Dritter Abschnitt.

Worin manche Wortfügungen, Redensarten und Idiotismen aus morgenländischen Sprachen angeführt, und mit denen der Magyarischen verglichen werden.

§. 1.

Zwey Verneinungen machen im Persischen, wie es im Lateinischen der Fall ist, keine Bejahung, sondern sie verneinen nur noch stärker, z. B. o hitsch ne dad او هيچ ندان er hat nichts gegeben; eigentlich: er hat nichts nicht gegeben. So verhält es sich mit zwey Verneinungen im Magyarischen; z. B. ö semmit nem ád, er giebt nichts; senki sints itthonn, es ist niemand zu Hause ꝛc. eigentlich ille nihil non dat; nemo non est domi. Das nackt oder nackend drücken die Perser mit mader zad مادر زاد aus, das soviel ist, als: von der Mutter gebohren, oder, wie man von der Mutter gebohren ist. *Anya szült mezitelen*, ganz nackend, heißt eigentlich im Magyarischen eben dasselbe; ja! das *mezit*, in mezit-láb baarfüßig, ist wohl aus dem Persischen *mader zat* zusammengezogen, und außer dem Falle wird es beständig *mezitelen* geschrieben und ausgesprochen.

Ferner den Wortfügungen: ahu tschesm آهو چشم Hirschauge; lale adzar لاله عذار Lilien-Wange; gul ab گول اب Rosen-Wasser ꝛc. gleichen diese im Magyarischen: rák-szem Krebsauge; árpa-szem Gerstenkorn; szölö-szem Weinbeere; szilva-szem eine Zwetschge (granum hordei, uvae — pruni); liliom ortza; rósza viz.

§. 2.

Die Sache, die gezählt wird, wird im Türkischen — auch in Hebräischen von 10 an — in einfacher Zahl gesetzt, z. B. ütsche adem اوچ آدم

drey

drey Menschen; juz at يوز آت hundert Perde; עֶשְׂרִים שָׁנָה 20 Jahre, מֵאָה שָׁנָה 100 Jahre ꝛc. So auch im Magyarischen, z. B. három ember, tres homines; száz lo, centum equi; husz esztendő, 20 anni, száz forint, hundert Gulden; ezer arany tausend Dukaten ꝛc. eigentlich tres homo, centum equus etc. Das Zeitwort haben, fehlt im Türkischen, und statt dessen bedienen sie sich — wie auch die Kurden und Araber ꝛc. *) — des Hülfswortes es ist, z. B. aktscham wardür آقچه‌م واردر ich habe Geld; dschebünde aktscha wardür جيبنده آقچه واردر ich habe Geld in meiner Tasche. Eben so, und fast mit den nehmlichen Worten sagen es auch die Magyaren, z. B. pénzem van; a' zsebembe pénz van; wörtlich: es ist mir mein Geld, es ist Geld in meiner Tasche. So drücken sich auch die Syrer aus, z. B. chamro laith lehun ܚܡܪܐ ܠܝܬ ܠܗܘܢ Joh. 2, 3. sie haben keinen Wein; wörtlich: vinum non est ipsis. Die Wörter, es regnet, es schneit ꝛc. drücken die Türken folgendermaßen aus: jagmur jagar يغمور يغر, kar jagar قار يغر d. i. pluvia pluit; nix pluit: So auch die Magyaren, z. B. eső esik; hó esik. Das Adjectivum gehet im Türkischen seinem Substantivum vor, und bleibt unverändert, sowohl in der einfachen, als auch in der mehrern Zahl, z. B. güzel adem كوزل آدم schöner Mann, güzel ademler كوزل آدملر schöne Männer. Eben so im Magyarischen, z. B. szép ember, szép emberek.

§. 3.

Im *regimen* stehet das *nomen regens* im Türkischen nach dem *nomen rectum*, und bekommt allemal das *Suffixum* der dritten Person, z. B. aganung ati آغانڭ آتي des Herrn sein Pferd; adamung dschani آدمڭ جاني des Menschen seine Seele; aber von jenem bleibt oft die Genitivendung, und von diesem das je (ي) weg, als rum Sultani رُومْ سُلْطَانِي Griechenlands Fürst; baschi بَاشِي für بَاشِي sein Kopf. Völlig so verhält es sich mit dem regimen im Magyarischen, z. B. Királynak képi, oder Király képi des Königs (sein) Bildniß; Isten háza, für Isten házja Gottes-Haus (die Kirche).

*) Siehe Hasse's praktisches Handbuch der Arab. Sprache, S. 152, und Michaelis oriental. Bibliothek. 6. Theil. S. 163.

Kirche). Dieß ist der Fall in den Semitischen Sprachen, auch z. B. berch dedavid ܒܪܗ ܕܕܘܝܕ Matth. 1, 20. Davids Sohn; baschmeh dejeschuah ܒܫܡܗ ܕܝܫܘܥ Apost. Gesch. 4, 10. in Jesu Namen; melavi dalloho ܡܠܬܗ ܕܐܠܗܐ Gottes Wort; nuhreh deolmo ܢܘܗܪܗ ܕܥܠܡܐ lux mundi Matth. 5, 14. Man vergleiche Joh. 8, 20. Luk. 12, 30. Offenb. 15, 3. Röm. 1, 8. 17. 32. 2, 4. Ferner im Hebräischen: מטתו שלשלמה Hohelied 3, 7. Salomo's Bett; יהוה בשמים כסאו Psalm 11, 4. 18, 31. Jehova's sein Thron ist im Himmel ꝛc. In den leztern Stellen ist an das *nomen regens* das Suffixum der dritten Person angehängt, und in der erstern, außer dem noch dem *nomini recto* das Zeichen des Genitivs vorgesezt. Dieses Suffixum im *regimen*, halten nun die Sprachlehrer überhaupt für pleonastisch; aber wie mich deucht, nicht ganz richtig, ob es gleich, nach Europäischen Sprachen zu urtheilen, pleonastisch oder überflüßig zu seyn scheint. Denn das je (ی), Suffixum der dritten Person im Persischen, Türkischen und Magyarischen, oder das Kesre (ِ) ein Vocalzeichen desselben, — denn das je selbst fällt oft weg — ist in diesem Sprachen ein solches Kennzeichen des regiminis, das nie daraus wegbleiben kann, und ohne welchem das regimen hier so lauten, und so unverständlich seyn würde, als wenn man im Deutschen Gott Wort, König Bildniß ꝛc. statt Gottes Wort, Königs Bildniß; im lateinischen *Deus Verbum*, Rex imago etc. für Verbum Dei, Regis imago sagen wollte.

Anmerk. Außer dem regimen will ich hier einige Beyspiele anführen, worin das *m*, Suffixum der ersten Person, zweyen hintereinander folgenden Substantiven beygefügt wird, das einem Ausländer wohl eher, als jenes, pleonastisch vorkommen möchte, z. B. apa (v. אב) Vater, Ur Herr; daher apám Uram, Herr Vater; öcse (v. אח) Bruder, — öcsém Uram, Herr Bruder — der jüngere; bátyám Uram, Herr Bruder — der ältere; — komám Uram, Herr Gevatter ꝛc. denn dieß ist eigentlich soviel als mein Herr, mein Vater; mein Herr, mein Bruder ꝛc. Dem ohngeachtet ist es nichts weniger, als Pleonasmus, da, nach dem Genius der Magyarischen Sprache, es nicht anders seyn kann. Die Taufnamen Peter, Paulus ꝛc. — was ich hier beyläufig anmerke — werden im Magyarischen, so wie das Wort Ur in den obigen Beyspielen, den Geschlechtsnamen nach, den Namen der Würde aber, allemal vorgesezt, z. B. Nádasdi András, Bethlen Gábor etc. Andreas Nadasdi, Gabriel Bethlen; Pál Apostol; József Tsászár, Mátyás Király, Paulus Apostolus; Josephus

phus Imperator, Rex Matthias; so auch im Türkischen: Ibrahim Pascha, Arslan Pascha, Jusof Pascha, Abdallah Aga Herr Abdallah etc. Siehe Niebuhrs Reisebeschreibung nach Arabien rc. Kopenhagen 1778. 2ter Bd. S. 309, 382.

§. 4.

Es ist daher unrichtig, wie aus dem vorigen §. erhellet, was Herr Wahl in der dritten Lieferung seines Magazins für alte und biblische Litteratur, wo er über ein entziffertes Türkisches Liebesgeständniß commentirt, behauptet, „das je (ي) in dem Worte كنجي ist, sagt er S. 95. das Pronom. affix. 3. Perf. der Türkischen Sprache, welches nach dem Idiotismus der Sprache nach einem vorhergehenden Genitiv an das nomen regens überflüssig angehangen wird.“ Und dieß um so mehr, da er in der ersten Lieferung des gedachten Magazins Seit. 134. schon die Nothwendigkeit dieses je (ي) Suffixi, oder des Kesre (ِ) eines Vocalzeichens desselben im regimen in Ansehung der Persischen Sprache anerkannt, und diese zwey in der dort abgedruckten Ode — Ghazela Hhafizz — vorkommenden Wörter رخ يار *ruche jar* — puellae gena — auszusprechen gelehrt hatte. Dieses in gedachten regimen absolut nothwendige je (ي), oder das Kesre ِ der Stellvertreter desselben, bleibt, und steht in beyden Zahlen vor den Fallendungen im Türkischen und Magyarischen da, z. B. baschi باشي oder باشِ sein Kopf; baschinden باشينَدن oder باشِندن von seinem Kopfe; baschlerinden باشلَرِنِدن oder باشلَرِندن von seinen Köpfen rc. üvege oder üvegje sein Glas; üvegjét oder üvegét sein Glas im Accusativus; Plural. Accus. üvegjeit oder üvegeit etc. Vergl. im 1ten Abschnitte.

Wenn zwey Substantive außer dem regimen, im Türkischen beysammen stehen, so vertritt das erste, welches einen Stoff bedeutet, allemal die Stelle eines Adjectivum, z. B. altun buth آلتون بوت ein goldener Götze; gjümisch kaschuk كومش قاشق silberner Löffel rc. So im Magyarischen, z. B. arany óra goldene Uhr; ezüst kanál, silberner Löffel, eigentlich heißt es soviel, als aurum horologium, argentum cochlear. Das Bindewört-

 chen

chen und, wird oft im Türkischen sowohl als auch im Magyarischen ausgelassen, z. B. Türkisch ata ana آتا آنا, Magyarisch atya anya, Vater (und) Mutter; und außer dem steht hier vor, was im Deutschen z. E. nachsteht, als gjidsche gjündüz گيجه گوندز Tag und Nacht, eigentlich: Nacht Tag. Magyarisch éjjel nappal, eben dasselbe.

§. 5.

Das Adverbium gern, drücken die Araber durch das Zeitwort hhabba حبّ lieben, und rada راد wollen, aus, z. B. ahibbo an araka أُحِبُّ أَنْ أَراكَ ich liebe daß ich dich sehe, d. i. ich möchte dich gern sehen; ich liebe daß der Herr hörete ꝛc. Eben so auch die Magyaren, z. B. szeretnélek látni, amarem te videre; szeretném ha az Ur hallaná, amarem si Dominus audiret. Die dritte Person des Imperativi, wird im Arabischen durch das dem Futuro vorgesezte li لِ daß, gegeben, z. B. lijaktol لِيَقْتُلْ daß er tödte, d. i. er tödte. Diese Umschreibung des Imperativi ist im Magyarischen auch gewöhnlich, z. B. hogy a' menykö üthe meg, daß es der Donner schlüge, d. i. schlage es der Donner. Das Wort nephesch Seele, sezen die Morgenländer überhaupt, häufig für die persönlichen Fürwörter, ego, tu, ille, z. B. anphusokom tealamuna أَنْفُسُكُمْ تَعْلَمُونَ eure Seele weiß es, d. i. ihr selbst wisset es. Völlig so die Magyaren, z. B. az ö lelke tudja, er weiß es, eigentlich: seine Seele weiß es. Die Redensarten: jemanden nachreden, verläumden ꝛc. drücken die Morgenländer, bekanntlich mit Wörtern aus, die eigentlich beißen, nagen, fressen ꝛc. bedeuten; nicht weniger die Magyaren, und dergleichen sind unter andern: *rágni*, *rágalmazni*, rodere; *marni*, *mártzongani*, mordere. Daher sagt man von einem, der gern andern nachredet: ember húsfal él, d. i. er frißt Menschenfleisch, oder er lebt vom Menschenfleisch. Das persönliche Fürwort wird ferner im Hebräischen oft vor einem Nennwort gesezt, das schon mit einem Suffixo versehen ist, z. B. וַאֲנִי תְפִלָּתִי לְךָ Ps. 69, 14. mein Gebeth ist vor dir, eigentl. ich, mein Gebet ꝛc. Eben so ist es im Magyarischen, z. B. én Istenem, mein Gott; én Uram, mein Herr ꝛc. eigentl. ich mein Herr; ich mein Gott.

§. 7.

§. 6.

Den Infinitivum sezt man häufig, in den morgenländischen Sprachen, noch zu seinem Verbum, um eine Sache zu verstärken, wo man ihn bloß durch ein Adverbium ausdrücken kann, z. B. מָלֹךְ תִּמְלֹךְ du wirst gewiß regieren; בֹּא יָבוֹא er kommt gewiß; מוֹת יָמוּת er stirbt gewiß; קַוֹּה קִוִּיתִי mit Sehnsucht wartete ich (auf Jehova) Ps. 40, 2. Aethiop. scheal schail ሰአል ሰአለ petendo petiit, oder desiderando desideravit; Arab. katlan katala قَتْلاً قَتَلَهُ occidendo eccidit. Ferner, die Redensarten: חֵלֶם חֲזֵית einen Traum sehen: Dan. 4, 2. חָלַמְתִּי חֲלוֹם einen Traum träumen, Gen. 37, 6. 9. 39, 9. Aethiopisch: halmu helem ሐለሙ ሕልመ somniarunt somnium; Arab. hhālam sarrah hhalmah حالم سرّه حلمه, d. i. einen Schlafenden erfreut der (Traum) Schlaf ꝛc. Siehe den Schluß von Hariris 6. Rede — sind bey den Orientalern sehr gewöhnlich. Auch die Magyaren bedienen sich häufig dergleichen Redensarten, z. B. eljöni eljö, er kommt gewiß; meghalni meghal, er stirbt gewiß; eigentlich: venire veniet; mori morietur; ferner: várván vártam, sehnlich habe ich gewartet, eigentlich: exspectans exspectavi; kérve kértem, rogando rogavi; látva se láttam, ich habe nicht einmal gesehen; hallva se hallottam, ich habe nicht einmal gehört, eigentl. ne videndo quidem vidi; ne audiendo (fando) quidem audivi; nöttön, nö, crescendo crescit, multon mulik, labendo labitur (tempus) etc. Endlich, álmot látni, somnium videre; álmot álmodni, somnium somniare. Die Zeitwörter, womit man nennt, haben im Hebräischen ordentlich den Dativus bey sich, z. B. וַיִּקְרָא לָאוֹר יוֹם Gen. 1, 15. er nennte die Helle, Tag. So auch im Magyarischen, z. B. kinek hivnak téged? wie heißt du? Péternek, Peter; kinek nevezték a megtért Zsidót? Wie hat man den bekehrten Jud benennet? Pálnak, Paulus ꝛc. eigentlich: cui vocant te? Petro; cui nominarunt Judaeum conversum? Paulo.

Anmerk. Ob לָאוֹר nicht vielmehr im Accusativus, und aus dem Syrischen, (wo das Lomad ܠ auch ein Kennzeichen dieses Casus ist, z. B. so hat Gott die Welt ܠܥܠܡܐ geliebt ꝛc. Joh. 3.) zu erklären sey, überlasse ich Andern — indem es nicht hieher gehört — zu entscheiden.

§. 7.

Fragende Fürwörter schließen in den Semitischen Sprachen zugleich das Verbum substantivum *est*, ein. Wenn daher das Pronomen verdoppelt wird, so

 ist

ist es einmal das Pronomen, und das andere mal das Verbum selbst, z. B. מַה־הִיא Ps. 39, 5. was — ist — sie? מִי־אֵלֶּה wer — sind — es? Gen. 33, 5. מִי שְׁמֶךָ Judic. 13, 17. was — ist — dein Name? מָה־אֱנוֹשׁ Ps. 8, 5. was — ist — der Mensch? מַה־זֶּה was — ist — das? בַּמֶּה worin — ist — es? ܗܰܘ ܒܶܣܪܝ besrujv, das — ist — mein Fleisch; honau phagri ܗܳܢܰܘ ܦܰܓܪܝ 1. Kor. 11, 24. das — ist — mein Leib. So verhält es sich mit den Fürwörtern im Magyar. z. B. ki az? wer — ist — das? mi neved? was — ist — dein Name? mi ujság? was — ist — Neues? az az, das ist, eigentlich: das das; לָמָּה mit Lamed, Zeichen des Dativus zusammengesezt, warum? minek? ebenfalls im Dativus, das nehmliche. Auch vom Verbindungswort — copula — das das Subjectum mit dem Praedicato in der lateinischen und andern Europäischen Sprachen verbindet, und in solchen unentbehrlich ist, wissen die Semitischen Sprachen, nebst der Magyarischen gar nichts, z. B. תּוֹרַת יְהוָה תְּמִימָה Jehova's Gesez — ist — vollkommen, auf Magyarisch: az Isten törvénye tökélletes; צַדִּיק יְהוָה der Herr — ist — gerecht, Magyar. igaz az Isten; diloki malkutho ܕܺܝܠܳܟ ܗܺܝ ܡܰܠܟܽܘܬܳܐ? Matth. 6, 13. dein — ist — das Reich, Mag. tiéd az ország; az ember halandó, der Mensch — ist — sterblich; az igaz, das — ist — wahr; az nem igaz, das — ist — nicht wahr ꝛc. Ferner auch folgende merkwürdige Ausdrücke oder Redensarten, hat die Magyarische Sprache mit den Semitischen gemein, בֶּן־מָוֶת einer, der den Tod verdienet, Magyarisch: halál fia, eigentl. Sohn des Todes; לִפְנֵי יְהוָה vor dem Jehova; עַל־פְּנֵי תְהוֹם über den Abgrund. Magyar. a' Jehova szine elött; a' mélységnek szinénn, eigentl. vor dem Antliz Jehova's; über dem Angesichte des Abgrundes; שַׂמְתִּי חַחִי בְּאַפֶּךָ וּמִתְגִּי בִּשְׂפָתֶיךָ 2. Kön. 19, 28. ich werde dich bändigen, und zum Gehorsam bringen, Magyar. horgot vetek az orrodba, és zabolát a szádba, eigentl. ich lege dir einen Angel in die Nase, und einen Zaum ins Maul; daher die Redensart: engem orromnál-fogva nem hordoz, er wird mich nicht leiten, wohin er will, eigentlich: me naso tenus non ducet, oder non portabit. Arab. dakkaka bilminkhari hhabbo 'l folfali دَقَّكَ بِالْمِنْخَارِ حَبُّ ٱلْفُلْفُلِ es hat dich verdrossen, eigentlich: es sticht dich ein Pfefferkorn in die Nasenlöcher; Magyarisch: borsot tört, az orrom alá, er hat mich beleidiget, eigentlich ist es so viel, als das Arabische.

§. 8.

Auch durch die Wörter: Sohn, Herr, Haus, Kopf 2c. werden in den Semitischen Sprachen sowohl, als auch in der Magyarischen, sonderbare, zugleich aber sehr gewöhnliche Redensarten gemacht, z. B. bane athro ܒܢܝ̈ ܐܬܪܐ Landsleute (οἱ ἐντόπιοι), Magyarisch: haza-fiak, eigentlich: Söhne des nehmlichen Orts, oder Landes; bane kritki ܒܢܝ̈ ܩܪܝܛܩܝ Kreter, Magyar. Krétai fiak, eigentl. Söhne — der Insel — Krete; bar nemre ܒܪ ܢܡܪܐ ein junger Pard, Magyar. párdutz fiu; בְּנֵי תוֹרִין Kälber, Esra 6, 9. Magyar. tehen oder bornyú-fiu; בְּנֵי גְמַלִּים Gen. 32, 15. 16. Füllen der Kameele, Magyar. teve fiu; בְּנֵי לָבִיא Job. 4, 11. ein junger Löwe, Magyar. oroszlán fiu, oder kölyök; Chald. בַּר אַוְזָא eine junge Ente. Magyar. katsa fiu; so auch matska oder tzitza fiu, eine junge Katze; kutya fiu, ein junger Hund; vereb fiu, ein junger Sperling 2c. eigentlich: Sohn des Parden, — der Kuhe, — des Kameels, — des Löwen, — der Ente, — der Katze, — des Hundes, — des Sperlings; bar zauro ܒܪ ܨܘܪܐ Halsbinde oder — Schmuck; bar kathuro ܒܪ ܦܬܘܪܐ Tischgenoß, eigentlich Sohn des Halses, Sohn des Tisches; Magyarisch: asztal fia, láda fia, ablak fia, torony fia oder fiók etc. cistula mensae, - arcae, fenestella in majori fenestra, turricula in, vel, super turre, eigentlich: Sohn des Tisches, — des Kastens, — des Fensters, — des Thurms; világ fia, világ leánya, ein Ausschweifender, eine Ausschweifende; nyomoruság fia, - leánya, ein Elender, eine Elende 2c. eigentlich Sohn der Welt, Tochter der Welt; Sohn des Elends, Tochter des Elends. Ferner, beth kethobe ܒܝܬ ܟܬܒ̈ܐ Bibliothek, beth gazo ܒܝܬ ܓܙܐ Schatzkammer, Magyarisch: Könyv-tár, kints-tár, eigentl. Haus der Bücher, — des Schatzes; kéz feje, láb feje, der obere — der Fläche entgegengesetzte — Theil der Hand und des Fußes, eigentl. Kopf der Hand, — des Fußes 2c. Ferner, das nehmliche Wort wird oft im Syrischen und Magyarischen zweymal gesezt, wodurch der Sinn desselben — wenn es ein Nennwort ist — intensivisch, und wenn es ein Zahlwort ist, distributivisch wird, z. B. kalil kalil ܩܠܝܠ ܩܠܝܠ ein wenig, ein wenig, d. i. sehr wenig, Magyar. kitsiny kitsiny, das nehmliche; roszszabb roszszabb időt érünk, wir erleben immer eine schlimmere Zeit; ich habe von Juden fünfmal, sagt Paulus 2. Korinth. 11, 24. arbain arbain ܐܪܒܥܝܢ ܐܪܒܥܝܢ vierzig vierzig, weniger eins, bekommen, Magyar.

 negyvent

negyvent negyvent; minden regementböl száz száz legény, von jedem Regiment hundert Mann, eigentl. ex quolibet regimine centum juvenis etc. Folgende Redensarten verdienen auch noch verglichen zu werden, וְלֹא תָבוֹא דִּמְעָתֶךָ und werden dir nicht Thränen — aus den Augen — fallen, Ezech. 24, 16. othjonuj demanvj ܐܬܝ̈ܢ ܗܘܘ ܕܡܥ̈ܘܗܝ Jac. 4, 2. es fließen ihm die Thränen, Magyar. jött a' könyii szeméböl, eigentlich: es kamen ihm die Thränen aus den Augen; armi lebne ܐܪܡܝ ܠܒܢ̈ܐ 2. Mos. 5, 7. 16. Ziegel oder Backsteine machen, Mag. téglát vetni, eigentl. laterem jacere; soman labenajo ܣܡܢ ܠܒܢܝ̈ܐ Ephes. 1, 15. er hat uns adoptirt, Magyar. minket fiaivá tett, eigentl. posuit nos in filios; jo illalot-áldozatot tenni Tit. 3, 12. suffire, sacrificare, eigentl. odoramentum-sacrificium ponere; und ward das Kind boh beschoatho ܒܗ ܒܫܥܬܐ in der Stunde geheilt, Matth. 8, 3. 13. Magyar. abban azórában; die Juden und Christen werden gerechtfertiget boh behajmonutho ܒܗ ܒܗܝܡܢܘܬܐ durch den nehmlichen Glauben, Röm. 3, 30. Magyar. ugyan az által a' hit által; meneh men demo ܡܢܗ ܡܢ ܕܡܐ Hebr. 9, 21. mit dem nehmlichen Blut, Magyar. ugyan azzal a' vérrel.

Anmerk. In den lezten Beyspielen wird die nehmliche Präposition im Syrischen, und die nehmliche Postposition im Magyarischen zweymal gesezt, es heißt also von Wort zu Wort so viel als: in illa in hora; per eam per fidem; cum eo cum sanguine. Nehmlich, diejenige Postposition, welche mit den zeigenden Fürwörtern ez dieser, az jener construirt wird, muß dem Genius der Magyarischen Sprache nach, auch bey dem unmittelbar darauf folgenden Nennwort wiederholt, d. i. ihm, wie den besagten Fürwörtern angehängt werden; z. B. ezen a' széken in hac (in) sella; azon az asztalon, in illa (in) mensa; erre — für ezre — a székre, ad hanc (ad) sellam; arra az asztalra, ad illam (ad) mensam; ennél — für eznél — az embernél, apud hunc (apud) hominem; annál az Urnál, apud illum (apud) Dominum etc. und dieß ist der Fall im Syrischen auch, wie es aus den angeführten Beyspielen erhellet.

§. 9.

Die Morgenländer nennen die Vermählung einen Kauf und Verkauf. Daher makar ܡܟܪ *vendere*, im Syrischen so viel ist, als vermählen, und

הרוכה

חרופה bey den Thalmudiken oder Rabbinen als eine Braut: jenes heißt eigentlich aber verkaufen, oder kaufen; und dieses eine Verkaufte, oder Gekaufte, von חרף commercia exercuit, weil die Männer bey ihnen einst wirklich ihre Weiber kaufen mußten. Das soll auch bey den Magyaren vor Alters die Sitte gewesen seyn; denn ein mannbares Mädchen heißt bey ihnen noch heut zu Tage eladó leány, d. i. ein feiles Mädchen — venalis virgo — und heyrathen drükken sie unter andern durch feleséget venni, d. i. eine Frau kaufen, und nubere durch férjhez menni, d. i. zu einem Mann gehen, und endlich: desponsare virginem, durch eljegyezni, d. i. durch das Geld, oder durch ein Geschenk sich eine Jungfer verbindlich machen oder kaufen, aus. Woher aber die sonderbare Redensart házasodni, megházasodni, sich verheurathen, welche bloß von Mannspersonen gebraucht wird, und eigentlich so viel heißt, als: ein Haus bekommen, kann ich nicht gewiß errathen. Vielleicht mußte der Sohn in dem Fall von seinen Eltern wegziehen, und ein Haus für sich kaufen. So viel ist gewiß, wenn man heurathet, bekommt man seine eigene Haushaltung, und oft sein eigenes Haus. Dieß nur beyläufig. Nun weiter, die Hebräer sagen von Leuten, die einen Rausch von Wein bekommen haben, daß sie נבלעו מן היין vom Weine geschlagen worden sind, (percussi sunt a vino) Jes. 28, 7. so übersezt Michaelis diese Stelle in „Supplem. ad Lex. Hebr. S. 186." Eben so sagen es auch die Magyaren, z. E. megvert a' bor, percussit me vinum, d. h. ich habe einen Rausch bekommen. Auch die Redensart נפל פני cecidit vultu. 1. Mos. 4, 5. 6. ist bey uns Magyaren sehr gewöhnlich, z. B. a szomorúság, és bánat miatt megesett ortzája, cecidit illi vultus, wegen der Traurigkeit und des Grams ist ihm das Angesicht gefallen, d. i. er sieht sehr betrübt und elend aus; megesett rajta a' szivem, er dauert mich, eigentlich: das Herz ist mir seinetwegen gefallen. Die Araber drücken mit dem Worte tscharab ضارب percussit, unter andern das ähnlich seyn, aus. Siehe Hasse's praktisches Handbuch der Arabischen Sprache, S. 153. So auch im Hebräischen משל s. Herder vom Geist der hebräischen Poesie, 2r Th. S. 5. und Simonis Lexicon nach Eichhorns Ausgabe unter משל. Eben so auch die Magyaren, z. B. te egészen apádra ütöttél, du siehest deinem Vater ganz ähnlich, eigentlich: tu patrem, (oder wörtlich ad patrem) percussisti; ez ki ütött a familiából, dieser sieht nicht seinen Geschwistern ähnlich; auch im moralischen Sinn ausgeartet seyn, wird es oft gebraucht; eigentlich heißt es: expercussit ex familia; faj fajra üt, ein Sprichwort, welches so viel heißt als: die Kinder werden den nehmlichen Charakter, und das nehmliche Temperament haben, wie ihre Eltern, eigentlich: das Geschlecht schlägt auf Geschlecht. Dieses Zeitwort ütni schlagen, wird außer dem noch

noch im Magyarischen auch in der Bedeutung gebraucht, wie das schalak شلق im Arabischen, nehmlich: 1. percutere; 2. percutere sensu venereo, i. e. coire. Siehe Golius, S. 2844. vergl. Michaelis Supplem. ad Lex. Hebr. S. 260. Daher die Redensart: ütött coivit; felütött égy leányt, vitiavit unam virginem, eigentlich: percussit; percussit unam virginem. Das Wort Rippe wird im Aethiopischen mit den zwey Wörtern etzem gabo ዐጽመ ገቦ Seirenbein ausgedrückt; eben so auch im Magyarischen, als: oldal-tsont, eigentlich heißt es: os lateris.

§. 10.

Das, wie befindest du dich? drückt der Araber mit kif konta كيف كنت حالك aus; jenes heißt eigentlich: quo modo, oder qualis est tua conditio: eben so fragt es der Magyar: hogy vagy? mint vagy? hogy van állapotod? welches eigentlich das nehmliche, was das Arabische bedeutet. Ein Türke begrüßt den andern mit diesen Worten: selam alejk سلام عليك pax tibi, oder wörtlich: pax super te, und der Begrüßte wiederholt die Grußformel, aber umgekehrt, so: alejk selam. Eben so verfährt der Magyar, indem er den sich ertheilten Gruß: Isten áldja meg kendet, Gott segne ihn, umgekehrt, so: áldjameg Isten kendet is, Gott segne ihn auch, erwiedert. Es werden im Hebräischen oft zwey Verba, mit, oder ohne Verbindung im gleichen Genere, Numero und Tempore zusammengesezt, wovon man das eine im Deutschen, wo sich nicht immer jedes besonders übersetzen läßt, durch ein bequemes Adverbium giebt, z. B. הָלַךְ וָשׁוֹב d. i. indem er immer zurückkehrte ꝛc. Völlig so ist es auch im Magyarischen, z. B. jö s megyen; kel fekszik etc. d. h. semper venit, et abit — it, redit; — semper surgit et decumbit. So wie פקד besuchen, oft strafen, plagen, im Hebräischen bedeutet, so bedeutet es auch látogatni, visitare, im Magyarischen, wenn es mit dem Worte Isten Gott, verbunden wird, z. B. meg látogatott engem az Isten, Gott hat mich bestraft oder heimgesucht ꝛc. Sonst wird es auch durch verni, megverni, schlagen, gegeben, als: megveri az Isten, d. h. Gott wird ihn strafen, eigentlich: schlagen. Daher wird eine Plage (calamitas) tsapás, und Isten ostora. d. h. Schlag und Gottes Peitsche, (welchen Namen auch Attila sich gab) genennet. Das Futurum im Arabischen ist ein wahrer Aoristus, -- unbestimmt — der die gegenwärtige Zeit eben so gut, als die zukünftige, ja, mit gewissen Partikeln verbunden, alle Zeiten

Zeiten bezeichnet *). Unter andern wird es nach dem Verbum substantivum kana, zum Imperfectum, und das Perfectum zum Plusquamperfectum, z. B. kana jaktolo كَانَ يَقْتُلُ er tödtete; kana katala كَانَ قَتَلَ er hatte getödtet; jenes ist eigentlich: fuit — erat — occidet, und dieses: fuit occidit. So verhält es sich mit dem Futuro im Magyarischen auch, z. B. él er lebt, und er wird leben; él vala er lebte, eigentlich: vivit erat; élt er hat gelebt; élt vólt er hatte gelebt, eigentl. vixit fuit, auch im Syrischen, als ketal-vo ܗܘܐ ܩܛܠ occidit fuit, d. i. occiderat. Allein die Partikeln meg, el etc. schränken diesen Aoristus — wie das Sin س unter andern im Arabischen — auf eine engere Bedeutung eines eigentlichen Futuri ein, z. B. felel respondet, oder respondebit, megfelel respondebit; megyen it oder ibit, el megyen abibit; hül frigescit oder frigescet, el hül, und meghül frigescet etc.

Anmerk. Einzelne Wörter gehören zwar nicht hieher, sondern eigentlich in dem zweyten Abschnitte; man wird es mir aber hoffentlich verzeihen, wenn ich noch manche hier nachhole und vergleiche, als: אדר — Aethiopisch auch adu [illegible] — cavum, vacuum; Magyar. odú Höhle, eigentlich: eines Baums; daher odvas — durch s und mit Vav mobil — hohl. Arab. nadava ندي, uvidus fuit, maduit; Magyar. nedv, oder vielmehr nedö, mador. daher nedves, ebenfalls durch s und Vav mobil, uvidus, madidus; nafar نغر oder far فر aestuavit, bulliendo efferbuit; Mag. for oder forr, fervet, bullit. Nafahh نفح, oder fahha فحّ flavit, spiravit; Magyar. fú, fúv, oder fuj, das nehmliche. Marad مَرَضٌ morbus, von مَرِضَ aegrotavit, Magyar. maródi das nehmliche. Damma دمّ obturare, foramen, os obturare; Magyar. tömni; agga أجّ ardet, Magyar. èg; 'gul جول ivit, venitque, circumivit. Magyar. gyül sich versammeln, daher gyülés Versammlung; adij أدي, adava أداوة, oder adzava, mit ة instrumentum bellicum; Magyar. ágyú oder ádjú eine Kanone; kul كول oder كالي mensurare, Magyar. kila mensura; godda

*) S. Michaelis Arab. Grammatik. S. 131 folg. Vergl. seine Anmerkung im „Rob. Lowth de sacra Poësi Hebr. Gött. 1768. S. 289.

godda جُدّ puteus antiquus, fovea etc. Magyarisch gödör; samach شمخ hoch seyn, Magyar. magas, hoch; dschapura جبور acquisivit vires; 2. pastu absumta regerminavit - planta. Magyar. gyaporod, oder gyarapodni; bala بلا malum, malum quid, Magyar. baly; nuv נוב crescere; Magyarisch növ oder nö. Chald. סרדא cribrum, Magyarisch (durch Versetzung der Buchstaben, wie bal بال und לב) rosta; אור, Magyar. vár, mit einem Vau mobil, castellum, arx. Vergl. Michaelis. Supplem. ad Lex. Hebr.

§. 11.

Ich könnte die Anzahl von diesen Wortfügungen, Redensarten und Idiotismen sehr vermehren; die angeführten Beyspiele werden aber vermuthlich schon hinreichend seyn, einen aufmerksamen Leser in den Stand zu setzen, über den Geist und Genius, über die Natur und Beschaffenheit der Magyarischen Sprache urtheilen, und zugleich einsehen zu können, daß sie überall deutliche unverkennbare Spuren des Orients enthalte, kurz, daß die Magyarische Sprache eine ächte Geburt eines wärmern Theils von Asien als Lappland ist, mithin den sogenannten Semitischen Sprachen ihrem Genius und ihrer Form nach sehr ähnlich, mit der Türkischen aber nahe verwandt sey.

— — — facies non omnibus una est,
Nec diversa tamen, qualem decet esse sororum.

Diese Sache, die ich hier entdeckt zu haben glaube, war bis jetzt ein Geheimniß, gleichsam eine *terra incognita*. Manche Gelehrte haben zwar die Verwandtschaft der Magyarischen Sprache mit der Türkischen schon lange behauptet, aber, leider! bloß behauptet, und solche — zum großen Nachtheil der Magyarischen Geschichte, nicht bewiesen *). Hätten sie es gethan, so würde wahrscheinlich Herr Hager entweder nichts geschrieben, oder uns eine bessere und richtigere Abhandlung über die Abstammung der Magyarn und ihrer Sprache geliefert haben. Der gedachte Schriftsteller versteht nicht einmal diese Sprache, wie sich aus seiner Abhandlung ab-

*) Pray in Diss. historico - crit. in Annal. vet. Hunnor. Viennæ 1774. Diss. 5. §. 5. Kolarius in Nicol. Olahi Hung. pag. 91. edit. Vien. annot. Toppeltinus in orig. et occas. Transilv. edit. Lugdun. pag. 69. Vergl. de fatis LL. oo. Arab. Pers. et Turcicæ, Viennæ 1780. pag. 76.

abnehmen läßt: und doch wird er in den Göttingischen Anzeigen von gelehrten Sachen, unter andern auch wegen seiner Magyarischen Sprachkenntniß — was in der That sehr auffallend ist — gelobt. Da nun diese gelehrte Zeitung wenigen von meinen Landsleuten in die Hände kommt, so wird es ihnen vermuthlich nicht unangenehm seyn, wenn ich die Recension der Hagerschen Schrift, zum Beschluß meiner Abhandlung, hier von Wort zu Wort daraus abdrucken lasse. Wien. In der Edel von Kurzbekischen Buchhandlung. J. Hagers neue Beweise der Verwandschaft der Hungarn mit den Lappländern, eine Beylage zu Sprengels und Forsters neuen Beyträgen zur Völker- und Länderkunde 1794. Octav 129 Seiten.

„Bekanntlich machten die beiden Ungrischen Astronomen, Hell und Sajnovits, die Geschichtforscher auf die Aehnlichkeit der Ungrischen und Lappländischen Sprache im Jahre 1770. aufmerksam, und es fanden sich bald gelehrte Ungern, die der daraus gefolgerten Verwandschaft ihrer Stammväter mit den alten Fennen widersprachen, zum Theil aus Liebe gegen das alte System der Abstammung von den Hunnen, zum Theil aber auch aus Nationalstolz, weil sie glaubten, daß ihr Volk durch die Lappländischen Vettern beschimpft werde. Pater Hell wollte über diese Sache ein besonderes Werk ausarbeiten, allein die Aufhebung seines Ordens hinderte ihn, diesen Vorsatz auszuführen. Herr Hager beweiset in dieser Abhandlung, daß die Ungern ein alter Finnischer Stamm sind, der, vermöge der Sprache, näher mit dem der Wogulen und Ostiaken, als dem der Lappländer, verwandt gewesen ist; daß dieser die Glaubensmeinung der Schamanen angenommen gehabt, zuerst in der Nachbarschaft der Samojeden gewohnt, später mit Tataren, Persern und Slaven, und noch in neuern Zeiten mit Türken, Deutschen und Italiänern vieles Verkehr gehabt, und daß selbiger seine ursprüngliche arme Sprache aus den Sprachen derer Völker, die ihn die neuen Bedürfnisse kennen lehrten, bereichert habe. Nicht nur einzelne Wörter, sondern der ganze Bau der Sprache, und nebenher auch verschiedene Gebräuche, gottesdienstliche Meynungen, und überhaupt ähnliche Sitten, setzen die Fennische Abkunft ausser Zweifel. Die ursprüngliche Ungrische Sprache gehörte einem Volke, welches in Eisgefilden sich aufhielt, und nur durch die Jagd sein Leben fristete. Waffen und einige Kleider bekam selbiges von den Tataren; Ochsen, Lämmer, Hühner, Tauben, Weitzen, Gerste, Heu und Stroh von andern Asiatischen Nationen, und Häuser, Garten- und Ackerkunst, so wie auch einige Kleider, von Europäischen Völkern. Schon Komenius, Rudbeck, Bel, Fischer und Bayer entdeckten die Lappländisch-Fennisch-Ungrische Verwandtschaft. Für die Hunnische Abkunft sind sehr

 schwache

schwache Gründe vorhanden, und da die Hunnen unläugbar Kalmückischer Herkunft waren, so würde ihre Verwandtschaft den Ungern weniger Ehre verschaffen, als die der Fennischen ältesten Nationen, die Herr Hager für die Hyperboreer und Scythen hält. Einige gelehrte Ungern gehen in ihrer Vaterlandsliebe so weit, daß sie verschiedenen abendländischen Sprachen, selbst der Deutschen, die Selbstständigkeit absprechen, und diese für ein Gemisch verschiedener Sprachen, zu welchem die Ungrische das mehreste hergegeben hat, halten. Von den Zigeunern glaubt Hr. H. die Stammväter in Zangibar, und also in Afrika, anzutreffen, allein wie es scheint, hat er das nicht gelesen, was im Februar und April der Biesterischen Berlinischen Monatsschrift 1793. über diesen Gegenstand gesagt ist. Isten von Isis und die Lappländische Trommel von der Trommel des Isispriester abzuleiten, werden wenige mit dem Herrn Verfasser geneigt seyn. Uebrigens empfiehlt sich die Abhandlung durch Gründlichkeit, Scharfsinn, Ungrische Sprachkunde, und unterhaltenden Vortrag." Siehe Göttingische Anzeigen von gelehrten Sachen, 146tes Stück vom 13ten Sept. 1794. Seite 1463. folg.

§. 12.

Ich lasse hier gelegentlich noch eine andere Recension von der Abhandlung folgen, damit die Leser sehen, wie verschieden das Urtheil der Recensenten über die nehmliche Schrift bisweilen ist.

Wien. Bey Kurzbek. J. Hagers neue Beweise &c.

„Herr Hager spricht den Hungarn alle Verwandschaft mit den Hunnen ab, und läßt sie aus Lappland herstammen. Dies letztere, als sein Haupt-Thema, S. 7, 8, bemühet er sich aus angeblicher Verwandtschaft der ungarischen Sprache mit der lappländischen, wie folgt, darzuthun. 1) „Scheffer, Leem und Högström, viele andere Männer zu geschweigen, behaupten, sagt er S. 9. folg., daß Finnen und Lappen anfänglich nur ein Volk ausgemacht haben. — Es ist daher das Lappländische nichts weiter als eine Finnische Mundart; und, wenn die Ungarische Sprache mit der Finnischen verwandt ist, so muß sie es auch mit der Lappländischen seyn. Daß sie aber, die Ungar. Sprache, mit der Finnischen verwandt sey, hat Sajnowits bewiesen. Also — die Hungarn stammen aus Lappland her" (q. e. d.) Die Isländische und Norwegische Sprache ist mit der Schwedischen, mit dieser die Deutsche, verwandt. Weiter, die Persischen Wörter choda Gott, pader Vater, mader Mutter, dochter Tochter, burader Bruder, name Name, barber Barbier, kal kahl, tu du, bend Band,

Band, benden binden, der Thür, jogh Joch, musch Maus u. dergl. Ferner, die Griechischen Θηρ Thier, πατηρ Vater, μητηρ Mutter, Θυγατηρ Tochter, μυς Maus, κυριακον Kirche u. s. w. haben mit den Deutschen große Aehnlichkeit. Also stammen die Deutschen von Isländern, die Perser und Griechen von den Deutschen ab. Wenn jemand sich einfallen ließe, auf diese Weise zu schliessen, was würde man von dem halten? Ob das Raisonnement des Herrn Hagers richtiger, als dieses, sey, mögen die Leser dieser Schrift selbst entscheiden. Ist die Ungarische Sprache wirklich mit der Lappländischen verwandt — welches noch nicht bewiesen ist — so folgt daraus nicht, daß die Hungarn aus Lappland herstammen; sondern vielmehr, daß beyde vor Alters einen gemeinschaftlichen Stammvater und Wohnort in irgend einem wärmern Clima Asiens hatten, woraus die Lappländer gegen Norden hin, die Türken gegen Mittag, und die Hungarn gegen Abend her zogen. Daß Lappland je so volkreich gewesen, davon scheint weder die Geschichte, noch die Lage und physische Beschaffenheit desselben Beweise zu enthalten. — 2) „Zwischen Hun und Magyar, wie sie sich heut zu Tage nennen; oder zwischen Hun und Ugri, wie sie vor Alters genannt wurden, ist, S. 19, 20., keine Aehnlichkeit. Ugri aber, oder Juhri wurden sie genannt, weil sie aus Jugarien, einer Landschaft am Eismeere, entsprossen sind." Weit richtiger urtheilt ein Franz. Gelehrter, wenn er sagt: Onno-gours, ou Hungars faisoient partie des Peuples Turcs, qui habitoient les bords du Volga. Ils passerent avec les Magiares en Occident, et communiquerent ensuite leur nom à toute la nation. Hist. gén. des Huns par M. de Guignes Tom. 1. P. 2. L. 4 und 6. Vergl. Hist. gén. de Hongrie, p. M. de Sacy, Tom. 1. indrod. S. 77, und das Persische Wort gur im Castell. Wörterbuch. Die Aehnlichkeit der Wörter scheint nicht viel größer zwischen Hun und Juhri, als zwischen Hun und Magyari zu seyn; beyde kommen im r überein. Freylich könnte Hungari leichter aus Hun und הגר, oder äthiopischen הגרי ein Land, als aus Juhri hergeleitet werden; noch heut zu Tage nennen die Juden die Hungarn הגריים; und der Chaldäische Paraphrast umschreibt das Wort הגרים Ps. 83, 7. durch מדינת הגר הונגראי. Daher mag der Name einer alten Ungar. Stadt Eger, latein. Agria, gleichsam Hagria, entstanden seyn, welcher, so wie jeder Ortsname, wenn an das Ende desselben ein jod gesetzt wird, ein Adjectivum wird, wie auch aus andern morgenländischen Sprachen bekannt ist, z. B. Egri — statt Egeri — Tokaji, Budai, bor, Erlauer, Tokeyer, Ofener Wein. Hun-hagari oder Hungari hieße also so viel als, eine Nation aus Hunnen-Land. Daß Recensent hier das Hebr. und Aethiopische verglich, wird niemand befremden, da die ungar. Sprache viele

viele Hebräische, Chald., Syr., Aeth. ꝛc. Wörter enthält, so z. B. חלם Traum, Dan. 2; Syr. יקד es brennt, אזל weggehen, סק Sack, מא was ꝛc. auf ungrisch: álom, éget, oszol, zsák, mi? — 3) „Jornandes erzählt, fährt Hr. H. S. 28. ff. fort, daß die Hunnen bey Attila's Begräbnisse, Strava, mittelst einer grossen Gasterey gefeyert haben: Strava ist aber ein Slavisches Wort, das noch heut zu Tage auf Polnisch Speise bedeutet. Eben so erzählt Priscus, der Römische Abgesandte, daß ihm statt Wein med aufgesetzt wurde, welches wieder Slavisch ist, und Honig bedeutet. Also haben die Hunnen Slavisch und nicht ungrisch gesprochen.“ (q. e. d.) Warum nicht gar Deutsch? Denn med Honig, kann man nicht trinken; wohl aber Meth. *) Wenn etwa Priscus R. des Punsches, Kaffees, der Limonade, der Tassen, des Thees, des Zuckers erwähnt hätte, so hätte wahrscheinlich Hr. H. geschlossen: die Hunnen haben Englisch, Französisch, Deutsch, oder vielmehr Persisch und Arabisch gesprochen, weil kávä Arabisch, und limoná, tase, sukker, the Persisch ist: siehe Castell. Wörterbuch. — 4) „Vár Schloß, ist, S. 29. f. kein ursprünglich Ungr. Wort; denn die Hungarn hatten, bevor sie nach Europa herüber zogen, keine Schlösser, keine Festungen ꝛc. Ihre Schlösser sehen den Kibitken, oder Tartarischen Wägen ähnlich, wo die ganze Haushaltung auf vier Rädern herumgetragen wird. — Daher es höchst wahrscheinlich ist, daß die Ungr. Sprache das Wort vár von den Deutschen entlehnt habe. War ist aber ein uraltes Deutsches Wort, welches einen erhabenen Ort, dergleichen man zu Schlössern vor Alters gebrauchte, bedeutet. Wäre, Wärje, Wäre heißt noch heut zu Tage auf Schwedisch, dieser Mundart des Deutschen, ein Schloß, eine Burg.“ Vielmehr ist Var Ungrischen, oder eigentlicher Persischen Ursprungs: hier würde also Hr. H. anders raisonnirt haben, wenn er die Pers. Sprache und Geschichte zu Rathe gezogen hätte. Leztere berichtet uns von Dschjemschid, einem berühmten Persischen Regenten: „Dschjemschid erbauete prächtige Städte, vorzüglich Jschtechar und War — Er bauete War weit umfangend von vier Seiten begränzt — er bauete in War ein Burgschloß, — — er strebte mit Fleiß War (ورم) vollkommen zu machen u. s. w. Siehe Zend. Avesta, 2. Th. S. 307. f. und Wahl's allgem. Gesch. der morgenl. Litter. S. 148. f. So heißt Var auch in der Ungr. Sprache ursprünglich nur ein umzäunter, oder mit Graben und Wällen umgebener Ort, wo die aufgeworfene Erde zu einer Mauer dient, und darum eben heißt föld-

vár,

*) medo heißt in der Zendsprache Wein. Siehe Avesta 3. Th. S. 153.

vár, Erd-Schloß, Festung ꝛc. dergleichen noch heut zu Tage hier und da in Hungarn zu sehen sind, z. B. bei Zombor, ohnweit Tokey, in Semplen am Fluß Bodrok. Daher so viele Ortsnamen in vár, z. B. Ungvár, Sovár, Ovár, Fejérvár, Kolosvár, Károlyvár, Tömösvár, Jánvár, Kankóvár, Földvár &c. so wie bei den Persern (siehe oben), Indianern und andern Morgenländern Tranquebár, Malabár, Nikobár, Zangibar, Finavar &c. oder Tranquevár, Malavár &c. — Endlich 5) vergleicht Hr. H. S. 111, 112. die Zahlwörter bis zu sieben; Rec. will sie aber um größerer Deutlichkeit willen, bis zum zehnten, aus Tabula polyglotta, des Herrn von Strahlenberg — welche in seinem „Nord- und östl. Theil von Europa und Asia“ S. 126. stehet, und woher es auch Hr. H. entlehnt hat — hieher setzen:

	Ungrisch.	Finnisch.		Ungrisch.	Finnisch.
1.	egygy,	yx.	6.	hat,	kus.
2.	kettö,	kax.	7.	hét,	zeitzeme.
3.	három,	kollom.	8.	nyóltz,	kadhexen.
4.	négy,	nellye.	9.	kilentz,	ydhexen.
5.	öt,	wis.	10.	tiz,	kimmene.

Freylich ist die Uebereinstimmung zwischen dem Otaheitischen heetoo sieben, und Ungrischen hét sichtbarer, als hier zwischen dem zeitzeme und hét, siehe Cooks letzte Reise, 1. Th. S. 288. (Ansbach 1784.), Vergl. Byron's Reise 2. Th. S. 56. (Berlin 1774.), wo es auch unter andern heißt: als wir — die Engländer — nach Wasser fragten, wiesen die Einwohner der Insel auf den Ort hin, wo das Wasser war, und sagten ooda: dies soll nicht Wasser heißen, wie D. Banks meint, sondern vielmehr dort oder da, auf Ungr. oda, Türk. onda. Vergl. S. 227, wo tapoo Fuß oder die Füße — Ungr. tap, ein veraltetes Wort, daher tapodni mit Füßen zertreten, talp Fußsohle — inoo trinken — Ungr. inni — heißt. Hr. H. hätte eine vielleicht noch größere Aehnlichkeit zwischen der Ungr. und Kalmuckisch-mungalischen, als dem lappländischen, bei Strahlenberg S. 130-182, im Kalmuckisch-mungalischen Vocabulario auffinden können, wenn er der Ungr. Sprache mächtig wäre, z. B.

Kalmuckisch.	Deutsch.	Ungrisch.
kanta,	ein Trinkgeschirr,	kanta.
eme,	— Weib,	eme (disznó, sus femina).
fchida,	— langes Gewehr,	dzsida.

Kal-

Kalmuckisch.	Deutsch.	Ungrisch.
tepsch,	— Trog,	tepsi.
uker,	— Ochs,	ökör.
une,	eine Kuh,	ünö.
tzakal,	der Bart,	szakál.
ambar,	ein Magazin,	hambár.
elma.	— Apfel,	alma.
bulvan,	— Götze,	bálvány.
kaftan,	— Rock,	kaftány.
kalatschi,	— Semmelbrodt,	kaláts.
sari,	gelb,	sárga, sárig.
yschtek,	die vordern Haare,	üstök etc.

Aber Hr. H. scheint nicht viel besser Ungrisch als Kalmuckisch zu verstehen; sonst würde er nie, um seinen Witz zu zeigen, spöttisch aus Urania — neunte Muse — S. 28, das Ungrische Ur-anya gemacht, und es durch Frau Mutter übersetzt haben. Zwar heißt anya — Türkisch ana — Mutter, Ur aber Herr, also Ur-anya Herr Mutter; risum teneatis amici! Die Ungrischen Wörter: bárány Lamm, borona Egge, galamb Taube, sind, sagt Hr. H. S. 123. Slavischen Ursprungs. Unrichtig! dieses letzte ist das lateinische columba; die zwey erstern aber sind Persischen, wo nicht Ungrischen Ursprungs, als bara بار, berene برن. Siehe Castell. Wörterb. Dem sey wie ihm wolle, Hr. H. führte die Hungarn aus Lappland auf eine wunderbare Weise heraus, wie Moses die Söhne Israel aus Aegypten; ja! er that noch mehr: denn Moses führte die Israeliten aus Aegypten, die wirklich da waren; Hr. H. aber die Hungarn aus Lappland, die nie da waren, bloß durch seine mächtige Feder.“ Siehe Erlangische gelehrte Zeitung, 72. St. vom 9. Sept. 1794. S. 569. ff.

Anhang.

Worin 1) der Nutzen der Magyarischen Sprachkenntniß für die Alttestamentliche Exegese durch Beyspiele; 2) die Aehnlichkeit mancher Sitten und Gebräuche der Magyaren, mit denen der Morgenländer; und endlich 3) die Bequemlichkeit der Magyarischen Sprache zur Dichtkunst dargestellt wird.

A.

(Sprüche Salomonis. Kap. 13, 11.)

הון מהבל ימעט
וְקֹבֵץ על יד ירבה

Die Alexandriner übersetzen הון מהבל durch ὕπαρξις ἐπισπουδαζομένη μετ' ἀνομίας. Die Vulgate durch substantia festinata. Hieraus schließen Houbigant und Vogel, für מהבל hätten diese Alten mit versezten Buchstaben מְבֹהָל das Participium Pühal von בהל gelesen, und diese Leseart sey wirklich die ächte und wahre. Döderlein in seiner Anmerkung zu dieser Stelle übersezt den ganzen Vers folgendermaßen: Vermögen, das man ereilt (zu schnell vergrößern will) nimmt ab: wer nur das nächste sammlet (was ihm bey der Hand ist, und was er zu erhalten gute und erlaubte Gelegenheit hat) vermehrt sich. Michaelis aber so: Reichthum verschwindet schneller als Dunst: wer aber etwas in die Hand sammlet, wird das Seinige vermehren. Ich würde zu weitläuftig werden, wenn ich die verschiedenen Erklärungen der Aeltern und Neuern Interpreten anführen wollte. Ich will daher der Kürze wegen blo[illegible] Erklärung eines gelehrten Arnoldi berühren, welche meiner geringen Einsicht nach, unter allen, die ich noch gesehen habe, die beste und passendste ist. Der gedachte Gelehrte macht 1) aus dem transitiven יַרְבֶּה ein intransitives Zeitwort, und spricht es יִרְבֶּה aus. Hernach 2) קֹבֵץ, das ein nomen actoris ist, punktirt er statt Tsere mit einem Segol, und versieht dadurch das Gegentheil von großem Reichthum, eine Kleinigkeit, eine Handvoll, das er durch das Arabische kevse

 قبصة

قُصَيْعَةٌ parum quid ac exiguum, bestätiget. Auch die alten Uebersetzer sind seiner Abweichung von der Masorethischen Aussprache günstig; denn alle nahmen ירבה als ein Intransitiv oder Passiv, und קבץ erklären der Syrer und die Vulgate nicht von einen Sammler, sondern von gesammelten Gut. Ferner die beyden Ausdrücke מהבל und על יד verbindet Hr. Arnoldi nicht mit dem Subject, sondern mit dem Prädicat, so daß sie das Mittel anzeigten, wodurch dort ein grosses Vermögen zerstreut, hier ein unbeträchtliches vermehrt wird; על יד ist soviel, als ביד manu, per manum; dieses versteht er mit Aben Esra und andern von dem Werk der Hände, Fleiß, von der rechtmäßigen Bemühung und Arbeit, in welchem Sinn auch alaj jad على يد bey den Arabern gebräuchlich ist. Endlich durch הבל versteht Hr. Arnoldi, im Gegensatz von יד, Wucher, Betrug, und alle unerlaubte Erwerbungsmittel einer ausschweifenden Habsucht: denn diese Idee findet sich in dem Arabischen hevel هبل besonders der 8. Form, wie Schultens in den Anmerkungen über die Hamasa S. 333. aus dem Firusabadi zeigt. Daß die Partikel מן auch zuweilen das Mittel anzeige, wodurch etwas geschieht, leidet keinen Zweifel, und schon Geier hat es hier so verstanden. So wird es deutlich mit dem ב verwechselt, Hiob 7, 14. Ezech. 28, 18. und in andern von Noldius bemerkten Beyspielen. Demnach übersezt Arnoldi die Stelle so:

„Reichthum nimmt ab durch betrüglichen Wucher:
„Ein Weniges vermehrt sich durch rechtmäßige Arbeit."

Siehe „zur Exegetik und Kritik des Alten Testaments, von Albert Jacob Arnoldi, 1ter Beytrag. Anmerkungen über einzelne Stellen der Sprüche Salomon's, Frankfurt und Leipzig, 1781. S. 95 - 100.

Die eben angeführte Erklärung des Worts קבץ bestätiget sich nun auch durch das Magyarische Wort keves, welches eben dasselbe, was das Arabische kevse قُصَيْعَةٌ, nehmlich parvum, exiguum bedeutet, und demselben sowohl der Form, als dem Sinne nach, ähnlich ist. Ferner den Fleiß und die Arbeit durch die Hände auszudrücken und zu bezeichnen, ist im Magyarischen wie im Arabischen und andern morgenländischen Sprachen auch sehr gebräuchlich, z. B. a' mim van, két kezemmel kerestem, d. h. was ich habe, habe ich durch Fleiß — eigentlich durch meine zwey Hände — erworben; eltelek én két kezem utann, ich werde mich durch Fleiß erhalten oder ernähren, wörtlich: ich werde durch (nach) meine zwey Hände leben, u. s. w.

Was

Was מהבל aber anbelangt, so wage ich es, etwas anders aus dem Arabischen und Magyarischen zu erklären. Das Arabische hibel هبّل nehmlich, heißt unter andern homo gravis corpore, segnis, ignavus; daher mohabbal مُهَبَّل carnosus et facie turgens, multa et congesta carne praeditus, und endlich: hiblaa هِبْلَع heluo, vorax, gulosus, homo amplae et profundae gulae; Siehe Castellus S. 798. Das Stammwort hever, welches wahrscheinlich mit jenem Arabischen einerley Ursprungs ist, indem l und r sehr leicht und oft mit einander verwechselt werden, wie es Hr. Arnoldi S. 40. und Schultens in Clav. Diall. pag. 253. hinlänglich beweisen, heißt im Magyarischen auch otiari, tempus terere, desidem esse etc. daher heverés, desidia, otium, socordia. Demnach übersetze ich, wenn nehmlich מהבל als Medium genommen wird,

Reichthum nimmt ab durch Müßigang und Faulheit (oder Schwelgerey):
Ein Weniges vermehrt sich durch Fleiß (und Mäßigkeit).

Wenn man aber ממעט als ein Verbum activum nehmen könnte, so könnte man wohl auch nach der Masorethischen Punctation die Stelle so übersetzen: ein Müßiggänger, Fauler oder Schwelger verschwendet seinen Reichthum, nehmlich durch die Faulheit und Schwelgerey), aber ein Sammler (Fleißiger) vermehrt das Seinige (nehmlich durch Fleiß und Mäßigkeit.)

(Sprüche Salomon. Kap. 10, 9.)

הולך בתם ילך בטח
ומעקש דרכיו יודע

In dieser Stelle haben mehrere Interpreten das Unbequeme des Wortes יודע in seiner gewöhnlichen Bedeutung im Gegensatz mit ילך בטח gefühlt. Ludw. de Dieu, und nach ihm Schultens in seiner ersten Schrift: Dissert. de Linguae Arab. utilitate, nahmen deswegen das Arabische vadaa ودع verlassen, zu Hülfe, wiewohl lezterer hernach diesen Versuch selbst wieder aufgegeben hat, denn in seinem Kommentar behält er die gewöhnliche Erklärung bey, wird öffentlich bekannt, nehmlich von einer schimpflichen Seite, als Strafexempel. In keiner von beyden Erklärungen, so wenig als in der Michaelischen: wird ausgeforscht, ist der Gegensatz so auffallend, wie man es in diesen Sentenzen gewohnt ist. Daher vergleicht Herr Arnoldi den 15. Vers des 11. Kapit.

 und

und thut mit hinlänglichen Gründen dar, daß in der ersten Stelle statt ירוע, so wie hier in der leztern ירוע zu lesen sey. Das Verbum רוע nimmt er aber nicht in der gewöhnlichen Bedeutung, sondern in der, die im Arabischen Dialekt die übliche ist; raa راع oder raja — rija —, heißt hier nehmlich, wie es die von ihm aus Ibn Doreid's Gedichte, aus Abulola, und aus der Hamasa angeführten Stellen außer allem Zweifel setzen, erschrecken, sich fürchten. Von dem Furchtbaren und Schrecklichen nennt der Araber sogar einen Kampf, eine Schlacht — wie aus der ersterwähnten Hamasa erhellet — ravaa روع Erschrecken. Auf ähnliche Art wird das Hebr. רעה von Krieg und Kriegsrath gebraucht, Jer. 1, 14. 4, 6. Ezech. 7, 5. Amos 5, 13. Demnach übersezt Hr. Arnoldi die Stelle so:

„Wer geradezu geht, ist sicher;
„Wer krumme Wege geht, ist stets in Furcht, nehmlich sich zu verrathen und entdeckt zu werden.

Diese Erklärung des Arabischen Worts rajaa ريع bestätiget sich auch durch das Magyarische riad oder rijad (Arab. raa راع, oder raja ريع) erschrecken, sich fürchten, das vom veralteten Nennwort ria oder rija Schrecken, Furcht, (ravaa روع und روعة heißt im Arabischen ebendasselbe am Schluß von Hariris 6. Rede. Vergl. Arnoldi S. 42.) durch das d ist abgeleitet worden: das mit ihm verwandte Zeitwort ijed oder ijjed, hat eben dieselbe Bedeutung. Dieses d, wodurch intransitiva Verba im Magyarischen entstehen, wird vor das t, Zeichen der transitiven Zeitwörter, wie wir oben schon gesehen haben, in ein z — welches aber in dem Falle wie ein sz lautet — verwandelt, z. B. riad oder rijad, terrefieri, riazt oder rijazt terre facere; ijed, ijezt ebendasselbe; árad exundare — von ár unda — árazt exundare facere; lyukad — von lyuk foramen — foramen [illegible]cipere, lyukazt forare, perforare oder foramen facere; ered — von ér vena, scaturigo, fons — oriri, erezt oriri facere, mittere ex se, in specie novam progeniem, et fila, wie die Bienen und Seidenwürmer es zu thun pflegen; eped — von epe fel — moerore confici, epezt, facere ut quis se maerore conficiat; virad lucescit, von veraltet vir, und dieß von אור lux matutina, diluculum, mane, virazt facere ut illucescat, sol oriatur; álmod somniare von álom somnus; vigad lactum, hilarem esse, von vig hilaris, vigaztal lactum facere, consolari; enged cedere, molle-liquefieri, proprie glebam congelatam calore solis, engezt, molle-facere

cere quid gelu rigidum; engeztel mollem facere placare iratum etc. Hievon ein mehreres in der Grammatik.

(Sprüche Salom. Kap. 11, 23.)

תאות צדיקים אך טוב
תקוה רשעים עברה

Bey dem lezten Wort findet sich eine Variante in den Punkten, indem es die Masorethen als Nennwort עֶבְרָה lesen, die LXX. aber als Zeitwort עָבְרָה ἀπολεῖται vergeht, verschwindet. Diese leztere Punktation drückt Michaelis in seiner Uebersezung aus, und bestätiget sie noch in der Orient. Bibliothek Th. 3. S. 245. durch das Ansehen der Kasselischen Handschrift. Zorn, die gewöhnliche Bedeutung von עֶבְרָה, scheint hier dem Herrn Arnoldi kein bequemes Wort zu seyn; denn durch Zorn, mit Nachdruck, göttlichen Zorn zu verstehen, ist, sagt er, zu willkührlich. Allein auch die andere Punktation עָבְרָה ist ihm verdächtig, weil nach ihr die Antithese nicht wörtlich genau ist. Er übersezt also die Stelle folgendermaßen:

Das Verlangen des Gerechten ist (oder bringt) lauter Gutes:
Die Sehnsucht des Ungerechten — Unglück.

Und diese Bedeutung von עֲבָרָה bestätiget er gründlich genug, und vergleicht zugleich dabey das Arab: gabar غَبَرَ und غَبَرَةٌ, welches Staub, hernach Unglück und Elend bedeutet.

Wäre nun die Magyarische Sprache von einem so großen Ansehen, wie es die Arabische in Ansehung der Alttestamentlichen Exegese ist; so könnte man hier, und wohl mit Recht, das Wort görbe krumm, ungerad, unrecht, vergleichen, und sagen, daß das Hebräische עברה — des Arabischen gabar غبر nicht zu gedenken — daraus durch Buchstabenversezung (wie es in שׁכר Magyarisch részeg betrunken; ישׁשׁ, Arabisch hasa هَصَّا annosus fuit, consenuit, Magyar. ősz grau; schamach شمخ altum esse, شامخ altus, Magyar. magas hoch; χιτωνα, lateinisch tunica etc. der Fall ist) entstanden sey. Denn, wenn man rectum statt justum sagen und gebrauchen kann, warum könnte man nicht auch curvum statt injustum, iniquum sagen und gebrauchen? Dieß that auch wirklich Horaz, indem er sagt: rectum dignoscere curvo, und nichts ist gewöhnlicher, als im Magyarischen zu sagen: egyenes igazság gerade Wahrheit; egyenes beszéd gerade Rede; egyenesenn beszélni gerade und

und nicht krumm reden, d. h. nicht lügen; görbénn (oder félre) beszélni, krumm reden, daher ist die Gewohnheit, einem, der nicht Wahrheit redet, durch Spaß einen eingebogenen Finger vorzuzeigen, das soviel ist, als wenn man sagete: du hast nicht recht, oder du sagst nicht die Wahrheit. Demnach würde die Stelle so lauten:

„Das Verlangen des Gerechten ist recht, oder gerecht:
„Die Sehnsucht des Ungerechten ist unrecht, oder ungerecht."

אגרטל Esra 1, 9.

Michaelis hat dieses Wort, das seiner Meinung nach, aus אגר collegit, und dem veralteten טַל — Arab. صلّ — sanguis, soll zusammen gesezt seyn, in supplem. ad Lexica Hebr. phiala sacra, patera libatoria, übersezt: diesem folgt Simonis nach. Einige setzen es aus אגר colligere, und טל ros, aqua, zusammen. Hottinger und Pfeifer erklären solches, wiewohl etwas verschieden, aus dem Persischen. Dieser sagt: Persicum nomen est אגרטל, quod exponitur pelvis sive pollubrum, nam áchar اخر est labrum balneatorium. Jener übersezt es durch thuribulum, indem achgar اخكر pruna, im Persischen heißt. Beyde Erklärungen verwirft Herr Wahl; er sezt das Wort aus dem Persischen adschar آخار salgama, und tali تالي bursa, theca, orbis, patera, zusammen, und erklärt es so: אֲגַרְטְלֵי (der in der einfachen Zahl אֲגַרְטָל) sunt paterae, in quibus salgama recondere solebant, quibus etiam libatorias vini et cujusvis succi atque cremoris non male adnumeraveris. Vestigia Vocis hujus, et in aliis cum Persica quodammodo cognatis linguis reperiuntur, ut in Georgica, ubi oculus, parvus ille *orbis*, *tuali* dicitur. Siehe Wahls Magazin für alte, besonders morgenl. und bibl. Litterat. 2te Lieferung, Cassel 1789. S. 102. folg. Diese Erklärung hat Herr Wahl Anquetil du Perron zu verdanken, der טל, in seiner Abhandlung von den bürgerlichen und gottesdienstlichen Gebräuchen der Perser, erklärt, wie folgt: 'tali ist ein Teller, worauf man Blumen, Gerüche, Früchte rc. legt.

Diese Auslegung von Anquetil und Wahl, und die Richtigkeit derselben, scheint mir nun das Magyarische tál, das nicht etwa Auge wie tuali im Georgischen, sondern schlechtweg patina oder patera heißt, außer allem Zweifel zu setzen, und das um so mehr, da es auch im Persischen mit- und ohne jod tali تالي und tol تُل geschrieben wird.

גָּנְזִי Esa 3, 9. 5, 17. vergl. Hos. 13, 15.

Michaelis in supplem. ad Lex. Hebr. und alle Ausleger überhaupt leiten dieses Wort von גנז coudidit, collegit, thesaurizavit, ab: Nur Hr. Wahl hält es, soviel ich weiß, für das Pers. gendsch گنج oder gin⸱chi گنجی, welches Schatz in dieser Sprache heißt. Siehe sein Magazin für alte Litteratur, 1te Lieferung, S. 96. Diese Meinung des Hrn. Wahl bestätiget die Magyarische Sprache, worin kincs ebenfalls Schatz bedeutet.

אַרְיֵה Esaia 21, 8.

Dieses Wort übersezt Hr. D. Paulus weinen, und leitet es von dem Arabischen ravaj روي irrigavit her. Das Zeitwort riv oder rij, heißt im Magyarischen nicht benetzen, sondern schlechtweg weinen. Das Participium davon, welches vorzüglich von einem Kinde, das recht viel weinet, gebraucht wird, ist rivó oder rijó. Heißt also אריה ich werde weinen, so läßt sich solches eher und leichter aus dem Magyarischen, als Arabischen erklären.

ביתהאצל Michá 1, 11.

Michaelis macht zu diesem Worth bey Lowth *) folgende Anmerkung: in ביתהאצל alludit Propheta sive ad צל umbram, deinde hospitium; sive ad אצל Arab. asal أصل, vesperi venire, divertere. Luctus, inquit, Betheselaç negabit vobis mansionem. Oszol, heißt im Magyarischen von einander gehen, und wird eigentlich von einer Versammlung, auch von den Wolken, wenn sie von einander gehen, und verschwinden, gebraucht: szál oder száll heißt aber, wie das Arabische, divertere apud aliquem hospitii causa, ad hospitium. Daher szálás oder szállás — durch ein s abgeleitet — heißt hospitium.

אור כשדים 1. Mos. 11, 28. 31.

Dieß übersezt Bochart und nach ihm Michaelis (Supplem. ad Lex. Hebr. S. 47.) durch Castellum Chaldaeorum. Das vár, welches durch Versetzung der Buchstaben aus אור, oder umgekehrt, entstanden seyn mag, heißt im Magyarischen ebenfalls Schloß, Festung. Die Anzahl dieser Beyspiele könnte ich sehr vermehren, allein die Umstände erlauben es mir jezt nicht. Ein andermal, und an einem andern Orte hoffe ich hievon ausführlicher handeln zu können.

B. Das

*) Siehe Roberti Lowth de s. Poësi Hebraeorum Praelect. acad. Oxonii hab. Part. I. Goettingae 1768. S. 296.

B.

Das sogenannte **Loos der Pfeile** — oraculum sagittarum — wovon Ezech. 21. 24. die Rede seyn soll, ist bey den Morgenländern ein Mittel, wodurch die Sachen entschieden werden, oder wodurch sie etwas von Bedeutung zu thun oder zu lassen sich entschliessen. Von der angeführten Stelle handelt Morin in seiner Dissert. de Oraculo, S. 119. folgendermaßen: Rex Babyloniae anceps, quo arma inferret, et in bivio constitutus ante se videret Rabatham Ammonitarum, et Jerosolymam, consuluit deos suos, et, ut vult Hieronymus, utriusque Urbis nominibus duabus sagittis inscriptis, eas miscet, et in pharetram cum fasciculo conjicit, ut ea urbs, cujus nomen prior educta sagitta proferret, prima oppugnaretur, quod Jerosolymae justo Dei judicio contigit. Die Araber, wenn sie etwas Wichtiges unternehmen wollten, thaten das nehmliche. Arabes, sagt Schieferdecker *) cum quidpiam magni momenti agendum esset, tres vasculo inclusas consulere sagittas solemne habebant, quarum primae: *amar ni rabbi* أمرني ربي d. h. jussit me dominus; secundae: *neha ni rabbi* نهاني ربي d. h. prohibuit me dominus, inscriptum; tertia vera nulla nota insignis erat. Unam harum manu extrahenti si illa occureret, quae *juberet, alacri animo* suscipere negotium; sin illa, quae *vetaret, desistere;* quodsi tertia, *reponere*, donec alia prodiret, consveverant.

Obgleich die Magyarn sich nicht mehr der Pfeile bedienen, so hat sich doch der Name dieses Looses, nebst der Sache selbst, bis auf den heutigen Tag bey ihnen erhalten. Denn in meinem Geburtsort — um mich eines einheimischen Beyspieles zu bedienen — wird die gemeine Wiese jährlich vor der Mähezeit in so viele gleiche Theile getheilt, so viel es da Hanshälter giebt. Jedes Stück Wiese wird numerirt, und die Nummern noch einmal auf besondere Zettel abgeschrieben, werden in einen Topf oder in ein anderes Gefäß gethan. Nachher zieht einer nach dem andern, und erhält jeder das Stück Wiese, worauf ihn sein Zettel hinweist. Diese Handlung heißt nun *nyil - huzás* die Pfeilziehung, und das dadurch erhaltende Stück Wiese *nyilas* — sagittarius — d. i. durch den Pfeil Erhaltenes. Auch liegende und bewegliche Güter werden auf die Art unter Blutsverwandten getheilt. Vor Alters muß diese Handlung auch bey den Magyarn durch Ziehung der Pfeile geschehen seyn; wenigstens der Name derselben zeugt dafür.

Die

*) Dissert. philolog. de fructu Linguæ Arab. Lips. 1692. Grammaticæ suæ Arabicæ præmissa §. IX. Vergl. Pokock S. 329. Hotting. Annal. hist. Theol. S. 260. folg. und Noldii Concord. particul. S. 895. folg.

Die Perser — auch die Aramäer und Chaldäer — haben die Gewohnheit, an einem gewissen Festtage, *abrizakan* آبريزكان genannt, der gewöhnlich auf den 13ten des Monaths Tyrmah, d. h. den 4ten Tag nach dem *aequinoctium vernale*, fällt, einander mit gemeinem, oder Rosenwasser zu bespritzen. Siehe das Wörterbuch Halems, eines berühmten Persers, unter dem erwähnten Wort, bei Castell. S. 6. Das nehmliche, und fast zu der Zeit, nemlich am 2ten und 3ten Osterntage, (an jenem begießen Mannspersonen die Frauenzimmer, an diesem umgekehrt Frauenzimmer die Mannspersonen) und völlig auf die Weise thun es auch die Magyarn noch heut zu Tage. Diese Sitte rührt also nicht von der Mißhandlung unsers Heilandes in Jerusalem her, wie man gewöhnlich glaubt, und wie meine Lehrer mich in meiner Kindheit es lehrten, sondern unsre Ahnen haben solche von den Persern entlehnt, und nach Hungarn mitgebracht.

Den reinen Kuh- und Ochsenmist pflegen die Perser im Winter zu sammlen, ihn im Frühjahr, nachdem sie ihn wohl getreten haben, mit den Händen in platte Stücke, ohngefähr wie die Backsteine sind, zu theilen, und solche, nachdem sie an der Sonne trocken geworden sind, statt des Holzes, wo es daran mangelt, zu gebrauchen, das sie in ihrer Sprache *sarkin* سركين, oder *tezek* تزك nennen. Siehe Castell. S. 181 und 339. Die Orientaler überhaupt machen den nehmlichen Gebrauch vom Kuh- und Kameelmist, und kochen sich bey Mistfeuer ihr Essen. Vergl. Niebuhrs Arabien und Michaelis Bibl. orient. Th. 7. S. 18. 19. und Th. 8. S. 117. folg. Dieses, und völlig auf die Art, geschieht auch bey den gemeinen Magyarn auf dem platten Lande, wo es an Holz mangelt, und sie nennen solches ebenfalls Szar *) oder richtiger tözek, und kochen sich ihr Essen dabey. Daher die wegen ihrer Zweydeutigkeit auffallende Redensart: eredj fiam hozz szart, hadd fözzek apádnak, d. h. gehe, mein Sohn, hole Dreck — Mist — damit ich deinem Vater koche. Hieraus läßt sich die Stelle bey Ezech. 4. 12, 15. schon erläutern.

Die Perser pflegen eine Art Pflaume zu kochen, sie durch ein Sieb durchzustoßen, und diesen durchgestoßenen Zwetschgenbrey oder diese dicke Brühe schütten sie dann auf ein Bret aus, und trocknen sie an der Sonne: ist sie etwas fest geworden, so überschütten sie solche zu wiederholten Malen, bis sie ohngefähr einen oder

*) Sar soll auch im Persischen unter andern Mist oder Dreck heissen; denn ein scarabæus pilularius heißt hier sarkardan سَرْكَرْدَان das so viel ist, als globulos ex fimo faciens, und ein Misthaufe sarkinzar سركينزار. Auf Magyarisch heißt es mit einer kleinen Veränderung auch Szarkazal.

Finger dick wird, und nachher nehmen sie diesen Zwetschgenkuchen vom Brett ab, der in ihrer Sprache phalata فالاده genennet wird. Siehe das Pers. Wörterb. von Halem. Auf eben diese Weise wird dieser Zwetschgen-Kuchen in meinem Geburtsort, und andern Dörfern in der Bereger Gespannschaft zubereitet, und heißt er Szilva-iz; er würde aber nach dem Persischen phalata oder palata, *palatsinta*, oder *Szilva-palatsinta* heißen, um so mehr, da eine Art Kuchen, welcher er der Form nach gleicht, im Magyarischen *palatsinta* genennet wird.

Die uralten Scythen oder Hunnen hatten die Gewohnheit, Schulden ꝛc. auf einen Stock oder eine Stange mit gewissen Zeichen aufzuzeichnen, das ihnen statt einer Schrift war, und dieses haben sie wahrscheinlich von den Sinesern gelernet. Denn diese schickten vor uralten Zeiten Colonien in die Tartarey und Scythien, wie uns Mr. Petit de la Croix in seinem Genghizkan S. 83. es meldet, die mit der Zeit naturalisirte Scythen geworden waren. Vergl. Kirchers China illustrata part. 6. Cap. 2, 3, 6. pag. 128, 129, 229-235. Strahlenbergs Nord- und östl. Theil von Asia, S. 364. Belius de veter. Litter. Hunno-Scyth. pag. 15. Dies ist der Fall noch heut zu Tage auch bei den gemeinen unstudirten Magyarn in mehrern Gegenden, und eine solche Stange, worauf sie Schulden, Abgaben und dergleichen aufzeichnen, heißt rovás, d. h. Einschnitt, dergleichen bey den Schultheissen in den Dörfern hier und da anzutreffen sind. Daß diese Schreibart sehr alt, ja wohl die alleräǐteste sey, deren sich die Sineser von jeher bedienet haben, lehrt uns die Geschichte.

Die Indianer, wenigstens die Gemeinen unter ihnen, schmieren sich selbst die Haare mit Fett, wie es aus einem Indianischen Schauspiele von Kalidas (er lebte ohngefähr vor zweytausend Jahren) Sakontala genannt, erhellet. Denn als Duschmanta, Kaiser von Indien, sich in die Sakontala, ein gemeines Mädchen, verliebte, sie seinem Hofnarren sehr rühmte, und unter andern sie eine himmlische Frucht vereinigter Tugenden nannte, zu deren Vollkommenheit man nichts mehr hinzuthun könne; so sagte Madhavia, der Hofnarr, zu ihm: „so eile nur: oder dieses Tugendfrüchtchen wird irgend einem frommen Bauerlümmel in die Hand fallen, dessen Haar von Sesamöl glänzt. Siehe Sakontala aus dem Englischen übersetzt von Georg Forster, Mainz 1791. S. 51. Dieses findet auch bei den Magyarn Statt. Denn nicht nur die wilden Pferde- und Ochsenhüter, tsikós und gulyás genannt, sondern, leider! auch die gemeinen Landleute, oder Bewohner des Ebenen mitten in Ungarn, schmieren sich selbst die Haare stark mit Fett, die erstern sogar das Hemde und die Unterhosen (sie tragen nicht einmal Oberhosen), die sie nachher nie waschen lassen, mithin sehr schmutzig aussehen.

Anmerk.

Anmerk. Ohnerachtet dieses Indianische Schauspiel, das ich benutzte, Uebersetzung einer Uebersetzung, d. h. aus dem Sanskrit ins Englische — durch Sir William Jones — und aus diesem ins Deutsche, ist: so kommen doch darin viele Redensarten vor, die denen im Magyarischen gleichen, woraus man auf den Genius und Geist beider Sprachen einigermaßen schließen kann, z. B. mein süßer Freund, meine süße Freundinn, meine süße Sakontala, mein süßes Kind, meine holde Freundinn; Gnade finden in des Königs Auge; die Könige pflegen den festlichen Pomp zu lieben; überzuckerte glatte Rede; jemand mit dem Honig seiner Worte gewinnen u. s. w. Siehe Sakontala S. 79, 66, 77, 81, 142, 153, 155, 166, 171, 173. Denn eben so drücken sich die Magyarn aus, indem sie sagen: édes barátom, jo akaró barátom, édes fiam, édes atyam, édes kintsem, édes lelkem, édes szivem, édes galambom, édes rózsam u. s. w. d. h. mein süßer Freund, mein holder Freund, mein süßer Sohn, mein süßer Vater, mein süßer Schatz, meine süße Seele, mein süßes Herz, meine süße Taube, meine süße Rose. Dieser letzten bedienen sich die einander zärtlich liebenden Personen. Ueber dieses Schauspiel hat Herr Göthe, was ich hier beiläufig anmerke, folgendes Urtheil gefällt: „Soll ich die Blüthen „des frühen, die Früchte des spätern Jahres; Soll ich, was reizt und erquickt, „soll ich, was sättigt und nährt; Soll ich den Himmel, die Erde mit einem „Namen begreifen, Nenn' ich Sakontala dich — o so ist alles gesagt."

C.

Da die Magyarische Sprache reich an Vocalen ist, mithin nicht so viele Consonanten in einer Sylbe in derselben, als z. B. im Deutschen, Böhmischen rc. vorkommen; so läßt sich schon hinlänglich daraus abnehmen, daß sie zur Dichtkunst und auch zum Gesang vor vielen andern bequem sey. Auch fehlt es nicht an Dichtern und Dichterinnen bey den Magyaren, und es sind schon schöne Gedichte von allerley Art im Magyarischen vorhanden. Unter andern hat eine jetzt lebende junge Dichterin, Namens Barbara Molnar aus Ujhely in der Tokeyer Gegend gebürtig, schon 4 Bände — der 5te wird auch bald, wie ich vernehme, erscheinen — herausgegeben, die so schön sind, daß es einem Fremden die Mühe einigermaßen belohnen würde, bloß dieser wegen — der übrigen noch weit schönern nicht zu gedenken — die Magyarische Sprache zu erlernen. Meinen Lesern wird es vermuthlich nicht unangenehm seyn, wenn ich hier einige Bruchstücke aus dem 1ten Bande ihres Werkes zur Probe aufstelle und folgen lasse, und das um so mehr, da die gedachte Dichterin von armen Eltern gebohren, weder studirt hat, noch fremde Sprachen versteht.

Weil

Weil diese Bruchstücke aber die Dichterin selbst betreffen, so ist es zum bessern Verständniß derselben nöthig, der Lage und der Umstände mit ein Paar Worten zu erwähnen, worin sich die Dichterin, als sie dieses schrieb, befand.

Die unglückliche Frau wollte sich nehmlich von ihrem ganz dem Trunk ergebenem Manne scheiden lassen: dieß erfolgte auch, aber zu ihrem Unglück nur in Ansehung des Tisches. Ueber diesen ihren unangenehmen und gefesselten Zustand beklagt sich hier in den ersten Bruchstücken die Dichterin. Nachher fällt ihr bey, ihren Scheidungsproceß Seiner Majestät Kaiser Joseph dem II. in der Hofnung vorzulegen, ganz geschieden, mithin in einen freyen Zustand versetzt zu werden. Diese ihre angenehme Hofnung wurde aber durch den frühen Tod Seiner Majestät ganz vereitelt. Nun beweinet sie ferner den unverhoften Tod des allergnädigsten Monarchen, und zugleich ihre ewigen Fesseln. Endlich bittet sie den Tod, den sie personificirt, er möchte sie je eher je lieber in seinen Schooß aufnehmen, um von ihren Fesseln befreyt zu werden; Und dieß ist der Inhalt der nachstehenden Bruchstücke.

No. 1. Disticha.

Egy le kötött rab ſzív zokog itt mély gyáſzba borúlva
Sirva ſzegény keſereg porba botſátva magát.
Búba merűlve panaſzt önt Iſtene nyilt kebelébe,
'S tőle kegyes válaſzt várva ſohajt ſzomoránn.
Lántza között nyögvén eget ér zokogó ſzava hangja:
Hol van az a' kegyelem mellyel enyéſzne jajom?
Óh kegyes ég! ſzánnyad ſorſom, 's nyavalyámra tekintvén
Rabſágom kötelet óldani nyujtsd ki kezed.
Iſtenem! im látod ſzivemet buja tüz nem eméſzti,
E'lni ſzemérmeteſenn tiſzteletedre fogok.
Óld ki magad lántzom nagy erőſzakos öſzſze kötéſit:
Ugy uagy örömmel ſzám áldani fogja neved.

Uebersetzung.

Nro. 1.

Hier blutet ein schwer gefesseltes Herz in tiefen Gram gehüllt,
Wehmüthig jammert das Arme, und sinkt in Staub hinab.
In Kummer versunken, schüttet es Klagen in seines Gottes offnen Schooß,
Hoft einer huldvollen Erhörung entgegen, und seufzet voll Jammers.

In

In seinen Ketten erreicht der Schall seiner schluchzenden Stimme wehklagend den Himmel;
Wo ist die Gnade, so fleht es, die meine Schmerzen verscheucht?
Ach gütiger Himmel! (Gott) erbarme dich meines Elends, und auf meine Leiden blickend
Strecke deine Hand aus, um die Fesseln meines Gefängnisses zu lösen.
Mein Gott! du siehst es ja, daß mein Herz kein Feuer der Wollust verzehrt:
Unschuld und Schaam sollen dir zu Ehren mein Leben schmücken.
Erlöse du selbst mich von den schweren und drückenden Ketten;
So wird mein Mund frohlockend deinen Namen preisen.

No. 2. Strophae.

My gyönyörűſéget ſzívem innet arat,
Ha le van lántzolva a' ſzabad akarat?
Ha ſzívem a' lántzok terhét nyögve érzi,
Melly miatt a' bánat kebelemet vérzi.
Még ki ſe nyilhatot örömöm virágja,
'S azonnal azt a' bú ezer férge rágja.
Mindentudó lelked tudja bár nem írom,
Miből áll eleven el-temető sírom.

Nro. 2.

Welche Freude kann (soll) mein Herz einerndten (genießen),
Wenn der freye Wille gefesselt ist?
Wenn mein Herz die Schwere der Kette seufzend fühlt,
Und der Gram meinen Busen mit blutigen Thränen nezt.
Kaum hat sich mir die Blume der Freude geöfnet,
Und schon nagen tausend Würmer des Grames an ihr.
Du Allwissender weißt, ob ich gleich schweige, (wenn ich es auch nicht sage)
Mein mich lebendig verschlingendes Grab (worin mein — Grab besteht).

No. 3. Diſticha.

Zeng jaja nyelvemnek, patakot nevel árja fejemnek,
El tünt várt örömem, nints kire vetni ſzemem.
El hunya várt fényem, oda Jóſef! el alva reményem,
Földi hatalma helyett már foga menybe helyet.

Élete mértékét be - telé, 's Ura tette le ſzékét
Harmadik égbe belől Jéſuſa jobbja felől.
Igy maradott félbenn örömöm, s' napom el hunya délbenn;
Érte velem keſereg, s' könyvez az árva ſereg.
Zápora könyvemnek, ſebes árja patakja ſzememnek
Nékem is omlik, ered, 's bús fejem abba fered.
Édes Atyánk voltál, Józſef! de hamar te ki - hóltát:
Por fedi már tetemed, 's hunyt fejedelmi Vezérem,
Bőlts kezed, esmérem elaludt fejedelmi Vezérem,
Melly ſok jót okozott; egygyes örömre hozott.
Mult *egyenetlenſég*, 's az elébbeni *mord idegenſég*,
Melly öle *vért* tſak azért, hogy vele hitbe nem ért;
'S már hit dolgábann *villóngas* nints a' Hazábann,
Mert közös a' ſzeretet: vállakat öſzſze vetett.
Józſefem ezt véghez vivén közelite az éghez:
Virtuſa úgy ragyogott, hogy ſzemeket le fogott.
Emberi nemzetnek vala diſze, mi vel ſzeretetnek
Hármas arany kötele öſzſze kötözte vele.
Látta is azt föld 's ég, mit akart ez Apoſtoli Felſég:
Abba fogyatta magát. hogy tegye Nepe javát.
Páſztora Népének, kegyes attya ſzegény ſeregének
Vólt, ki ſegite bajann, 's könyvet is ejte jajánn.
Köz - ſzeretet gerjedt ö általa, 's meſzſze ki - terjedt,
Árguſi gondja belől; bölts keze mentis elöl.
Éheze ſok Lélek — mellyet panaſzolva beſzélek —
Kiknek adott kenyeret, bottya nyit élet - eret.
Népe között járvánn, kegyeſenn könyörüle ſok árvánn,
'S úgy ha elébe kerűlt ſok ſzem özönt le - törűlt.
Ülve ditſő Halmánn könyörűlve ſzegénnye ſiralmánn,
Nála feles nyomorúlt nyert, ki nevére ſzorúlt.
Érdemet ö nézett, 's keze Tiſzteket arra tetézett,
Az vala nála betſes, érdemes, a' ki kegyes.
Tiſzteit ám kérdem: mi emelt fel? *virtuſos érdem*,
Mindenik azt feleli, 's rang betűt abba leli.
Igy követett Iſtent, ki ſzemélyt nem néz, mivel ö ſzent,
Nemzeted ám ha nagyis, 's Gróf maradéka vagyis.
Szive ſzerént ö ſzánt nyomorultat, 's menteni kivánt:

Oldoza

Óldoza ſok kötelet: nyárra derite telet.
Igy legelé nyáját! Kegyelem kövezé koronáját
Míg nem elvéſzte leve. Éljen örökre neve!
Általa nyilt fényem nekem is, ki nevelte reményem,
Jaj de viſzont kódözött hajnali ró'ſa között.
Igy marad' éjfélbenn gyönyörű napom, igy veſze félbenn
Délre ki fel ſe jutott, 's már örök éjbe futott.
Néki tehát mivém, legyen örök oſzlopa, ſzivem
Kit ſelemelt oda lett Jó'ſeſe hamva felett.
Egy nyomorúlt féreg, poharát kinek el tell méreg,
Hólt Fejedelméneck, kibe vólt bizodalma ſejéneck,
Tiſzteli hült tetemét, zápora moſſa ſzemét.

Nro. 3.

Das Wehe meines Jammers erschallt, und meinen Augen entströmt eine Thränenfluth:
Verschwunden ist meine erwartete Freude, und ich habe niemanden mehr, auf den ich mein Auge richte.
Die Sonne gieng unter, die den Tag meines Glücks herauf führen sollte, Joseph ist hin! (Joseph starb) und meine Hofnung mit ihm:
Irdische Hoheit verlassend, schwang er zum Himmel sich auf.
Das Maaß seines Lebens ist erfüllt, und seinen Stuhl stellte der Herr
Im dritten Himmel, zur Rechten seines Jesus.
Mitten in der Blüthe welkte meine Freude dahin, und meine Sonne gieng unter am Mittag:
Schaaren verlaßner Waisen weinen mit mir, o Joseph! auf dein frühes Grab.
Der Platzregen meiner Thränen wird zum reissenden Strom, heftig ergießt sich
Die Ueberschwemmung meines Herzens, und mein betrübtes Haupt badet sich in Thränen.
Ein freudegebender Vater warst du uns, Joseph, aber o Schmerz! allzubald schiedest du hin:
Dein Königsauge entschlummerte, und Staub deckt deine Gebeine.
Ich kenne die Thaten, vollendeter Herrscher, die deine weise Hand gewirkt hat:

Duldung

Duldung brachte sie uns, und segnende Bruderliebe.
Die Zwietracht entfloh und die grimmige Spaltung,
Welche selbst des nahen Bluts nicht schonte ob der Verschiedenheit der Meinungen.
Verschwunden ist nun die Feindschaft des Glaubens im Vaterlande;
Gemeinschaftliche Liebe vereinigte in eine Kraft die Schultern der Menschen.
Kaum hatte mein Joseph dieses vollbracht, so nahte er sich dem Himmel:
Seine Tugend glänzte, daß sie die schärfsten Augen blendete.
Ein Schmuck ward er, und eine Zierde des menschlichen Geschlechts,
Weil ein dreyfach-goldenes Band der Liebe ihn mit demselben verband.
Erde und Himmel erkannten den Willen dieser Apostolischen Majestät:
Er verzehrte sich selbst, zu begründen das Wohl seines Volkes. *)
Ein Hirt seines Volkes, ein frommer Vater seiner armen Schaaren half er im Elend,
Und weinte Thränen des Mitleids über die Noth der Seinen.
Eine gemeinschaftliche Liebe entzündete sich durch ihn, und breitete sich weit aus:
Argusische Wachsamkeit beseelte sein Innerstes fürs Wohl
seines Volks, und zahllos sind die Thaten seiner Weisheit.
Vielen hungrigen Seelen — ich preise es wehklagend —
Gab er Brod, **) und sein Stab eröfnete die Ader des Lebens.
Mit eignen Augen sah er sein Volk, erbarmte sich gnädig der Waisen,
Und trocknete viele Ströme von Thränen.
Auf seinem herrlichen Hügel sitzend ***) erbarmte er sich des Weinens seiner Armen;
Und den Bedrängten, die im Kampfe des Kummers ihm nahten, verhalf er zum Siege.
Er sah auf Verdienst, und erhob darob allein die Diener seines Staats.
Jede Frömmigkeit und Tugend krönte er mit Achtung.

Frage

*) Er opferte sich für das Wohl seines Volkes auf.

**) Nehmlich ein geistliches Brod, indem er die freye Uebung der Religion gnädigst erlaubte.

***) Im Wappen von Hungarn, kommen unter andern drey Hügel vor: auf dem Hügel sitzen, heißt also soviel, als regieren, thronen.

Frage ich seine Diener, was erhob euch? Tugend und Verdienst, ist die Antwort,
Und darin allein sucht jeder seinen Rang, und seine Würde.
So ahmte er Gott nach, der die Person nicht ansieht, und nicht achtet,
Die Größe deines Geschlechts noch deinen Grafenstand.
Von Herzen jammerte ihn des Bedrängten, und er wünschte zu helfen.
Er löste viele Fesseln, und ließ einen erquickenden Winter folgen auf den verzehrend brennenden Sommer.
So weidete er seine Heerde! Gnade zierte schöner als Edelsteine seine Krone
Bis zu seinem Hinscheiden. Ewig lebe sein Name!
Durch ihn glänzte auch mir eine Sonne auf, die meine Hofnung nährte.
Aber, ach! sie wurde wieder umnebelt unter den Morgen-Rosen.
So blieb in der Mitternacht meine reizende Sonne; noch hatte sie kaum ihre Bahn
Bis zum Mittag vollendet, so versank sie schon in ewige Nacht.
Mein Gedicht sey ein ewiges Denkmal, das mein Herz
Auf seines hingeschiedenen Josephs Asche errichtet.
Ein elender Wurm (die Dichterin) — sein Kelch ist Gift — schüttet hi
Seinen schluchzenden Jammer, und das Wehe seines Herzens aus.
Er verehrt die kalten Gebeine seines entschlafnen Fürsten, auf den er die Hofnung seines Heils gebaut hatte, und weidet sich an seiner Thränenflut.

No. 4. Disticha.

Jaj! be nehéz inség le nyomá fejemet, kibe nints vég,
Melly öl, emészt, keserit, könyv özönözkbe merit.
Mert az öröm, kit várt fejem, im tluda bánat alá zárt,
Melly ha nehezet nyoma mély sebet ejte nyoma.
Gyászt hoza várt fényem, siralom 's bú váltja reményem;
Szivem ezenn szomorog, 's két szemem árja tsorog.
Szertelen inségem közelébbre sietteti végem,
Lelkemig üt-ki, noha nints pihenése soha.
Könyvem azért follyon, kebelembe patakkal omollyon,
'S mint Biblisi özönűl fedjen el árja felül.
Vajha, Halál, nékem kebeledbe hamar menedékem
Vólna! Jövel szaporánn, zárj leidbe koránn.

Nro. 4.

Ach! was drückt mein Haupt für ein schweres, endloses Drangsal,
Das mich schmerzt, verzehrt, tödtet, und in die Flut der Thränen stürzt.
Die Freude, der ich entgegen sah, ach! sandte mir schweren Gram,
Dessen Schläge mich trafen, und mir tiefe Wunden schlugen.
Trauer brachte mir meine erwartete Sonne (oder mein erwarteter Tag)
und meine Hofnung verwandelte sich in Wehmuth und Kummer;
Darob jammert mein Herz, und meine Augen fließen von Thränen über.
Ein seltenes Elend beschleuniget mein Ende,
Und dringt bis in die ruheverlassene Seele.
5 So fließet dann ihr Thränen, strömt hin in meinen Schooß,
Und überschwemmt mich, wie Biblis.
Eile, und schließe mich in deine erlösende Arme,
Du meine Zuflucht, o Tod!

Bruchstücke aus andern Dichtern:

Homloka sík márvány, az alatt két barna szivárvány
Szépenn hajlik elé két szeme fészke felé.

Ihre Stirne ist ein glatter (gleicht einem glatten weissen) Marmor, unter welchem zwey braune Regenbogen schön und sanft über die Wölbungen eines hellen Augenpaares schweben.

Róma régentenn Szenekát szerette
Jóllehet Néro gonoszúl ölette.
E' kemény Tsászár kezeit sirattya.
Sok fiak attya.

Rom hatte einst Seneka geliebt,
Obgleich ihn Nero grausam tödten ließ.
Die grausamen Hände dieses Wütrigs erpreßten bittre Thränen vieler Söhne Vätern.

Ich will hier gelegentlich noch einer merkwürdigen Eigenheit der Magyarischen Sprache erwähnen. Es lassen sich nehmlich in derselben Verse und Reden durch einzelne Vocale machen, das schwerlich in einer andern Sprache der Fall ist. Varjas, weiland Professor zu Debreczen, war der erste, der dieß erst vor 20 Jahren bemerkt, und Versuche der Art an einem gedruckten Liede gemacht hat, worin kein andrer Vocal ausser dem e vorkommt. Er soll auch eine ganze Predigt durch den gedachten Vocal verfertiget haben. Nachher ahmte man ihm nach

nach, und machte verschiedene Verse der Art, fast durch alle sieben Vocale, ohne einen unerträglichen Zwang. Der Kürze wegen will ich nur eines und das andere Exempel davon anführen.

Antwort eines gewissen Pfarrers, dem der seelige Varjas sein Lied zur Prüfung vorlegte, durch den Vocal *e*, wie das Lied, abgefaßt:

E' nevetlen ember szerzette verseket
Szerettel vettem, 's el néztem rendjekett.
Nemzeted elébe terjesszed ezeket
Mert velek elnyered emberek kedveket.

Kedves éh lelkeknek ez efféle ének,
Mellyet mérges sebek egyszer megsértének.
Ezt zengedezzétek gyermekek és vének,
'S kérjetek életet ennek mesterének.

Diese von (Dir) einem namenlosen Mann gemachten Verse habe ich mit Liebe empfangen. Lege du solche deiner Nation vor (lasse sie drucken); denn dadurch wirst du den Beyfall der Menschen gewinnen.

Den hungrigen, und tief verwundeten Seelen ist ein Lied der Art angenehm. Dieses sollt ihr Kinder und Greise singen, und zu Gott um das Leben seines Verfassers flehen.

Antwort des nemlichen Pfarrers auf die geäußerte Furcht des Verfassers, getadelt zu werden, wenn er das Lied drucken ließe, durch das *a* verfaßt:

Bátrann add szájába a' Magyar Hazának
Hangját az általad már talált hárfának.
Hát hajtasz szavára a' más ajakának?
Ám rágalmazzanak, ha mását látának.

Gieb den Klang der von dir erfundenen Harfe dem Magyarischen Vaterlande in den Mund *). Also fragst du nach Anderer Nachrede? Sie dürfen dich verleumden, wenn sie je so was (als deine Erfindung ist) gesehen haben.

*) Einem den Klang in den Mund geben, ist ein Idiotismus, der im Magyarischen so viel heißt, als, einen singen lehren.

Antwort des nehmlichen Pfarrers an Herrn Varjas durchs o.

Holott homlokodonn sok gondot hordozol,
Olly sok jót, óh bóldog Doktor, hogy dolgozol?
Sorsomhoz sok, hogy olly koszorót fonsz s hozol:
Olly módonn dolgomrol óh hogy gondolkozol!

Da du mit so vielen Sorgen (Geschäften) überhäuft bist, wie kannst du, o glückseliger Lehrer! so viel Gutes arbeiten? Es ist gar zu viel für mich, daß du mir einen solchen Kranz flichtest. O! wie kannst du auf die Weise für meine Sache sorgen.

Durch das ö.

Lövöldözök, szököm, nöttön nő örömöm;
Ölöm ökröm; töltöm szőlő - tö özönöm;
Örömömből ötször, sőt többször köszönöm,
Bövönn öntött gyöngyöd, örökös ösztönöm.

Unter dem Donner der Kanonen hüpfe ich und springe, und meine Freude nimmt zu; ich lasse meinen Ochsen schlachten, und seihe den Ueberfluß meiner Weinstöcke; fünf- ja mehrmal danke ich dir, Fröhlichkeit strömende Gottheit, für deine reichlich ausgegossenen Perlen (Mosttröpfe).

Durchs i.

Sziv ivigyli ki ki itt mint hizik s iszik,
Nints itt nyir-viz: sip tiz, mind friss, im itt viszik.

Viele Herzen beneiden es, wie hier alles sich sättigt und trinkt. Hier giebt es kein Birkenwasser, wohl aber zehn Pfeifen — alle schön — da bringt man sie.

Durchs u.

Tyúk lúd súl: pú! s nyúl hull. Judus! nyúzd s huzz új husst.
Ujjuljunk, szurkuljunk, uttzu Lupuj huzz tusst!

Hüner und Gänse werden geschlachtet: man schießt, und der Haase fällt. Judith! ziehe die Haut ab, stecke frisch Fleisch auf den Spieß. Laßt uns erfrischen und trinken: Wohlan! Lupuj, (der Musikant) geige Tusch!

Anmerk. Die drey letzten Bruchstücke sind zur Zeit einer reichlichen Weinlese gemacht worden, wo man, wie bekannt, sehr vergnügt ist: schmauset und tanzt; Pistolen, sogar kleine Mörser löset; auf die Jagd geht rc.

Von

Von dem Magyarischen Alphabete.

Da in der Magyarischen Sprache verschiedene Töne sind, die nicht durch einzelne lateinische Buchstaben — deren die Magyarn heut zu Tage sich bedienen — ausgedrückt werden können, so ist man genöthigt, diesen Mangel durch Zusammensetzung mancher Consonanten abzuhelfen. Ich halte es für nothwendig, einen Schlüssel hierzu zu geben, da ohne diesem die fremden Leser nie mit der Rechtlesung zurechte kommen würden. Zum besten derjenigen, die mit der Magyarischen Sprache nicht vertraut sind, füge ich also hier das Magyarische Alphabet bey, nebst einer Erklärung und Vergleichung desselben mit verschiedenen andern Alphabeten.

b, cz, cs, d, dz, dzs, f, g, gy oder dj, h, k, l, ly, m, n, ny, p, r, s, sz, t, ty, tz, ts, z, zs oder 's, j, v.

Lautet das cz wie das Deutsche tz oder z; das Böhmische c in cesta der Weg, sanice Schlittenbahn, opice der Affe ꝛc. Das Hebräische צ; z. B. czél das Ziel, czérna der Zwirn ꝛc.

— — cs wie das Deutsche tsch oder sch in Peitsche, Wunsch, Mensch; das Böhmische č in kočár die Kutsche, kolač der Kuchen ꝛc.; das Englische ch in chair der Stuhl, techi mürrisch ꝛc.; das Persisch-Türkische چ, z. B. csorda die Heerde, csók der Kuß.

Lautet das dz wie das Arabisch-Persisch-Türkische Dzal ذ, z. B. madzag der Bindfaden, bodza der Holunder, jádzani spielen ꝛc.

— — dzs ohngefähr wie das Italiänische g in gènio, giudicare etc. — Englische g und j in gèntile, Jèsus etc. z. B. dzsida ein langes- handzsár ein kurzes Gewehr, findzsa die Caffeetasse.

— — gy oder dj wie das Böhmische ď in andel, dabel; — Französische d in Dieu, diamant; — Arabisch-Persisch-Türkische Dschim ج. z. B. Magyar ein Hungar, gyón beichten, gyanú der Verdacht; — von Pers. dschan جان die Seele — gyalog zu Fuß, gyül zusammenkommen, sich versammeln, daher gyülés die Versammlung (Synodus) von Arab. dschala جلا ivit, migravit, collegit.

— — ly fast wie das j in Jahr, jener, — y im Englischen by, — l im Französischen huile, im Englischen to allude, z. B. nadály der Blutigel, mély tief ꝛc.

— — ny wie das Böhmische ň in fyň das Vorhaus, — Französischen und Italiänischen gn in temoignage, signore etc. z. B. anya die Mutter, leány das Mädchen.

— — s wie das sch im Deutschen, — ſs im Böhmischen; — ch im Französischen; — sh im Englischen; das ש im Hebräischen; — ش im Arab. Pers. und Türk. z. B. só das Salz, ſer das Bier.

— — sz wie das ß im Deutschen; — s im Böhmischen, die ç, s, t im Französischen François, ſans-ſouci, nation; wie das c im Englischen citti, oder sc in Scène; das Hebräische ש; das Arabisch-Persisch-Türkische س, z. B. szó die Stimme, das Wort, szem das Auge ꝛc.

— — ty wie das Böhmische ť in pousť die Einöde — daher das Deutsche Wüste — tuť Quecksilber; und vielleicht wie das Arabische ث im Munde eines gebohrnen Arabers, und das θ eines Griechen, z. B. atya Vater, tyúk die Henne ꝛc.

— — ts völlig wie das cs als tsak nur, tsizma der Stiefel ꝛc.

— — tz ebenfalls wie das cz als katzag lachen, tzékla rothe Rübe ꝛc.

— — z wie das Deutsche gelinde S in Seele, Sohn, sanft, süß ꝛc.; wie das Böhmische z in zem die Erde, mez die Grenze; wie das Griechische ζ in ζωη, ζητειν etc.; wie das Hebr. ז; wie das Arab. Pers. Türkische Ze ز, z. B. méz der Honig, zab der Haber.

Lautet das zs oder 's wie das Böhmische ž in ważna das Waaghaus, kužel das Spinnrad; das g und j im Französischen géni, jour; das Hebr. ז; das Persisch-Türkische Zse ژ, z. B. zseb die Tasche, zsir das Schmalz ꝛc.

— — j wie das Deutsche j in Jahr, jeder; das Böhmische g in oleg das Oel, rag der Bienenschwarm; das Englische y in younger jünger, year Jahr ꝛc.; das Hebräische י; das Arab. Pers. Türkische Je ي, z. B. jó gut, jég das Eis ꝛc.

— — v wie das Deutsche W in Wein; das Böhmische w in Wino; das v im Lateinischen und Französischen videre, voir; das Hebräische ו; das Arab. Pers. Türk. و, z. B. vak blind, vezér Feldherr.

Kurze Vocale sind: a, e, i, o, u, ö, ü und lange: á, é, í, ó, ú, ő, ű. Der lezte lautet wie das *u*, und der vorlezte, wie das *eu* im Französischen; wie das Syrische Etzotzo (ܘ̇) in kül ܟܘ̇ܠ; wie das Arabische Damma (ُ) in öntüm أُنْتُمْ ihr; wie das Türk. (ُ) ütürü in köpürmek كُوپُرْمَكْ schäumen, ösürmek أُوفُورْمَكْ blasen, u. ſ. w.

Leipzig,
gedruckt bey Breitkopf und Härtel.

Druckfehler.

Wegen meiner Entfernung vom Druckorte, sind hier und da Druckfehler eingeschlichen, welche bei einem Werke der Art unvermeidlich sind. Die erheblichsten sind folgende:

Seit. 4. Zeile 13. فخحام lies ماجام.
— 5. — 9. Oignrische l. Oigurische.
— 8. — 30. Zstanbol l. Istanbol.
— — — 31. Zstphan l. Istphan.
— 19. — 16. den Fürwörterrn l. die Fürwörter.
— 23. — 12. Ugether l. Ugetsher.
— 25. — 14. abgeleitete l. abgeleiteten.
— 26. Not. 2. es kann gelernet werden, l. es wird gelernet.
— — Not. 6. den vorherg. l. der vorherg.
— 27. — 19. Stammwörter, l. Nennwörter.
— 28. — 19. idv. efség, l. idvesség.
— 29. — 2. (§. 17.) l. (§. 18.)
— 30. — 19. tetel, l. teiel.
— 31. — 4. رويان l. روياه.
— — — 14. zumengesezt, l. zusammengesezt.
— 33. — 3, 4. مانن l. ماده.
— 34. — 17, 18. غبنا ك l. غبناك.
— — — 19. كنكج l. كنكج.
— — — 14. Feili, l. Feilegvár.
— — — 24. anyúlat, l. a' nyulat.
— — — 27. Brod=Mann, l. Brod, Mann.
— 39. — 7. die Suffixi des t des Accusativus, des k des Nominat. Pluralis. l. die Suffixa, das t des Accusat. das k des Nom.
— 41. — 21. szám-tó, l. szám-tartó.
— 42. — 18. صنزن l. صنزه.
— 44. — die lezte. ist, l. er-ißt, von essen.
— 48. — 4. vor, l. von der ersten Classe.

Seit. 52. Zeil. 3. تونل l. تونك.
— — — 6. vó, l. ró.
— — — 14. der kommen, l. der Kommende.
— 53. — 7. tanula (Stat. Constr.) tanúlá
— — — 17. tanúlanak (Stat. Absolut.) l. tanúlának.
— — — 17. Imperf. Plur. szeretitek, l. szeretétek.
— 54. — 23. steht, l. statt.
— 55. — lezte. جنريدن l. چريدن.
— 57. — 1. يورتمكك l. يورتمكك.
— — — 8. öldurtmet, l. öldürtmek.
— 59. — 6. سونقمكك l. سوقمكك.
— 61. — 29. halatai, l. haladni.
— 63. — 21. dopog, l. dobog.
— 65. — 23. auszudrücken l. ausdrücken.
— 67. — 5. das erstere ich deleatur.
— — — 12. die Magyare l. die Magyarn
— 69. — 4. nach dem Wort a n n o s u s setze man ein (;).
— — — 9. bör, l. bor.
— 70. — 14. tövii, l. tövii.
— — — 17. angehängt, l. anhängt.
— — — 27. Propositionen, l. Präpositionen.
— — — 29. valekit, l. valakit.
— 72. — 2. v-l, l. r-l.
— — — 3. h-z, l. h-z zu.
— — — 10. ausdrücken deleatur.
— — — — magussagba l. magassagba.
— 74. — 4. Dat. ارس l. اره.
— — — — Pl. Dat. ارارس l. ارارہ.
— — — 26. chuti, l. chuti.
— 76. — 9. vet, l. vett.

Seit. 79. Zeil. 25. und vielleicht, l. und dieß vielleicht.
— 79. — 13. das Sinesischen, l. das Sinesische.
— 83. — 5. nebst den, l. nebst dem.
— — — 27. Iben, l. Ibn.
— 88. — 14. jú, juh, jug. l. fú, súh, súj.
— 93. — lezte. Seent, l. szent.
— 99. — 8. ostom. l. oston.
— 101. — 1. Arabisch, l. Persisch.
— — — lezte. ál-lynk, l. ál lyuk.
— 108. — verlezte. fikr, l. fikir od. feker.
— 112. — 13. جوار l. جوار.
— 116. — 6. die Tasse, l. die Tasche.
— 125. — 2. nach dem remuria setze man ein (;)
— — — 5. Phal, l. der Pfahl.
— 139. — 10. Vorsetzung, l. Versetzung.
— 142. — 1. kine, l. klue (tintsch).
— — — 18. folium, l. fólium.
— — — 21. pánd, l. pánt.
— 145. — 17. Schoß, l. Schooß.
— 146. — 30. carrut, l. carrus.
— 146. — 31. nach funtina, l. fons, fontes.
— — — 32. nach muntye, l. mons, montes.
— — — 33. nach hulpe, l. vulpes.
— 147. — 5. Isoj, l. Zsoj.
— 155. — 10. thiripolai, l. tsiripolui.
— — — 32. mir, l. miv.
— 156. — 31. Pallast, l. Pallasch.
— 160. — 29. jussis, l. juss.

Seit. 131. Zeil. 1. zum größten, l. und zum größten.
— — — 19. mrzcau, l. morzsa.
— — — 24. pantika l. patika.
— 162. — 23. بيروان l. بيروان.
— 164. — 28. Teube; l. Treube.
— 165. — 29. Sack, l. Spinnrad, Recken.
— — — 30. Spinnrad, Recken, l. Sack.
— 166. — 27. Zige, l. die Zitze.
— 173. — 33. deyter, l. dochter, docht.
— 174. — 9. fenki fiüs, l. fenk. ljuts.
— 181. — 5. kritki, l. kriti.
— 182. — 5. Jac. 4, 2. l. Joh. 11, 35.
— 183. — 30. uttötél, l. mötél.
— — — 34. ütt, l. üt.
— 184. — 9. كيف l. كنين und كيف und.
— 186. — 5. סררא l. כררא.
— 200. — 15. vara, l. vero.
— 205. — 9. my, l. mi.
— 206. — 7. hóitát, l. hóltál.
— — — 8. vezérem, l. szemed.
— — — 17. mi vel, l. mivel.
— — — 33. érdeni, l. érdem.
— 207. — 11. Itt zokógó szavait, ontja ki szíve jajit. Pentameter des 26ten Distichons ist ganz ausgeblieben rc.

NB. Die übrigen Druckfehler, besonders in Ansehung der deutschen Sprache, können die Leser selbst leicht verbessern.